普通高等教育土建类"十二五"规划教材

道路工程制图

（第二版）

主　编　王娟玲　张圣敏　侯卫周

中国水利水电出版社
www.waterpub.com.cn

内 容 提 要

本书共分为三个模块十二章，内容包括：制图的基本知识，投影与三视图，轴测图，点、直线、平面的投影，组合体，剖面图、断面图，建筑物中的常见曲面，标高投影，道路工程图，桥梁、隧道工程图，涵洞工程图，房屋建筑图等。教材编写过程中精简作图理论，增加了大量道路桥梁工程形体构件的立体图样和绘制示例，注重图样的实际工程应用。工程图样中全面贯彻1993年实施的由国家技术监督局和建设部联合发布的《道路工程制图标准》(GB 50162—92)。

本书可作为高职高专道路桥梁专业的教材，也可用作工程技术人员的参考资料。

另编有《道路工程制图习题集（第二版）》，与本书配套使用。

图书在版编目（CIP）数据

道路工程制图 / 王娟玲，张圣敏，侯卫周主编. -- 2版. -- 北京 : 中国水利水电出版社，2014.2(2024.9重印).
普通高等教育土建类"十二五"规划教材
ISBN 978-7-5170-1757-8

Ⅰ. ①道… Ⅱ. ①王… ②张… ③侯… Ⅲ. ①道路工程－工程制图－高等学校－教材 Ⅳ. ①U412.5

中国版本图书馆CIP数据核字(2014)第035933号

书　　名	普通高等教育土建类"十二五"规划教材 **道路工程制图（第二版）**
作　　者	主编　王娟玲　张圣敏　侯卫周
出版发行	中国水利水电出版社 （北京市海淀区玉渊潭南路1号D座　100038） 网址：www.waterpub.com.cn E-mail：sales@mwr.gov.cn 电话：(010) 68545888（营销中心）
经　　售	北京科水图书销售有限公司 电话：(010) 68545874、63202643 全国各地新华书店和相关出版物销售网点
排　　版	中国水利水电出版社微机排版中心
印　　刷	北京印匠彩色印刷有限公司
规　　格	184mm×260mm　16开本　13.75印张　326千字
版　　次	2008年9月第1版　2008年9月第1次印刷 2014年2月第2版　2024年9月第5次印刷
印　　数	8501—9500册
定　　价	**48.00**元

第二版前言

为适应高职高专教育提倡的培养工程一线实用型技术人才的需要，结合道路桥梁常见专业形体特点，我们在总结多年教学经验的基础上参考同类优秀教材，按照高职高专道路工程制图的教学大纲要求编写了这本教材。教材中作图理论力求简捷，适当减少了画法几何部分内容，增加了大量道路桥梁形体构件的立体图样和绘制示例，培养学生熟悉专业形体并分析、图解实际工程问题的能力。工程图样部分全面贯彻 1993 年实施的由国家技术监督局和建设部联合发布的《道路工程制图标准》（GB 50162—92），专业图样部分结合工程应用实际分为道路路线工程图、交叉口工程图、沿线的桥梁、涵洞、隧道工程图等，同时还包括建筑工程图，为适应大口径的土建专业图识读奠定基础。

本教材由王娟玲、张圣敏、侯卫周任主编。绪论、第七章、第九章由黄河水利职业技术学院王娟玲编写，第一章、第二章由黄河水利职业技术学院赵婷编写，第三章、第八章由河南大学侯卫周编写，第四章、第五章由黄河水利职业技术学院关莉莉编写，第六章、第十二章由黄河水利职业技术学院张圣敏编写，第十章由黄河水利职业技术学院施小明编写，第十一章由黄河水利职业技术学院刘冉冉编写。

另编有《道路工程制图习题集（第二版）》，与本教材配套使用。

本教材可作为高职高专道路桥梁专业的教材，也可用作工程技术人员的参考资料。

本教材在编审过程中，得到黄河水利职业技术学院制图教研室曾令宜等老师的建议和指导，在此表示衷心感谢。

教材中的疏漏和不妥之处，恳请读者批评指正。

编　者

2013 年 8 月

第一版前言

为适应高职高专教育提倡的培养工程一线实用型技术人才的需要，结合道路桥梁常见专业形体特点，我们在总结多年教学经验的基础上参考同类优秀教材，按照高职高专道路工程制图的教学大纲要求编写了这本教材。教材中作图理论力求简捷，适当减少了画法几何部分内容，增加了大量道路桥梁形体构件的立体图样和绘制示例，培养学生熟悉专业形体并分析、图解实际工程问题的能力。工程图样部分全面贯彻 1993 年实施的由国家技术监督局和建设部联合发布的《道路工程制图标准》（GB 50162—92），专业图样部分结合工程应用实际分为道路路线工程图、交叉口工程图、沿线的桥梁、涵洞、隧道工程图等，同时还包括建筑工程图，为适应大口径的土建专业图识读奠定基础。

本教材由王娟玲任主编，张圣敏、孙天星任副主编。绪论、第七章、第九章由黄河水利职业技术学院王娟玲编写，第一章、第三章由黄河水利职业技术学院赵婷编写，第二章由黄河水利职业技术学院邢广君编写，第四章、第五章由黄河水利职业技术学院李颖编写，第六章、第十二章由黄河水利职业技术学院张圣敏编写，第八章由黄河水利职业技术学院孙天星编写，第十章由杨凌职业技术学院史康立编写，第十一章由安徽水利水电职业技术学院汪晓霞编写。

另编有《道路工程制图习题集》，与本教材配套使用。

本教材可作为高职高专道路桥梁专业的教材，也可用作工程技术人员的参考资料。

本教材在编审过程中，得到黄河水利职业技术学院制图教研室曾令宜等老师的建议和指导，在此表示衷心感谢。

教材中的疏漏和不妥之处，恳请读者批评指正。

编　者

2008 年 8 月

目录

“专业制图”模块

绪　论

一、工程图的作用

图样和语言、文字一样是人们用来进行思想交流的重要工具。在实际的生产施工过程中，无论是三峡大坝的修筑，还是杭州湾大桥的架设，都离不开工程图样。工程图样能直观、准确地表达设计思想，指导生产施工，被誉为“工程界的技术语言”。作为一名未来的工程技术人员，应具备绘制和识读工程图样的能力。

二、我国工程图学的发展简介

我国工程图学具有悠久的历史。《尚书》中记载，公元前1059年周公曾画了一幅建筑区域平面图，送给成王作为营造城邑之用。宋代李诫所著的《营造法式》三十六卷中，附图就占了六卷，图中有平面图、剖视图、立面图、详图，画法有正投影、轴测投影和透视。可见我国早在800多年前工程制图技术就已达到了很高的水平。

随着科学技术的进步和发展，我国的图形学也进行了深刻的变革，手工绘图被计算绘图所代替，图形的绘制趋近于高效化和准确化。另外，有关部门对制图标准进行了不断修订和完善，如1992年发布了《道路工程制图标准》(GB 50162—92)，1993年发布了国家标准《技术制图》(GB/T)，2008年又根据制造业需求和国际标准对技术标准进行了较全面系统的制图修订工作，都标志着我国工程图学已经进入了一个规范化和广泛交流的新阶段。

三、本课程的学习内容

道路工程图样是按照投影原理和制图方法，将道路及沿线构筑物的相对位置、形状、大小、材料及技术要求等内容准确表达的图样。本课程主要学习道路工程图样的识读与绘制方法。主要内容划分为三个模块。

1.“制图基础”模块

“制图基础”模块主要介绍制图工具的使用方法、道路制图标准的各项基本规定、常用的几何作图方法等。要求具备熟练使用制图工具、遵循道路制图标准、运用几何作图方法正确抄绘各种平面图形的能力，为后续的投影作图奠定基础。

2.“投影作图”模块

“投影作图”模块主要介绍投影原理和常见的图示方法。要求具备由立体绘制正投影图、由投影图想象立体、徒手勾画轴测草图的能力。

3.“专业制图”模块

“专业制图”模块主要介绍常见道路桥梁专业形体的构造组成、图示特点，识读和绘制道路桥梁工程图的步骤。要求具备识读和绘制一定复杂程度道路桥梁工程图的能力。

四、本课程性质及学习方法

本课程是一门既有理论又重实践的技术基础课。学习者不仅要弄懂绘图的基本原理和基本方法，还必须进行大量的实际训练。

学习中具体应注意以下几个方面：

（1）工程制图课程的内容环环相扣，学习中必须认真听好每一节课，理解作图的原理，独立思考，认真完成作业。

（2）按照正确的作图方法和步骤，严格遵守道路工程制图标准的有关规定，做到投影正确、图线规范、图面整洁、布置美观。

（3）重视图、物之间的投影对应关系，在绘图和读图过程中，多联系生活中的工程形体，建立空间形体与平面图形的对应关系，逐步提高学习者的空间想象和分析能力。

（4）培养认真负责的工作态度和严谨细致的工作作风。

“制图基础”模块

第一章　制图的基本知识

本章主要介绍制图工具的正确使用方法、《道路工程制图标准》（GB 50162—92）的有关制图规定、常用的几何作图方法等内容，为后续工程图样绘制奠定基础。

第一节　常用制图工具

工程图样的绘制是通过制图工具来完成的。正确使用和维护制图工具，既能保证图样的质量，又能提高绘图速度。常用的制图工具有：图板、丁字尺、三角板、圆规、曲线板、比例尺等，如图 1-1 所示。

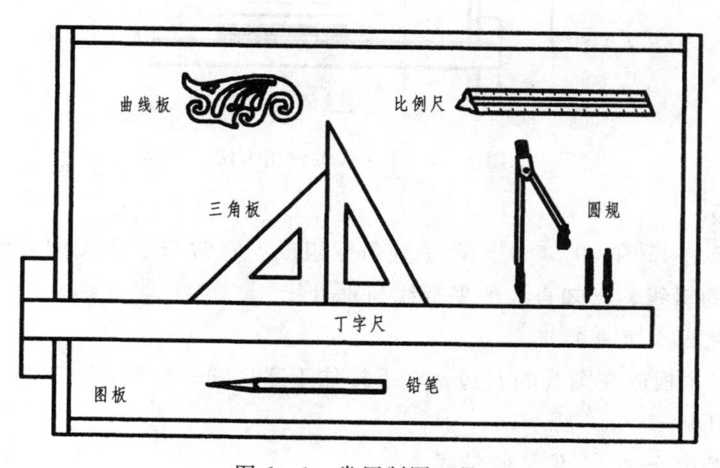

图 1-1　常用制图工具

一、图板与丁字尺

1. 图板

图板主要用于固定图纸。图板选用要求：表面是光滑、平整、洁净的两块三合板，四边是平直的硬木条，短边为图板的工作边。绘图时，应与丁字尺配合，将图纸固定在图板中部略偏左上方位置，如图 1-2 所示。

2. 丁字尺

丁字尺主要用于画水平线，由尺头和尺身组成，尺身带刻度的一侧为工作边。使用时，应将尺头内侧紧靠图板的工作边，左手握尺头，右手扶尺身，上下滑动将尺身工作边

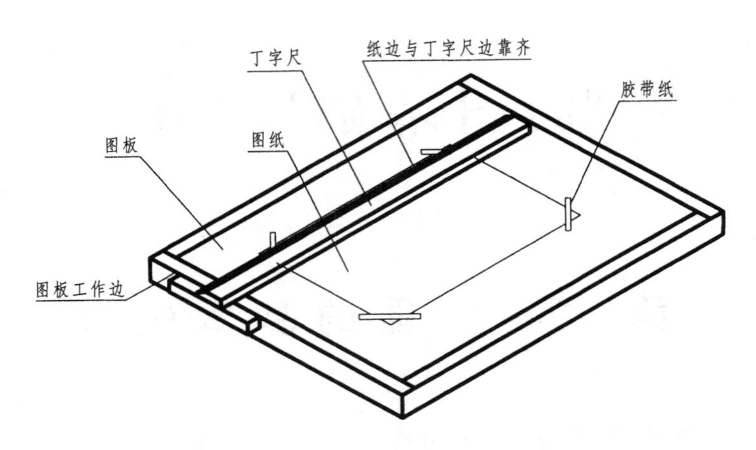

图 1-2　图纸的固定方法

对准所要画线的位置，左手按住尺身，右手持铅笔沿丁字尺工作边自左向右画线，如图1-3所示。

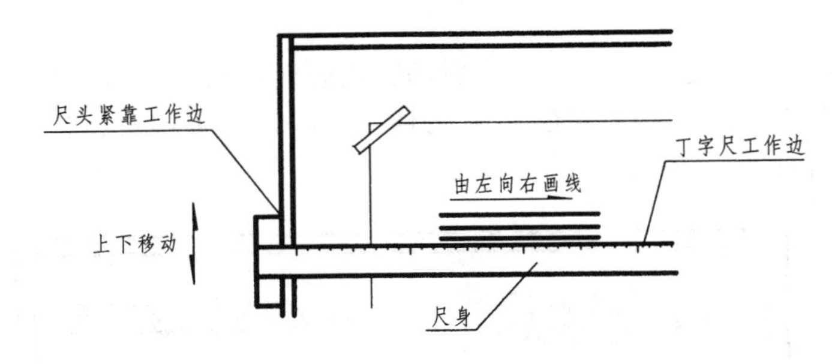

图 1-3　丁字尺的使用方法

二、三角板

一副三角板由 45°和 30°（60°）两块直角板组成。它常与丁字尺配合使用，可以画垂直线、15°倍角的斜线、已知直线的平行线与垂直线。

1. 与丁字尺配合画垂直线

画线时，三角板放在图线的右边，左手按住丁字尺和三角板，右手持铅笔，自下而上画铅垂线，如图 1-4（a）所示。

2. 与丁字尺配合画 15°倍角的斜线

画法如图 1-4（b）所示。

3. 两块三角板配合画任意直线的平行线或垂直线

画线时其中一块三角板起定位作用，另一块三角板沿定位边移动并画直线，如图1-4（c）、（d）所示。

三、圆规与分规

圆规用于画圆和圆弧。圆规的一条腿是固定的，插脚上装有钢针，钢针两端的形状不同，带台阶的一端用于画圆和圆弧时定圆心，可以防止图纸上的圆心扩大；圆锥形的一端可作为分规使用。圆规的另一条腿能拆卸，常配有四大附件。根据需要可分别装入铅芯插

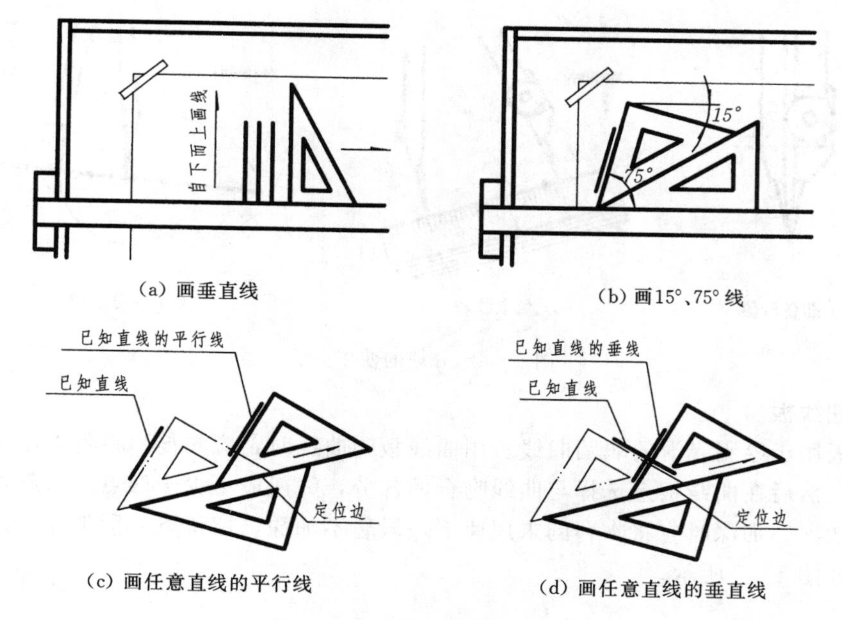

(a) 画垂直线　(b) 画15°、75°线

(c) 画任意直线的平行线　(d) 画任意直线的垂直线

图 1-4　三角板的使用方法

脚（画圆）、钢针插脚（作分规用）、延伸杆（画大圆）、鸭嘴插脚（描墨线），如图 1-5 (a)所示。

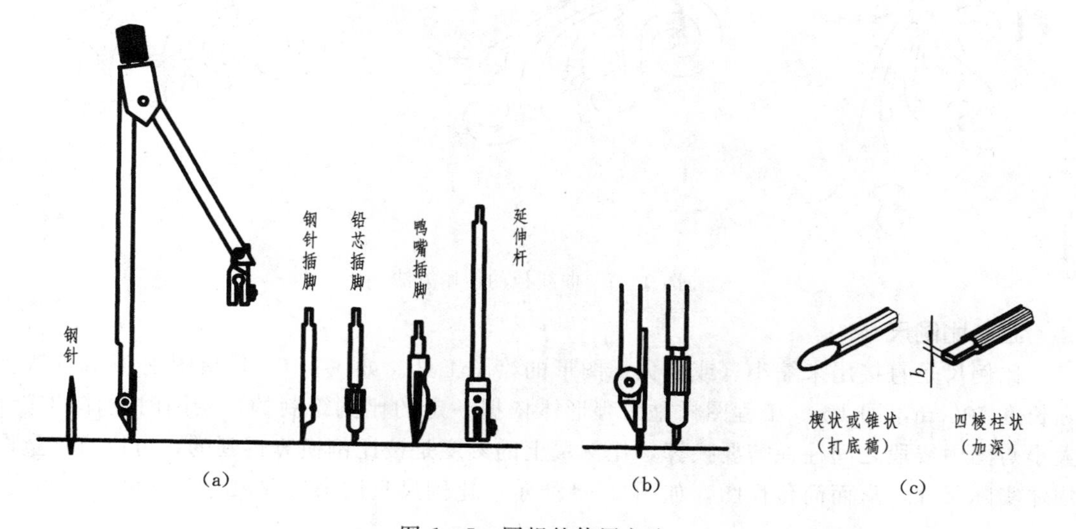

(a)　(b)　(c)

图 1-5　圆规的使用方法

画圆或圆弧前，要调整好铅芯与钢针，使铅芯尖端与定位钢针的台阶平齐，如图 1-5 (b)所示。画圆或圆弧时，铅芯与定位钢针应尽可能垂直纸面，按顺时针方向旋转，并向前进方向自然倾斜。圆半径过大时，应装上延伸杆画图。圆规上铅芯的磨削方法如图 1-5 (c)所示。

分规用于量取尺寸和等分线段。注意分规的两腿合拢时针尖应平齐。使用方法如图 1-6所示。

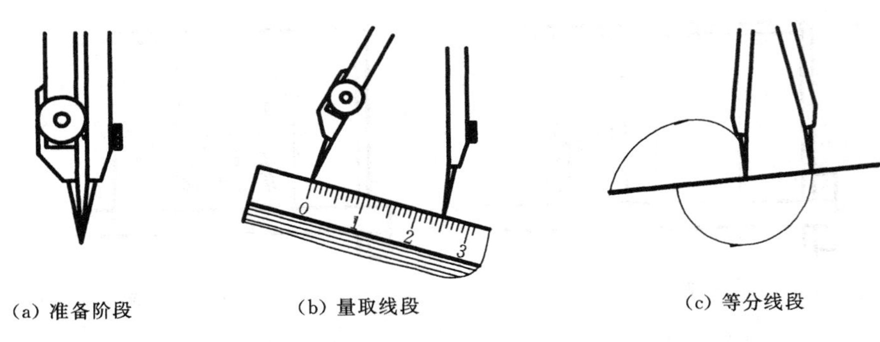

图 1-6　分规的使用方法

四、曲线板

曲线板用于绘制光滑的非圆曲线。用曲线板画曲线时，应先徒手将各点用细线连成平滑的曲线，然后在曲线板上选择与曲线吻合的部分，一般应不少于四点，从起点到终点按顺序分段加深。加深时应将吻合的末尾留下一段暂不加深，留待下一段加深，以使曲线连接光滑，如图 1-7 所示。

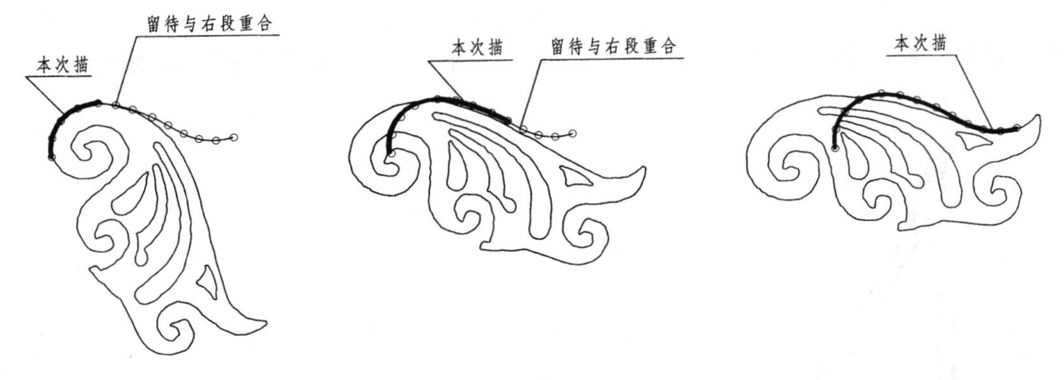

图 1-7　曲线板的使用方法

五、比例尺

比例尺是直接用来缩小（或放大）图形的绘图工具。如 1∶100 是指图中 1cm 代表实际长度 100cm，即 1m。工程图样是工程形体依据一定的比例绘制的，绘图时物体的实际大小与图中线段之间往往需要换算，比例尺上的刻度是按比例换算得到的，可以直接量取物体实际尺寸，从而简化作图，如图 1-8 所示。比例尺只用来量取尺寸，不可用来画线。

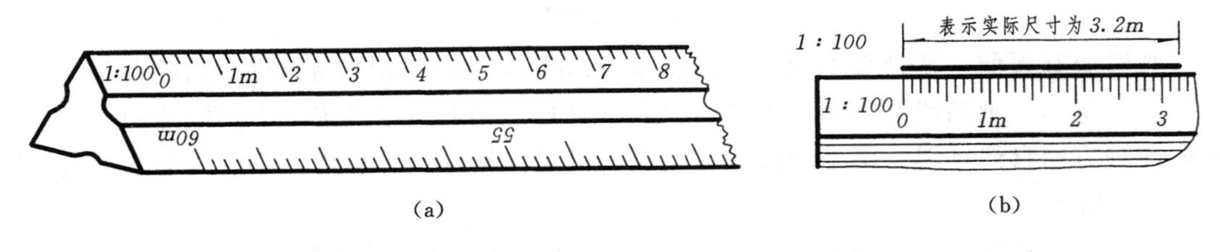

图 1-8　比例尺的使用方法

六、铅笔

绘图铅笔的铅芯有软硬之分，B表示软铅芯，H表示硬铅芯，HB表示软硬适中的铅芯。不同类型的铅笔用途和削法见表1-1。

表1-1　　铅笔的用途与削法

分类	用途	削法	使用方法
H	打底稿，加深细实线	锥状	画线时，铅笔前后方向与纸面垂直，并向前进方向倾斜
HB	书写文字，画箭头		
B	加深粗实线	扁平状	

第二节　基本制图标准

一、图样的标准化与制图标准

图样是工程界的技术语言。作为技术交流的语言，必须遵循统一的规定，这些规定就是制图标准。目前常用的标准按交流区域的不同分为国际标准、国家标准、行业标准等。

对于各类制图中需要统一的内容，国家制定了国家标准《技术制图》（GB/T）。各行业依据专业形体表达的需要也制定有行业制图标准，如《道路工程制图标准》、《水利工程制图标准》、《房屋建筑制图标准》。当行业标准与《技术制图》标准不同时，应遵循《技术制图》标准。

二、道路工程制图基本标准

采用现行《道路工程制图标准》（GB 50162—92）。本节主要介绍：图幅、图线、字体、尺寸注法、比例等基本制图标准，相关专业制图标准将在后续章节逐步介绍。

（一）图幅、图框、图标及会签栏

1. 图纸幅面（简称图幅）

图幅就是图纸的大小，用图纸的短边×长边（$b \times l$）表示。制图标准规定了五种常用的基本图幅见表1-2。

表1-2　　图幅及图框尺寸　　单位：mm

图纸幅面	A0	A1	A2	A3	A4
$b \times l$	841×1189	594×841	420×594	297×420	210×297
a	35	35	35	30	25
c	10	10	10	10	10

注　绘制工程图样时，应优先选用基本幅面。

图纸幅面边长尺寸采用$\sqrt{2}$系列，即 $l=\sqrt{2}b$。A0 图纸幅面的大小为 1m^2，A1 幅面是 A0 幅面沿长边中点对裁，其他幅面类推。

根据需要，图纸幅面的长边可以加长，但短边不得加宽。标准规定：长边加长时图幅 A0、A2、A4 应为 150mm 的整倍数，图幅 A1、A3 应为 210mm 的整倍数。

对需要缩微复印的图纸应加绘对中标志，对中标志应画在幅面线中点处，线宽应不小于 0.5mm，伸入图框内 5mm，如图 1-9 所示。

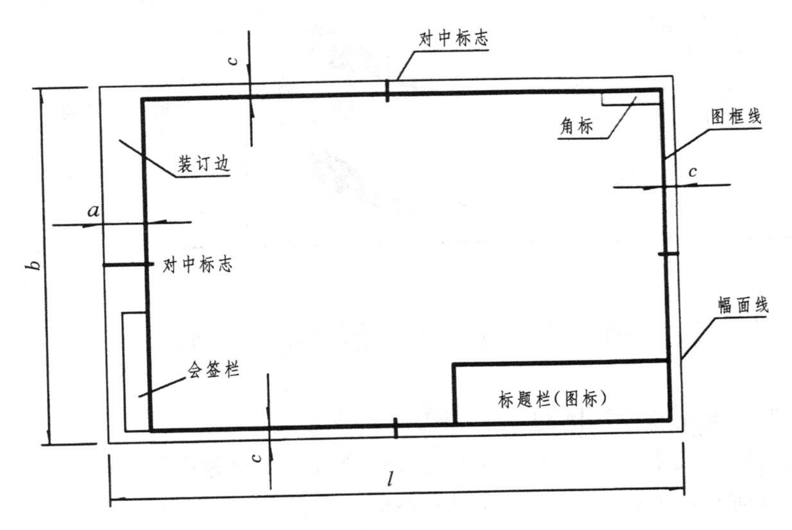

图 1-9　图框格式

2. 图框

图框用来限定绘图的区域，任何图纸都应画出，图框线用 0.7mm 的粗实线绘制，尺寸见表 1-2，表中各代号的含义如图 1-9 所示，a 表示图纸装订边，c 表示非装订边。

3. 标题栏（简称图标）

标题栏（图标）是图样的重要组成之一，任何图纸均应画出，主要填写图名、设计单位等图纸相关的重要信息，如图 1-9 所示。图标应水平放置在图纸右下角，图标外框线线宽宜为 0.7mm，内分格线线宽宜为 0.25mm，尺寸按照制图标准选用。本课程作业中建议采用图 1-10 所示格式的标题栏，标题栏中文字大小图名用 10 号，校名用 7 号，其余均用 5 号字。

4. 会签栏和角标

会签栏宜布置在图框外左下角，主要用于专业负责人签字，外框线线宽宜为 0.5mm，内分格线线宽为 0.25mm。当图纸需要绘制角标时，应布置在图框的右上角，主要填写工程名称、桩号、张数、当前图纸编号，角标的线宽宜为 0.25mm，如图 1-9 所示。

（二）图线

1. 图线类型

图线是图形的基本组成要素，为了使图样表达的内容清晰、层次分明，标准中规定了多种线型，各种线型的画法和用途如表 1-3 所示。

表 1-3 中图线宽度 b 应按图样的类型和大小在 0.5～2mm 中选择，同种图线有粗线、

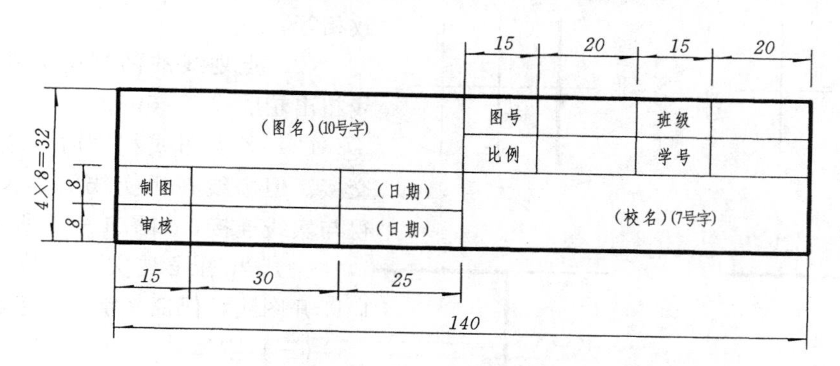

图 1-10 作业用标题栏

中粗线、细线之分，线宽比例为 1∶0.5∶0.25。

表 1-3 常用的图线型式和用途

图线名称		图线型式	图线宽度	一般用途
实线	加粗实线		(1.4～2) b	路线设计线、地平线等
	粗实线		b=0.5～1.4mm 常取 0.6～0.7mm	可见轮廓线、钢筋线
	中粗实线		$b/2$	次要的可见轮廓线、钢筋线
	细实线		$b/4$	尺寸线、剖面线、引出线图例线、原地面线等
虚线	加粗虚线	2～6　1～2	1.4b	比较路线等
	中粗虚线		$b/2$	不可见轮廓线
	细虚线		$b/4$	见专业图规定
点划线	粗点划线	10～12　3	b	见专业图规定
	中粗点划线		$b/2$	用地界线
	细点划线		$b/4$	道路中心线、中心线、轴线、对称线
双点划线	粗双点划线	10～12　5	b	规划红线
	中粗双点划线		$b/4$	假想轮廓线
	细双点划线		$b/4$	规划道路中线
波浪线			$b/4$	局部断开界线
折断线		2～6　4～6	$b/4$	整体断开界线

2. 图线的规定画法

(1) 同一张图纸上同类图线的宽度应基本一致。虚线、点划线的线段长度和间隔应大

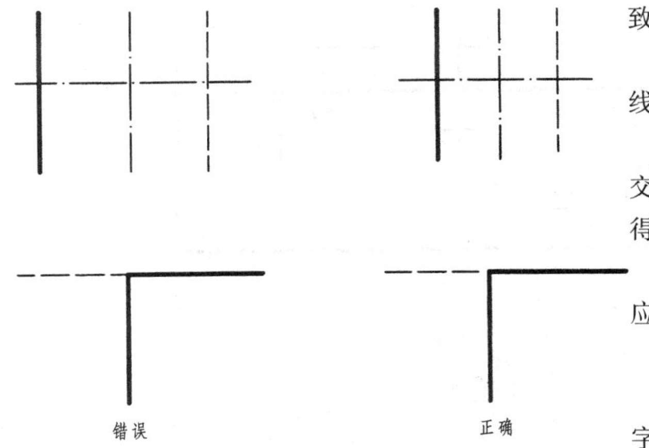

图 1-11 图线相交示例

致相等。

(2) 点划线的两端应为线段，点划线超出轮廓线 3～5mm。

(3) 各类图线相交时，应在线段处交接。但虚线在粗实线的延长线时，不得与实线连接，如图 1-11 所示。

(4) 当图线与文字、数字重叠时，应断开图线，保证文字、数字的清晰。

(三) 字体

字体是图样的重要组成之一。书写字体必须做到：字体工整、笔画清楚、间隔均匀、排列整齐。

字号是指字体垂直高度（mm），常见字高尺寸系列为：2.5、3.5、5、7、10、14、20。

1. 汉字

图纸中的汉字应写成长仿宋体字，并应采用国家正式公布推行的简化字。汉字高宽比一般为$\sqrt{2}$。

长仿宋体字的书写要领是：横平竖直、起落有锋、结构匀称、填满方格。长仿宋体字的示例如图 1-12 所示。

10 号字

字体端正 笔画清楚 排列整齐 间隔均匀

5 号字

工程制图 道路图 剖视图 比例 涵洞 立交桥 标高 规划

图 1-12 长仿宋体字示例

2. 数字和字母

图纸中的数字应写成阿拉伯数字，字母应写成拉丁字母。数字和字母应写成斜体或直体。斜体字字头向右倾斜，与水平基准线成 75°，示例如图 1-13 所示。

(四) 尺寸标注

尺寸是图样的重要组成部分，用来表示物体的大小。图样中的尺寸数字一律表示物体的真实大小，尺寸的单位除了标高、里程桩号为 m，钢筋直径为 mm 外，一般为 cm。

(1) 尺寸标注的组成。一个完整的尺寸由尺寸界线、尺寸线、尺寸起止符、尺寸数字四部分组成，如图 1-14 所示。

1) 尺寸界线。用以表示所注尺寸的范围，用细实线绘制，垂直于被注线段。尺寸界线可从图形的轮廓线、轴线或中心线处引出，也可以直接利用轮廓线、轴线或中心线作尺寸界线。绘制尺寸界线时，引出端与轮廓线之间一般留有 2～3mm 间隙，另一端应超出

斜体数字

大写斜体字母

小写斜体字母

图 1-13 斜体数字和字母示例

尺寸线约 2mm。

2）尺寸线。用以表示所注尺寸的方向，用细实线绘制。尺寸线应与被注的线段平行，距离所注的线段一般在 7mm 以上。尺寸线不能用其他任何图线代替，必须单独画出。

3）尺寸起止符。用以表示尺寸的起止点。尺寸起止符宜采用单边箭头，箭头在尺寸界线右侧时，应注在尺寸线之上；反之，应注在尺寸线之下。直线段标注时也可采用把尺寸界线顺时针旋转 45°的斜短线表示，同一张图样中的尺寸起止符只能用一种形式。标注半径、直径、角度和弧长时尺寸起止符一律采用单边箭头，单边箭头尾部粗 0.5mm，长约 3mm，按照左上右下的位置绘制。对于连续的小尺寸，可采用小黑圆点表示尺寸起止符，见表 1-4。

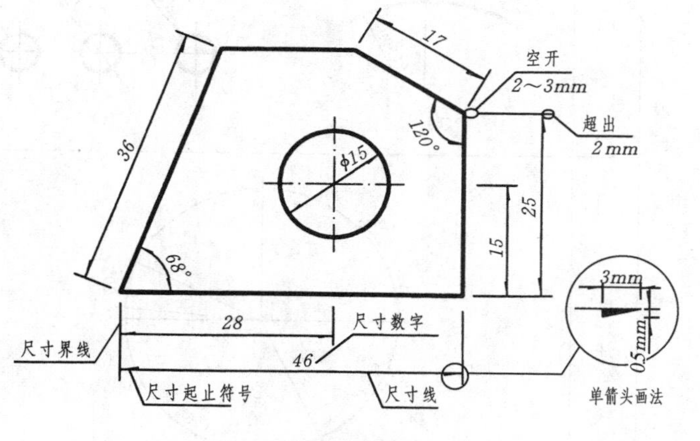

图 1-14 尺寸的组成

4）尺寸数字。尺寸数字一般用 3.5 号斜体阿拉伯数字书写在尺寸线的中上部。数字字头方向与尺寸线对齐，水平方向尺寸字头向上，垂直方向尺寸字头向左，倾斜方向尺寸字头保持向上方向。

（2）尺寸的具体注法。《道路工程制图标准》对尺寸一般注法的规定，见表 1-4。

（五）比例

比例是指图形线段尺寸与其相应实际尺寸之比。比例大小即为比值大小，如 1∶50 大于 1∶100。绘制图样时，比例应根据物体的大小及其形状复杂程度适当选取，使图面布置合理、匀称、美观。常用绘图比例为 $1:1\times10^{n}$、$1:2\times10^{n}$、$1:5\times10^{n}$。

表 1－4　　尺寸的一般注法规定

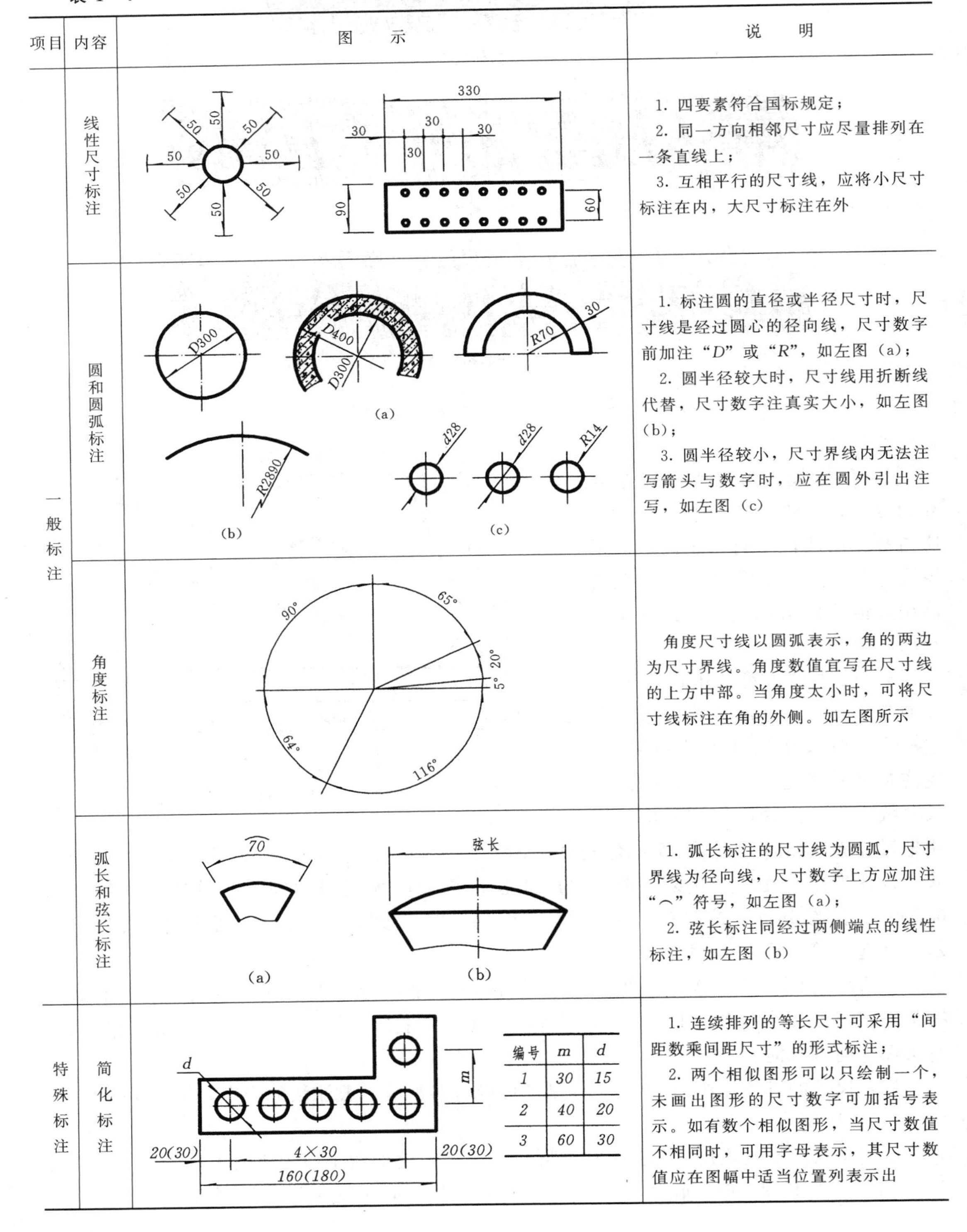

项目	内容	图示	说明
一般标注	线性尺寸标注		1. 四要素符合国标规定； 2. 同一方向相邻尺寸应尽量排列在一条直线上； 3. 互相平行的尺寸线，应将小尺寸标注在内，大尺寸标注在外
	圆和圆弧标注	(a)　(b)　(c)	1. 标注圆的直径或半径尺寸时，尺寸线是经过圆心的径向线，尺寸数字前加注“D”或“R”，如左图（a）； 2. 圆半径较大时，尺寸线用折断线代替，尺寸数字注真实大小，如左图（b）； 3. 圆半径较小，尺寸界线内无法注写箭头与数字时，应在圆外引出注写，如左图（c）
	角度标注		角度尺寸线以圆弧表示，角的两边为尺寸界线。角度数值宜写在尺寸线的上方中部。当角度太小时，可将尺寸线标注在角的外侧。如左图所示
	弧长和弦长标注	(a)　(b)	1. 弧长标注的尺寸线为圆弧，尺寸界线为径向线，尺寸数字上方应加注“⌒”符号，如左图（a）； 2. 弦长标注同经过两侧端点的线性标注，如左图（b）
特殊标注	简化标注		1. 连续排列的等长尺寸可采用“间距数乘间距尺寸”的形式标注； 2. 两个相似图形可以只绘制一个，未画出图形的尺寸数字可加括号表示。如有数个相似图形，当尺寸数值不相同时，可用字母表示，其尺寸数值应在图幅中适当位置列表示出

编号	m	d
1	30	15
2	40	20
3	60	30

续表

项目	内容	图　示	说　明
特殊标注	坡度标注	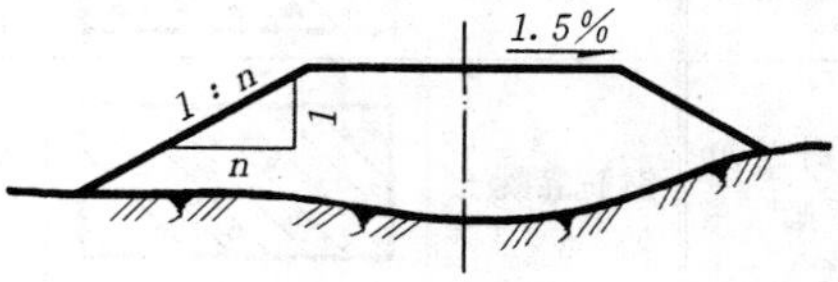1.5% 1：n 1 n	1. 当坡度值较小时，坡度的标注宜用百分率表示，并应标注坡度符号。坡度符号由细实线、单边箭头以及在其上标注的百分数组成。坡度符号的箭头应指向下坡方向； 2. 当坡度值较大时，坡度的标注宜用比例的形式表示，例如 1：n
	标高标注	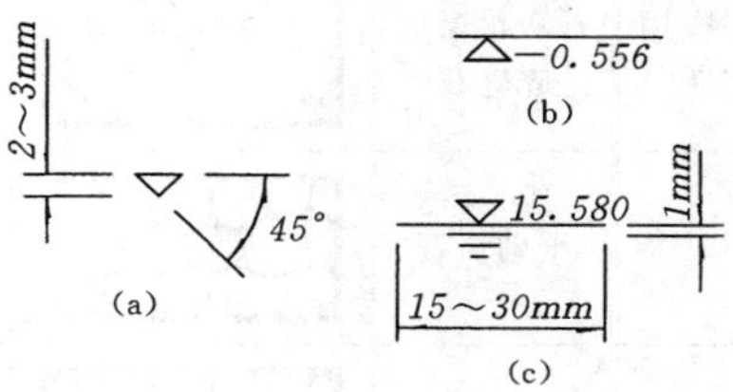2～3mm 45° (a) −0.556 (b) 15.580 1mm 15～30mm (c)	1. 标高符号应采用细实线绘制的等腰三角形表示，高为 2～3mm，底角为 45°，如左图（a）； 2. 标高数值表示被注面相对于基准面的高度，“＋”表示高于基准面，“－”表示低于基准面，如左图（b）； 3. 水位符号应由数条上长下短的细实线及标高符号组成，水位的标注，如左图（c）
	坐标标注	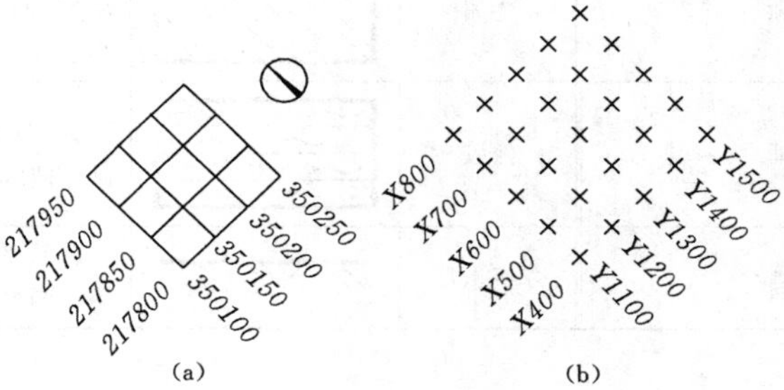217950 217900 217850 217800 350250 350200 350150 350100 (a) X800 X700 X600 X500 X400 Y1500 Y1400 Y1300 Y1200 Y1100 (b)	1. 坐标网格细实线绘制，辅助指北针表示地理方位，如左图（a）； 2. 坐标网格可采用十字代替，南北方向轴线代号为 X，向北为坐标值增大方向；东西方向轴线代号为 Y，向东为坐标值增大方向，如左图（b）； 3. 坐标数值的计量单位用 m，精确到小数点后三位

在图纸上必须注明比例，当整张图纸只用一种比例时，应统一注写在图标中。否则，应注在视图图名的右侧或下方，图名应写在图的上方。比例字体应比图名字体小一号。当竖直方向和水平方向的比例不同时，可用 V 表示竖直方向的比例，用 H 表示水平方向的比例，如图1－15所示。

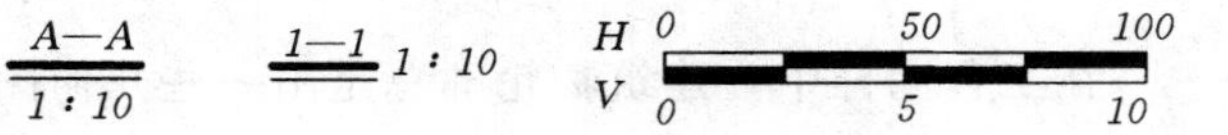
A—A
1：10
1—1　1：10
H　0　50　100
V　0　5　10

图 1－15　比例

（六）道路工程材料图例

工程中使用的建筑材料类别很多。画剖面图与断面图时，必须根据建筑物所用的材料在对应位置画出建筑材料图例，以方便施工。剖面线一般用细实线绘制，常见的剖面符号画法见表 1－5。

表 1-5 常见的剖面符号

名 称	图 例	说 明	名 称	图 例	说 明
细粒式沥青混凝土		斜线为 45°细实线，间距约 2mm，用尺画	粗粒式沥青混凝土		斜线为 45°细实线用尺画，石子为等腰三角形涂黑
水泥混凝土		石子为不规则三角形细实线，徒手画	钢筋混凝土		石子为不规则三角形细实线徒手画。斜线为 45°细实线，用尺画
水泥稳定土		平行线为细实线用尺画，间距不小于 0.7mm	水泥稳定砂砾		平行线为细实线间距不小于 0.7mm，石子无棱角
石灰土		斜线为 45°细实线用尺画，点应规则排列	石灰粉煤灰碎砾石		双斜线为 45°细实线，间距不小于 0.7mm，用尺画，石子不规则
天然砂砾		徒手画	干砌块石		石缝要错开，空隙不涂黑，徒手画
浆砌片石		石缝要错开，空隙涂黑，徒手画	浆砌块石		石块之间空隙要涂黑，徒手画
木材 横纹		徒手画	金属		斜线为 45°细实线，用尺画，最小间距不小于 0.7mm
木材 纵纹		徒手画	橡胶		直线为细实线用尺画，曲线徒手画
自然土壤		徒手画	夯实土壤		斜线为 45°细实线，用尺画

第三节 几 何 作 图

在工程图样中，建筑物轮廓总是由一些几何图形按一定规律组成。因此掌握几何作图的基本方法和技能是绘制工程图的基础，本节介绍常用的几何作图方法。

一、等分线段

等分线段的常用方法是辅助直线法，作图步骤见表 1-6。

二、等分圆周及作圆内接正多边形

等分圆周及作圆内接正多边形的方法步骤见表 1-7。

三、圆弧连接

圆弧连接是指用已知半径的圆弧光滑连接两条已知线段（直线段或圆弧），这个已知半径的圆弧称为连接圆弧。绘制连接圆弧应解决的两个问题：一是求出连接圆弧的圆心；

二是确定连接圆弧的切点即连接点。

表 1-6　　**等分线段作图**

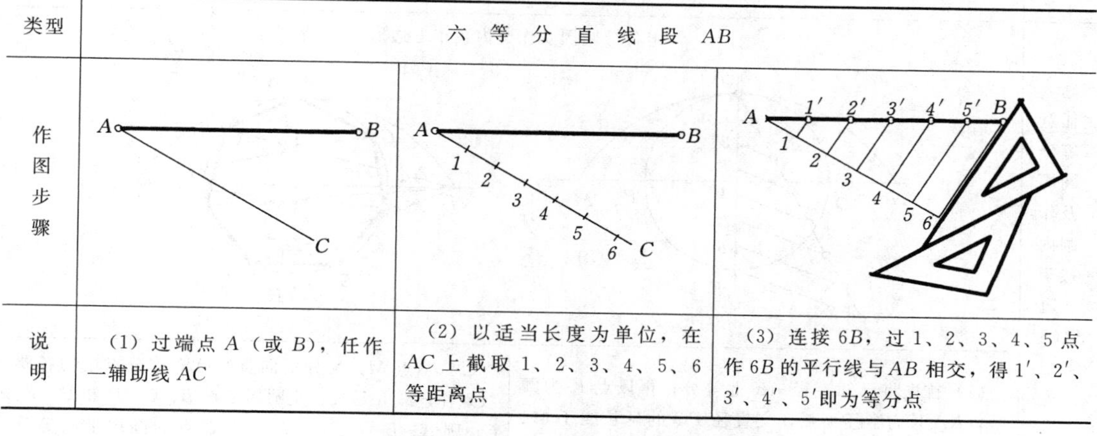

类型	六等分直线段 AB		
作图步骤			
说明	（1）过端点 A（或 B），任作一辅助线 AC	（2）以适当长度为单位，在 AC 上截取 1、2、3、4、5、6 等距离点	（3）连接 $6B$，过 1、2、3、4、5 点作 $6B$ 的平行线与 AB 相交，得 1′、2′、3′、4′、5′即为等分点

表 1-7　　**等分圆周及作圆内接正多边形**

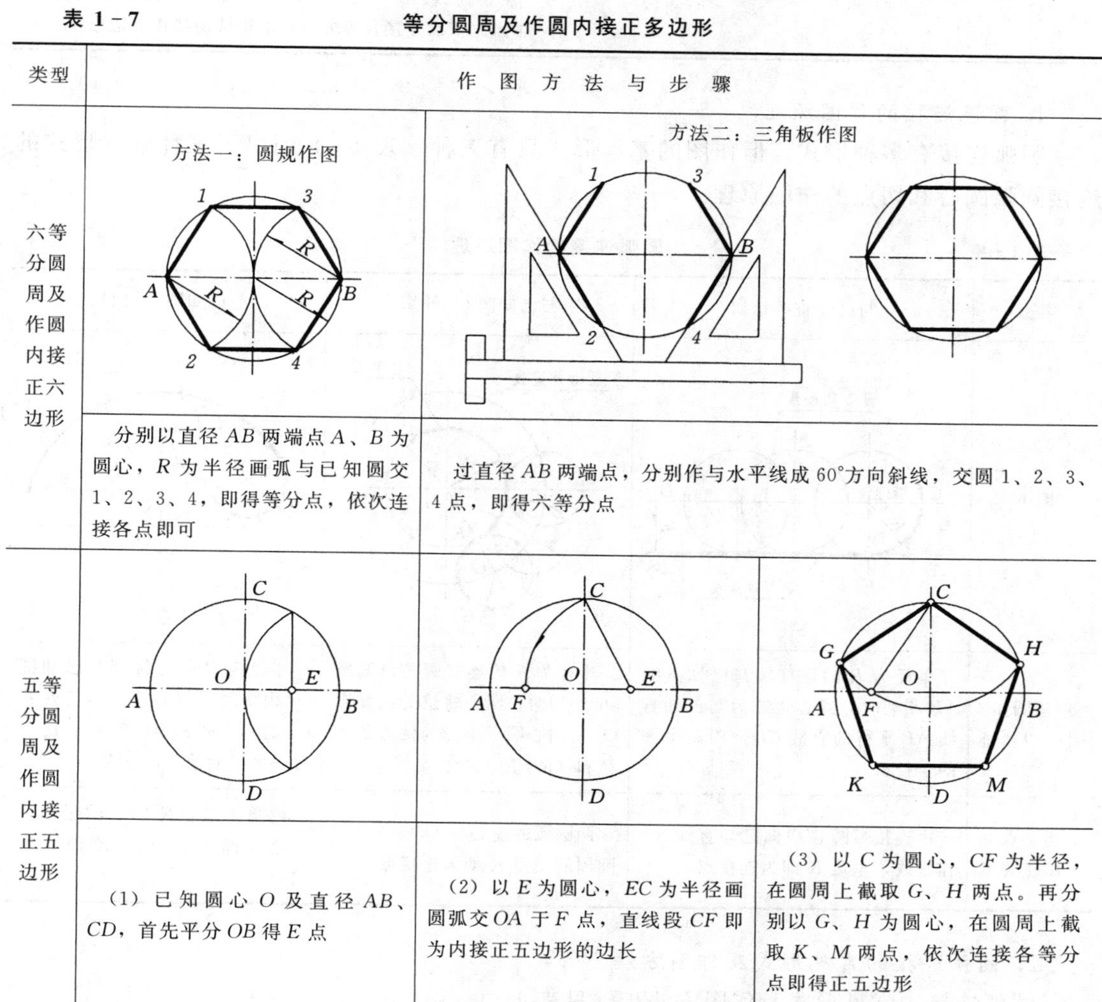

类型	作图方法与步骤		
六等分圆周及作圆内接正六边形	方法一：圆规作图	方法二：三角板作图	
	分别以直径 AB 两端点 A、B 为圆心，R 为半径画弧与已知圆交 1、2、3、4，即得等分点，依次连接各点即可	过直径 AB 两端点，分别作与水平线成 60°方向斜线，交圆 1、2、3、4 点，即得六等分点	
五等分圆周及作圆内接正五边形			
	（1）已知圆心 O 及直径 AB、CD，首先平分 OB 得 E 点	（2）以 E 为圆心，EC 为半径画圆弧交 OA 于 F 点，直线段 CF 即为内接正五边形的边长	（3）以 C 为圆心，CF 为半径，在圆周上截取 G、H 两点。再分别以 G、H 为圆心，在圆周上截取 K、M 两点，依次连接各等分点即得正五边形

续表

类型	作图方法与步骤	
任意等分圆周及作圆内接正 n 边形（七等分为例）	七等分圆周及作圆内接正七边形 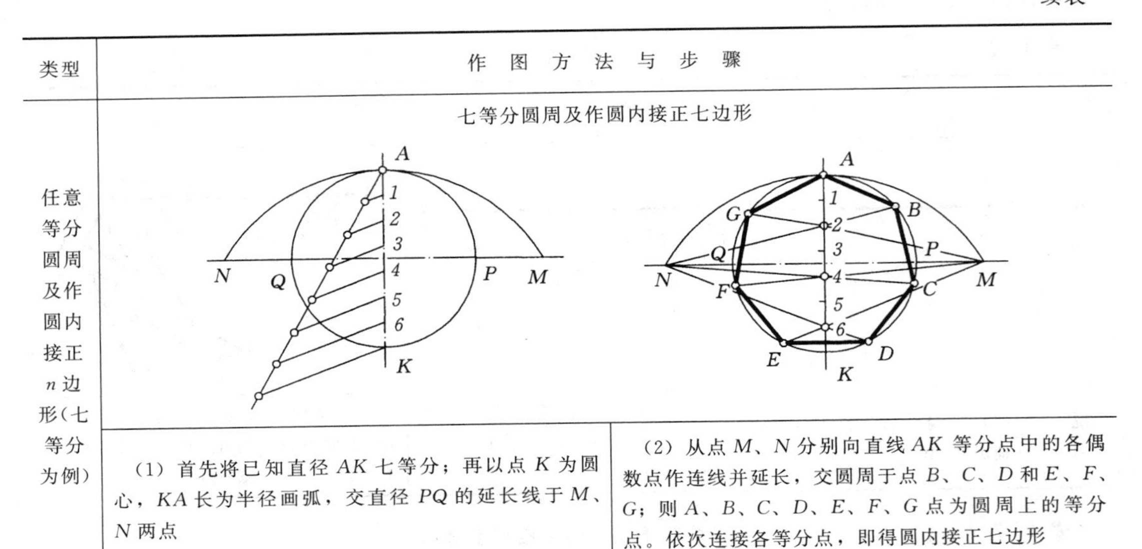	
	（1）首先将已知直径 AK 七等分；再以点 K 为圆心，KA 长为半径画弧，交直径 PQ 的延长线于 M、N 两点	（2）从点 M、N 分别向直线 AK 等分点中的各偶数点作连线并延长，交圆周于点 B、C、D 和 E、F、G；则 A、B、C、D、E、F、G 点为圆周上的等分点。依次连接各等分点，即得圆内接正七边形

1. 圆弧连接的作图原理

圆弧连接有多种形式，但作图的基本形式只有三种。表 1－8 列出了三种基本形式的连接圆弧圆心和切点的作图原理。

表 1－8　圆弧连接的作图原理

类型	与已知直线相切	与已知圆 O_1 外切	与已知圆 O_2 内切
图示			
连接圆弧圆心 O 轨迹	半径为 R 的连接圆与已知直线 AB 相切时，圆心轨迹为与已知直线 AB 平行的直线 CD，距离为圆的半径 R	半径为 R 的连接圆与已知圆 O_1 外切时，圆心轨迹为已知圆 O_1 的同心圆，半径为两者的半径和（$R+R_1$）	半径为 R 的连接圆与已知圆 O_2 内切时，圆心轨迹为已知圆 O_2 的同心圆，半径为两者的半径差的绝对值 $\mid R_2-R \mid$
连接点 K 位置	由连接弧圆心 O 向已知直线 AB 作垂线，垂足 K 即为连接点	两圆弧的连心线 OO_1 与已知圆周的交点 K 即为连接点	两圆弧连心线 OO_2 的延长线与已知圆周的交点 K 即为连接点

2. 圆弧连接的常见形式及作图方法

圆弧连接的常见形式及作图方法步骤见表 1－9。

表 1-9　　圆弧连接的常见形式及作图方法

类型		已知条件	作图方法和步骤	
			求连接圆弧的圆心 O 点	求连接点 K_1、K_2，画连接圆弧
连接两已知直线		R D C A B	D R O C R A B	D K_2 O C A B K_1
连接两已知圆弧	外连接	R R_1 O_1 R_2 O_2	O $R+R_1$ $R+R_2$ R_1 O_1 R_2 O_2	O R K_2 K_1 R_1 O_1 R_2 O_2
	内连接	R R_1 O_1 R_2 O_2	R_1 O_1 R_2 O_2 $R-R_1$ $R-R_2$ O	K_2 K_1 R_1 O_1 R_2 O_2 R O
	内外连接	R_1 O_1 R O_2 R_2	R_1 $R+R_1$ O_1 O $R-R_2$ O_2 R_2	R_1 O_1 K_1 O R O_2 R_2 K_2
连接一直线和一圆弧	以外连接为例	R R_1 O_1 B A	R_1 $R+R_1$ O_1 O R B A	R_1 O_1 K_1 O R B K_2 A

四、椭圆的画法

椭圆是光滑的非圆曲线。绘制椭圆时，常用的方法有四圆心法和同心圆法两种，作图步骤见表 1-10。

表 1-10　　椭圆的画法

作图方法	作图步骤		
四圆心法画椭圆	（1）绘制椭圆的中心线，分别截取长半轴、短半轴距离得到椭圆长短轴端点 A、B、C、D。以 O 为圆心、OA 为半径画弧交短轴延长线于 E。再以 C 为圆心，CE 为半径画弧交 AC 于 F	（2）作线段 AF 的垂直平分线，与长、短轴分别相交于 1、2 点，再取 1、2 的对称点 3、4，得四个圆心。作连心线 21、23、41、43 并如图延长	（3）分别以 1、3 为圆心，$1A$（或 $3B$）为半径画弧至连心线延长线，再分别以 2、4 为圆心，$2C$（或 $4D$）为半径画弧至连心线的延长线，即得所求近似椭圆。图中点 M、M'、N、N'为切点
同心圆法画椭圆	（1）绘制椭圆的中心线，以交点 O 为圆心，分别以 OA 与 OC 为半径作两个同心圆	（2）将两同心圆同数等分，得各等分点 Ⅰ、Ⅱ、Ⅲ、Ⅳ、…和 1、2、3、4、…过大圆上的等分点作短轴的平行线，过小圆上的等分点作长轴的平行线，分别交于 E、F、G、…各点，得到椭圆上的点	（3）用曲线板依次将所求椭圆上各点光滑地连接，即得椭圆

第四节　平面图形分析与绘制

平面图形由若干线段连接而成。绘制平面图形时，首先应对平面图形进行分析，然后确定图线绘制步骤。下面以图 1-16 的手柄为例进行平面图形的分析和绘制。

一、平面图形的分析

平面图形的分析分为尺寸分析和线段分析。

1. 尺寸分析

平面图形中的尺寸按作用可分为两种：

（1）定形尺寸。确定平面图形中各线段大小的尺寸，称定形尺寸，如线段的长度、圆的直径、圆弧的半径，以及角度大小等。图 1-16 中的尺寸 $\phi30$、$\phi20$、$\phi6$、12、30、

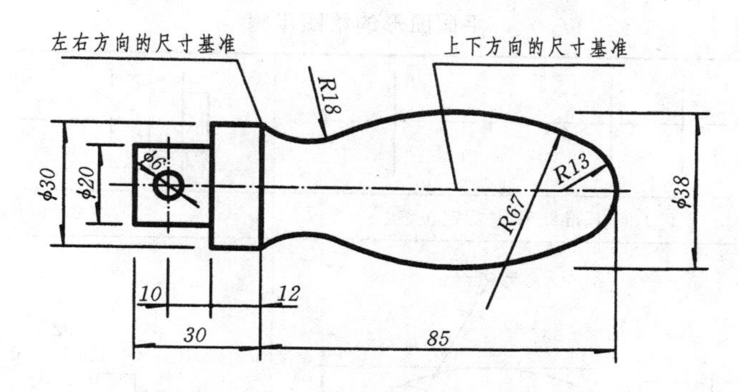

图 1-16　平面图形分析

R18、R67、R13 都是定形尺寸。

（2）定位尺寸。确定平面图形中各线段之间相互位置的尺寸，称为定位尺寸，如图 1-16中的尺寸 85、10、ϕ38 均为定位尺寸。

标注定位尺寸必须以某点或某线为起点，称为尺寸基准。一个平面图形应具有上下和左右两个方向的尺寸基准。通常以图形的对称线、最外轮廓线等作为尺寸基准。如图 1-16 所示，手柄平面图形是以左边较长的直线作为左右方向的尺寸基准，以对称线作为上下方向的尺寸基准。它们是画图的基准线。

2. 线段分析

平面图形中的线段根据已知尺寸的情况可分为以下三种：

（1）已知线段。定形尺寸和定位尺寸齐全，根据基准线位置和已知尺寸就能直接画出的线段，称为已知线段。如图 1-16 中的 R13 圆弧、ϕ6 的小圆、左端的直线均为已知线段。

（2）中间线段。缺少一个定位尺寸，还需依靠与已知线段的一个连接条件才能确定其位置的线段，称为中间线段。如图 1-16 中 R67 圆弧就是中间线段。

（3）连接线段。没有定位尺寸，需依靠与两端相邻线段的连接条件才能确定的线段，称为连接线段。如表 1-14 中 R18 圆弧就是连接线段。

根据以上分析，绘制平面图形的顺序确定为：基准线—已知线段—中间线段—连接线段。

二、平面图形的绘制

（一）平面图形的绘图步骤

1. 准备

（1）准备制图工具。

（2）选择适当的图纸幅面，用丁字尺配合固定在图板上，要求图纸摆平放正。

（3）按制图标准规定尺寸，画出图幅线、图框线及标题栏位置。

2. 画底稿

（1）确定比例，布置图形，绘制各图形的基准线，使各图形在图框内布置均匀。

（2）按照先已知线段，再中间线段，最后连接线段的步骤，绘制平面图形。如手柄的绘图步骤见表 1-11。

表 1-11　　平面图形的绘图步骤

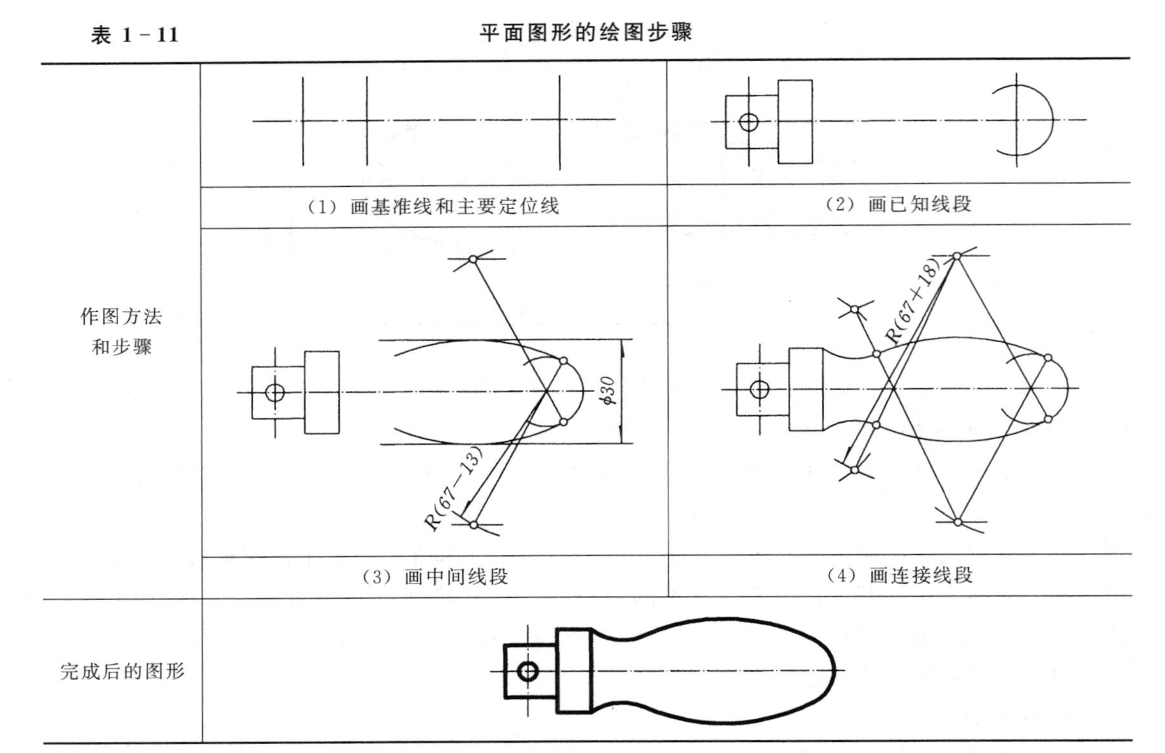

3. 检查加深

(1) 检查图形。检查底稿中的图形有无错误、遗漏，擦去多余的辅助作图线。

(2) 加深。选用 2B、B 铅笔将各种图线按规定的粗细加深，圆规加深所用的铅芯应更软一号。按照先曲后直，先水平再铅垂再斜线的顺序加深图线。

4. 标注尺寸、注写文字

加深后，按规定标注尺寸数字，填写标题栏及文字说明等，完成作图。

一张高质量的图样，应作图准确，图形布置匀称，图线粗细分明且同类图线宽度一致，尺寸排列美观易读，数字、字母和文字书写清晰规范，同字号字体大小一致，图面干净整洁。

（二）工程草图的绘制

草图是工程技术人员进行构思和表达设计思想、进行技术交流时的一种快速表达手段。草图需要目估比例、徒手绘制，但应按投影关系绘制，遵循制图标准，绘制正确。各类图线的草图绘制方法分述如下：

(1) 直线：铅笔要握的轻松自然，手腕稍抬起，小手指微触纸面，眼睛要注视画线的起止点。画短线时手腕或手指运动；画长线时则靠手臂运动。

(2) 圆：若圆的直径较小，可先在中心线上定出半径的长度，过 4 个已知点可画圆；若圆的直径较大，可在中心线及 45°线上定出半径的长度，过 8 个已知点即可画大圆。

(3) 椭圆：可先在中心线上定出长短轴的端点，过 4 个端点可目估画椭圆。

具体绘制见表 1-12。

表 1-12　　草图绘制方法

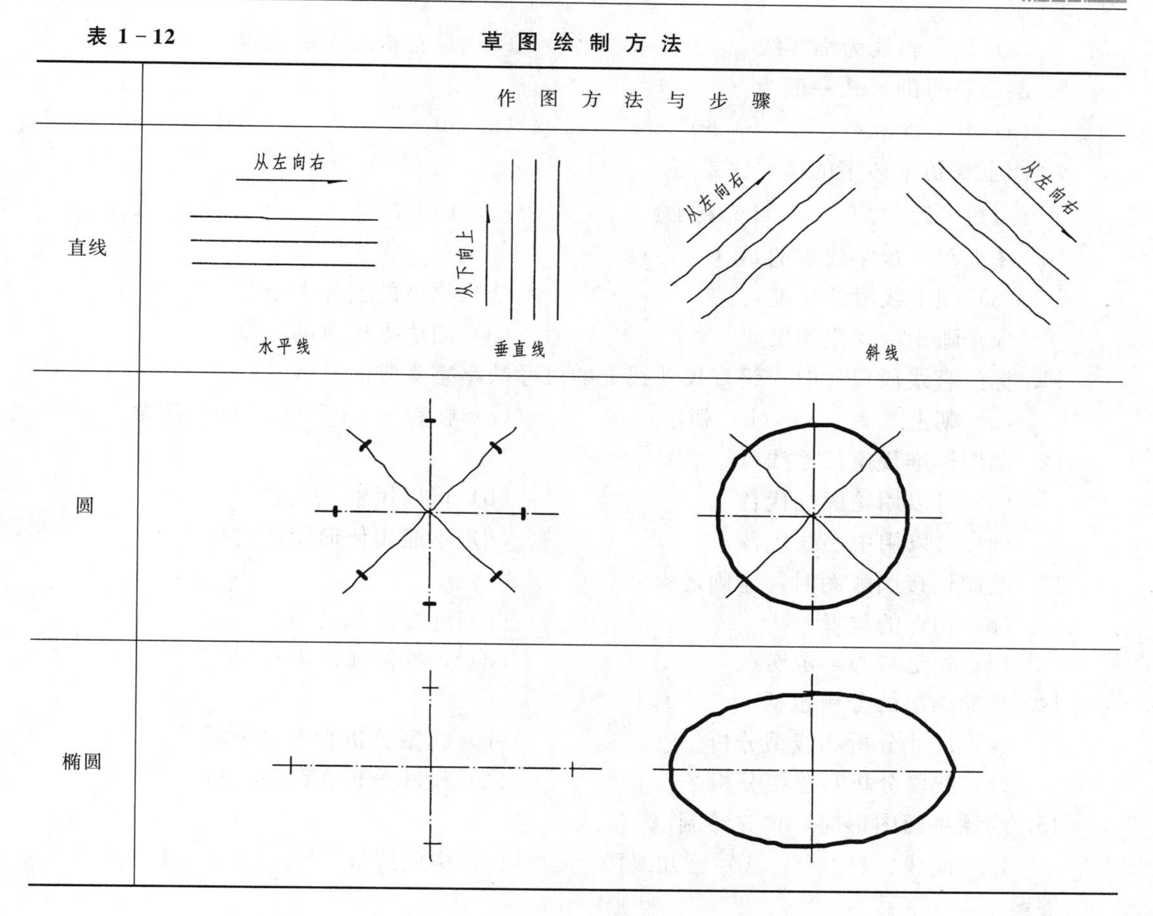

复习思考题

1. 国家标准中规定 A3 图幅 $b \times l$ 的尺寸是（　　）mm。

(a) 210×297　　(b) 420×594　　(c) 841×1189　　(d) 297×420

2. A1 图幅是 A4 图幅的（　　）。

(a) 8 倍　　(b) 16 倍　　(c) 4 倍　　(d) 32 倍

3. A1 图幅中的 a 值是（　　）mm。

(a) 10　　(b) 35　　(c) 15　　(d) 25

4. 国家标准中规定图标在图框内的位置是（　　）。

(a) 左下角　　(b) 右上角　　(c) 右下角　　(d) 左上角

5. 分别用下列比例画同一个物体，画出图形最大的比例是（　　）。

(a) 1∶2　　(b) 2∶1　　(c) 1∶20　　(d) 1∶200

6. 图线有粗线、中粗线、细线之分，它们的宽度比例为（　　）。

(a) 1∶2∶4　　(b) 2∶4∶1　　(c) 4∶2∶1　　(d) 2∶1∶4

7. 剖面符号的线型（　　）。

(a) 均为粗实线　　(b) 均为细实线

(c) 只有斜线为细实线　　(d) 只有斜线为粗实线

8. 剖面符号的斜线一般为（　　）。

(a) 45°　(b) 60°　(c) 30°　(d) 60°和 45°

9. 图上长仿宋体字的高宽比是（　　）。

(a) $1:\sqrt{2}$　(b) $\sqrt{2}:1$　(c) $10:7$　(d) $h/\sqrt{2}$

10. 图上尺寸数字代表的是（　　）。

(a) 图上线段的长度　　(b) 物体的实际大小

(c) 随比例变化的尺寸　　(d) 图线乘比例的长度

11. 标注直线段尺寸时，铅直尺寸线上的尺寸数字字头方向是（　　）。

(a) 朝上　(b) 朝左　(c) 朝右　(d) 任意

12. 制图标准规定尺寸线（　　）。

(a) 可以用轮廓线代替　　(b) 可以用轴线代替

(c) 可以用中心线代替　　(d) 不能用任何图线代替

13. 绘制连接圆弧图时，应确定（　　）。

(a) 切点的位置　　(b) 连接圆弧的圆心

(c) 先定圆心再定切点　　(d) 连接圆弧的大小

14. 平面图形的分析包括（　　）。

(a) 尺寸分析和线型分析　　(b) 线型分析和连接分析

(c) 线段分析和连接分析　　(d) 尺寸分析和线段分析

15. 绘制平面图形时，首先绘制（　　）。

(a) 曲线、直线　(b) 已知线段　(c) 中间线段　(d) 连接线段

答案

1. d　2. a　3. b　4. c　5. b　6. c　7. b　8. a　9. b　10. b　11. b
12. d　13. c　14. d　15. b

“投影作图”模块

第二章　投影与三视图

建筑物施工是依据工程图样来进行的，工程图样应能准确反映建筑物的形状和大小。投影原理是满足工程图样绘制要求的基本理论，本章介绍投影理论和应用。

第一节　投影的基本知识

一、投影的形成

日常生活中经常看到这样的现象：人站在阳光下，地面上就会出现影子，并且光线与地面的夹角不同，影子的大小也不一样。人们根据日常生活中影子与物体间的几何关系，分析其内在规律，总结了由立体到平面图形的作图方法——投影法。

投影法就是一组投射线通过空间物体，向指定平面投射，并在该平面上获得投影的方法。如图 2-1 所示，光源 S 点称为投射中心；SAA_1、SBB_1、SCC_1、…称为投射线；平面 P 称为投影面；将物体各特征点、棱线按制图标准依次绘出的图形即为物体在 P 面上的投影。由图可知，形成投影的三要素是：投射线、投影物体、投影面。

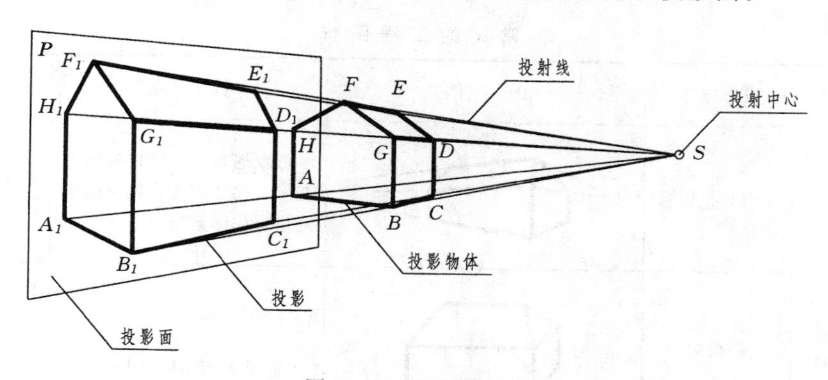

图 2-1　投影的形成

二、投影法的分类

根据投射线相对位置的不同，投影法分为中心投影法和平行投影法两类，如图 2-2 所示。

1. 中心投影法

投射线汇交于一点的投影法称为中心投影法，如图 2-2（a）所示。显然，物体的中

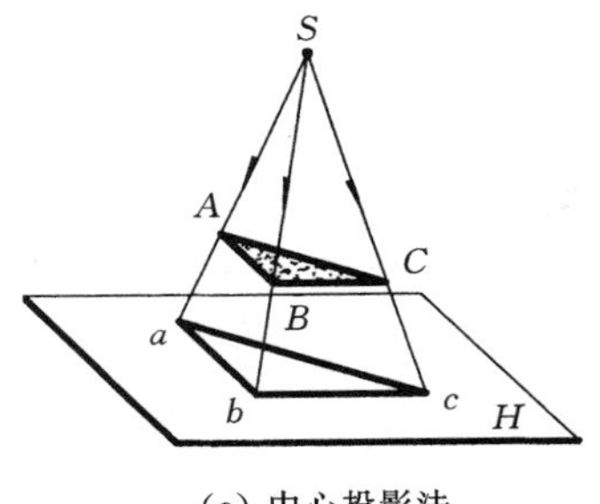

(a) 中心投影法

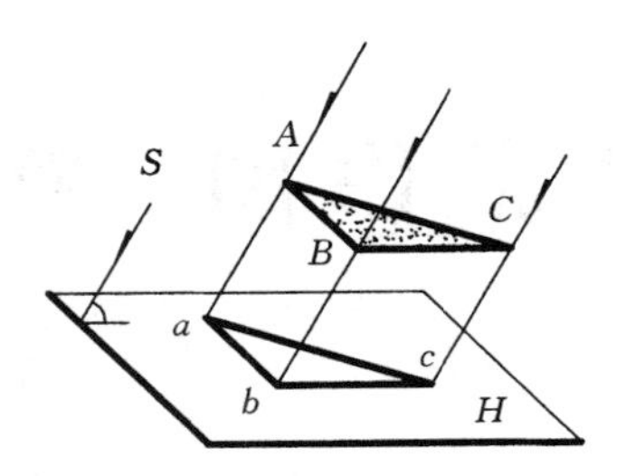

(b) 平行投影法(斜投影)

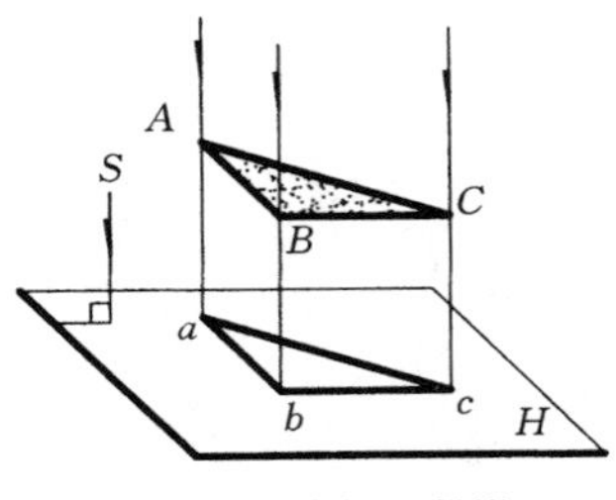

(c) 平行投影法(正投影)

图 2-2 投影法的分类

心投影图，大小与原物体不相等，不能准确度量物体的实际尺寸，但其直观性强，通常用于绘制物体的透视图。

2. 平行投影法

投射线相互平行的投影法称为平行投影法。根据投射线与投影面的夹角不同，又分为两种：

（1）斜投影法。当投射线与投影面倾斜时称为斜投影法。用斜投影法所得到的图形称为斜投影，如图 2-2（b）所示。物体的斜投影图，具有较强的直观性，但有一定的变形，常用作形体的辅助表达图样。

（2）正投影法。当投射线与投影面垂直时称为正投影法。用正投影法所得到的图形称为正投影，如图 2-2（c）所示。物体的正投影图能真实地表达物体的形状和大小，作图简便，广泛用于指导工程施工。

本书主要介绍正投影图。以后各章节中，除特殊说明外，投影均指正投影。

三、常见的工程投影图

根据工程表达的需要，有多种图示形体的方法，常见的工程图样见表 2-1。

表 2-1　　常 见 的 工 程 图 样

<table>
<tr><th colspan="2">图样类型</th><th>投影方法</th><th>图　例</th><th>特　点</th><th>工程应用</th></tr>
<tr><td colspan="2">透视图</td><td>中心投影</td><td></td><td>形象逼真，但形体各表面变形、尺寸不能直接在图中度量，作图繁杂</td><td>常用作建筑整体效果图</td></tr>
<tr><td rowspan="2">轴测图</td><td>斜轴测图</td><td>斜投影</td><td></td><td rowspan="2">能反映形体的长、宽、高，具有较强立体感，一定条件下可以度量形体的尺寸，作图比较简便，但各面形状变形</td><td rowspan="2">常用作辅助表达图样</td></tr>
<tr><td>正轴测图</td><td>正投影</td><td></td></tr>
</table>

续表

图样类型	投影方法	图　　例	特　　点	工程应用
正投影图	正投影		图样度量性好，作图简便，适合用作施工依据，但缺乏立体感，需要具备一定的投影知识才能读懂	准确表达工程形体，用于指导生产施工
标高投影图	正投影	15　20 10 5 0 10 20m	在水平投影中标注出高程数值和绘图比例，用单面正投影表达不规则形体的方法	常用作表达地面、复杂曲面等不规则形体

第二节　直线、平面、形体的正投影

一、直线、平面的正投影

如表 2－2 所示，直线或平面与投影面的相对位置不同，形成的投影也不同。各种位置线面的投影特性可概括为真实性、积聚性、类似收缩性。

表 2－2　　　　直线、平面的正投影

位置	直 线 投 影	平 面 投 影	线面正投影示例
平行（真实性）	A B a b H 实长性	A D B C a d b c H 实形性	A C B a c b H
垂直（积聚性）	A B a(b) H 积聚为点	A D B a(b) C d(c) H 积聚为直线	A C B a c b H

续表

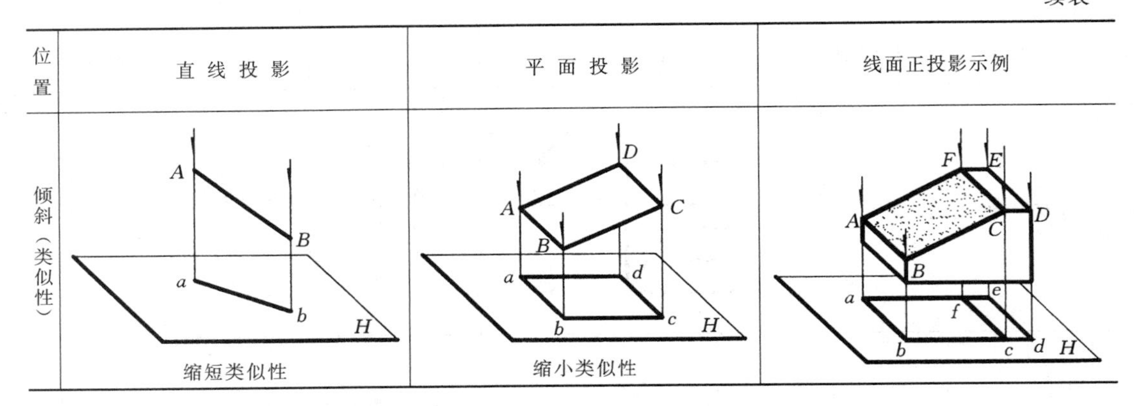

位置	直 线 投 影	平 面 投 影	线面正投影示例
倾斜（类似性）	缩短类似性	缩小类似性	

二、物体的正投影

物体是由点、线、面组成的，绘制物体正投影实际就是绘制组成物体的各点、线、面的正投影。一般分三个步骤。

1. 摆放物体

摆放物体应使尽可能多的线、面与选定的投影面平行或垂直，摆平放正利用真实性和积聚性绘图，既简便又直观，如图 2－3 所示。

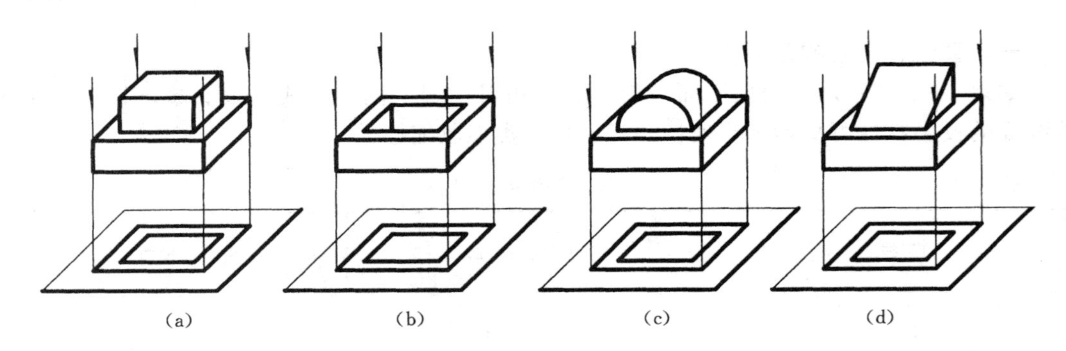

(a)　(b)　(c)　(d)

图 2－3　形体的正投影

注：在实际作图时，由于用视线代替投射线，因此，物体的正投影图又称视图。

2. 分析线面

分析物体上各线面与投影面的相对位置，依次按照实形面—积聚面—类似面的顺序绘图。

3. 绘制投影

遵循制图标准规定，将可见轮廓线用粗实线绘制，不可见轮廓线用虚线绘制。

如图 2－3（a）所示，以水平面为投影面，将长方体上表面平行投影面放置，该投影反映实形；前后左右各面垂直于投影面，投影积聚为一直线，得到叠放长方体的正投影。

可以发现：将图 2－3（a）中上部叠放的长方体换为半圆柱或三角块，其水平面上的投影形状完全相同，如图 2－3（b）～（d）所示。这表明不同形状的物体的单面正投影图可能完全相同，物体的单面正投影不能全面表达物体空间形状。因实际绘图时，用视线代替投射线，所以物体的正投影图又称视图。

第三节　物 体 的 三 视 图

由第二节可知，物体的单面视图不能全面反映物体的空间形状。因此工程上采用多面视图来表达物体，基本的表达方法是三视图。

一、三视图的形成

1. 投影面的建立

形成三视图，首先应建立三投影面体系：在正立投影面基础上外加一水平投影面和一侧立投影面，三者两两垂直，如图2－4所示。正立投影面又称正面，用字母“V”标记；水平投影面又称水平面，用字母“H”标记；侧立投影面又称侧面，用字母“W”表示。三投影面两两相交得到三条投影轴OX、OY和OZ。其中，OX轴表示物体的长度方向即左、右方位；OY轴表示物体的宽度方向即前、后方位；OZ轴表示物体的高度方向即上、下方位。三轴的交点O称为原点。

2. 分面进行投影

如图2－5(a)所示，把物体“摆平放正”，长度尽量平行于OX轴，置于三投影面体系中，将物体分别向三个投影面进行垂直投射得物体的三视图：

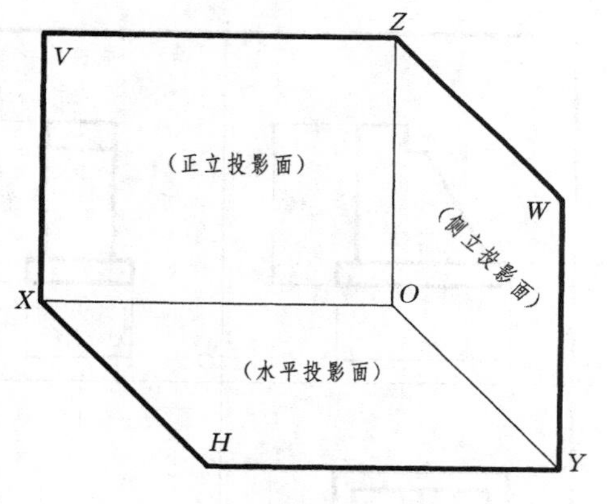

图2－4　三投影面体系

投射线垂直V面，即由前向后投影，在V面上所得的视图称为主视图。

投射线垂直H面，即由上向下投影，在H面上所得的视图称为俯视图。

投射线垂直W面，即由左向右投影，在W面上所得的视图称为左视图。

如图2－5（a）所示桥台，由前向后向V面投影，A、B两个面可见且平行于V面，其他面垂直于V面，投影积聚与实形面轮廓线重合，用粗实线画出A、B面的实形得主视图；由上向下向H面投影，C、D、E、F四个面可见，其中C、D、F面平行于H面，E面倾斜于H面，用粗实线画出C、D、F面的实形及E面的类似收缩形得俯视图；由左向右向W面投影，E、G、K三个面可见，其中G、K面平行于W面，E面倾斜于W面，其他面垂直于W面，用粗实线画出G、K面的实形及E面的类似形得左视图。

3. 投影面的展开

三视图是绘制在平面图纸上，这就需要将空间三面投影体系展开摊平，标准规定的展开方法是：移去物体，V面不动，H面绕OX轴向下旋转90°，W面绕OZ轴向右旋转90°，与V面成一平面，如图2－5（b）、（c）所示。由图可知，OY轴一分为二，随H面旋转的标记为Y_H，随W面旋转的标记为Y_W。

二、三视图的分析

1. 三视图与空间物体的位置关系

物体的空间位置分为上下、左右、前后，尺寸包括长、宽、高。由三视图的形成可

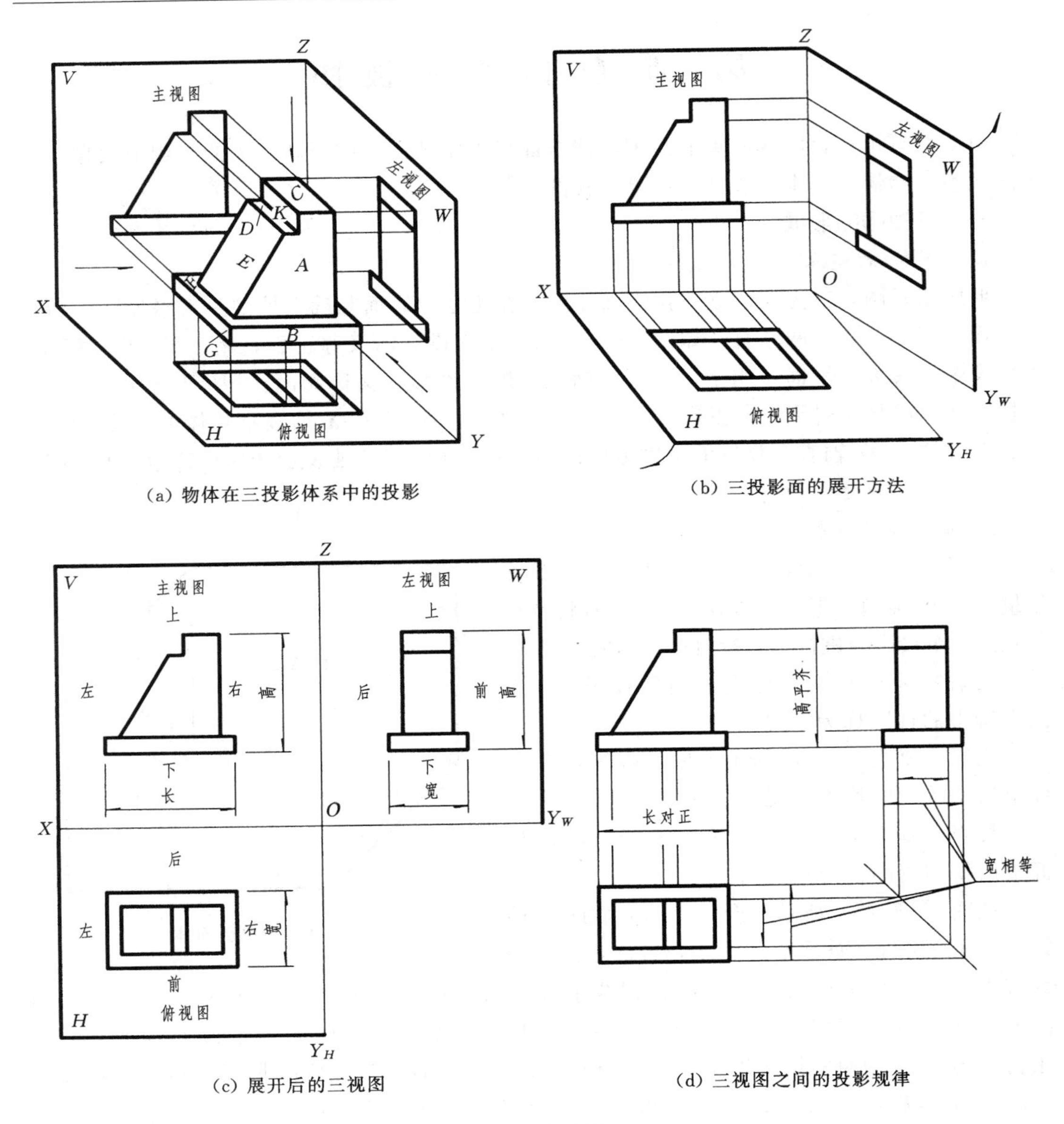

图 2－5 三视图的形成

知，每个视图都反映物体两个尺寸和四个方位，如图 2－5（c）所示：

主视图中反映物体长度、高度尺寸和上下、左右位置；

俯视图中反映物体长度、宽度尺寸和左右、前后位置；

左视图中反映物体宽度、高度尺寸和上下、前后位置。

2. 三视图间的投影规律

三视图是同一物体在位置不动的情况下，从三个不同方向投影所得到的，它们之间必然存在着内在的关系：

主视图和俯视图长对正，可用垂直于 OX 轴的投影连线来表示；

主视图和左视图高平齐，可用垂直于 OZ 轴的投影连线来表示；

俯视图和左视图宽相等，可用垂直于 OY 轴的投影连线来表示。

以上关系称为三视图间的投影规律，通常概括为："长对正、高平齐、宽相等"，如图 2-5（d）所示。这是画图和读图的根本规律，无论是绘制物体的整体还是局部，都必须符合这个规律。

三、三视图的绘制

1. 绘制步骤

以图 2-6（a）中桥台的三视图为例，绘图步骤如下：

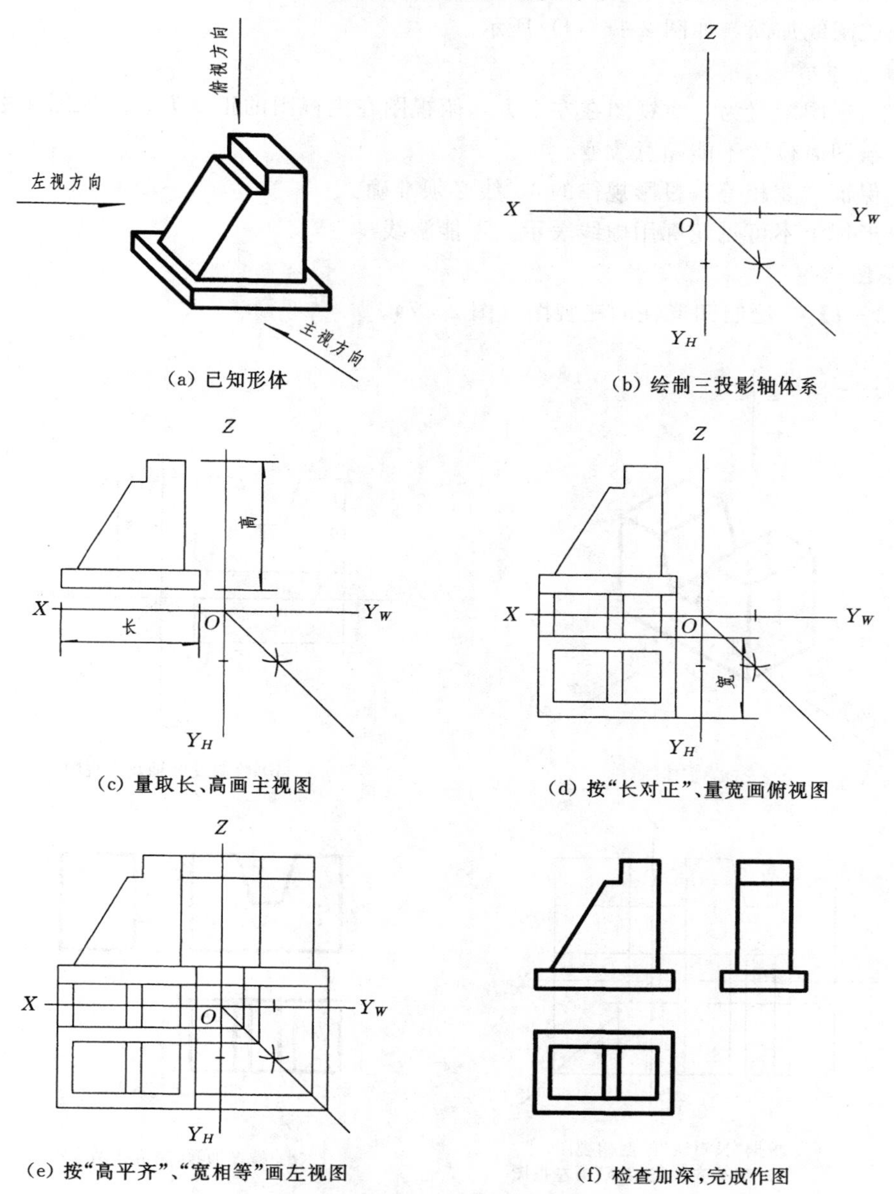

图 2-6　三视图的绘制

(1) 画展开的三投影轴体系，包括45°斜线，如图2-6 (b) 所示。

(2) 摆正物体，分清长宽高，分别由前向后、由上向下、由左向右向V、H、W面进行正投影。

(3) 画底稿：一般从主视图入手，分析物体各面相对V面的位置关系，量取长、高尺寸，按总轮廓——实形面——类似面的顺序绘制；然后按照“长对正”规律，量取宽绘制俯视图；再依据“高平齐、宽相等”规律直接绘制左视图，如图2-6 (c) ～ (e) 所示。

(4) 检查加深：擦去多余作图线，按先曲后直，先粗后细，先水平线后垂直线再斜线的顺序完成图线加深，如图2-6 (f) 所示。

2. 注意事项

(1) 三视图配置为：主视图在左上方，俯视图在主视图的正下方，左视图在主视图的正右方，绘图时位置不能随意改变。

(2) 保证“宽相等”投影规律的45°线必须准确。

(3) 形体上不可见轮廓用虚线表示，不能漏线。

3. 绘图示例

【例 2-1】 绘制凹形柱的三视图（图2-7）。

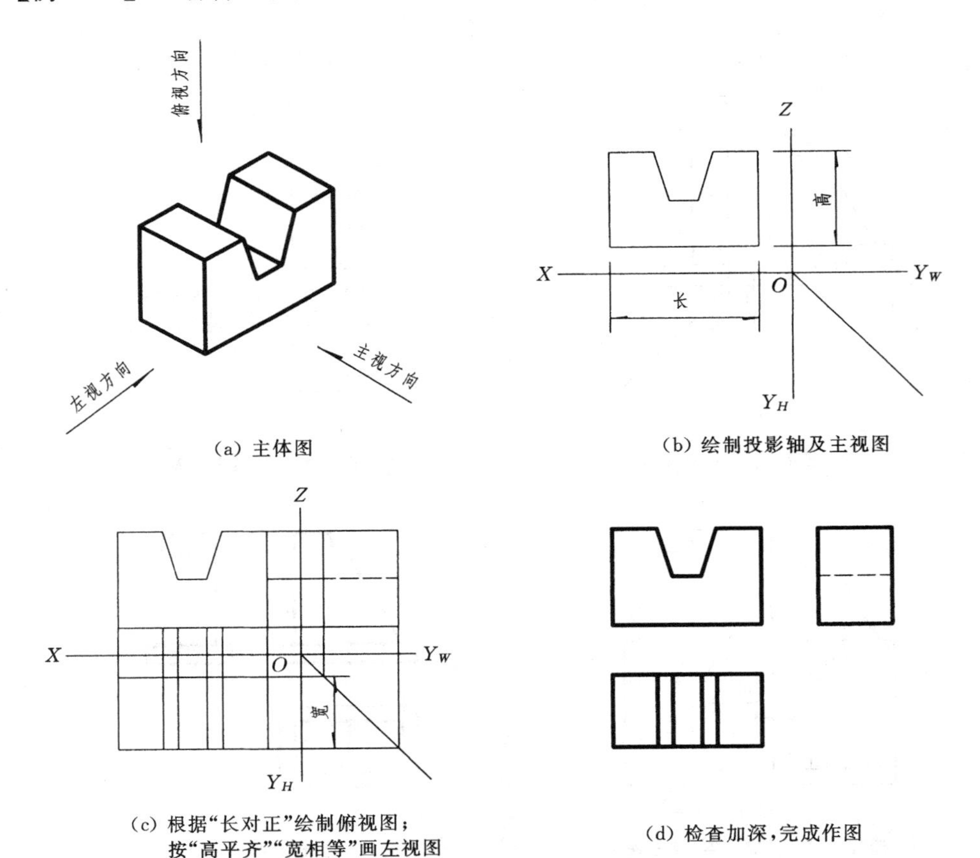

(a) 主体图　(b) 绘制投影轴及主视图

(c) 根据“长对正”绘制俯视图；按“高平齐”“宽相等”画左视图　(d) 检查加深，完成作图

图2-7　凹形柱三视图的绘制

第四节　基 本 体 三 视 图

工程形体虽然复杂多样，但仔细分析，都可以看作是由形状规则的基本几何体（如柱、锥、台、球）组成的，因此熟悉基本体形体特征和投影特征是绘制和识读复杂工程形体的基础。本节主要学习基本体三视图的绘制与识读。

常见的基本体根据表面形状的不同分为两类：

（1）平面体：体表面都是平面的形体，如图 2－8（a）所示。

（2）曲面体：体表面中包含有曲面的形体，如图 2－8（b）所示。

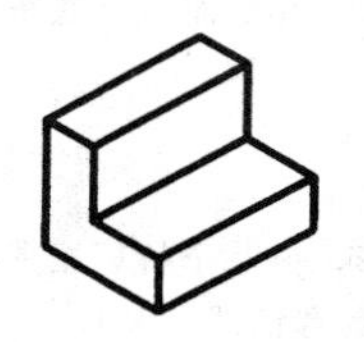
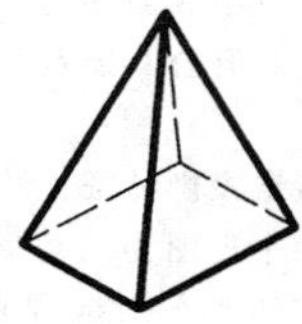
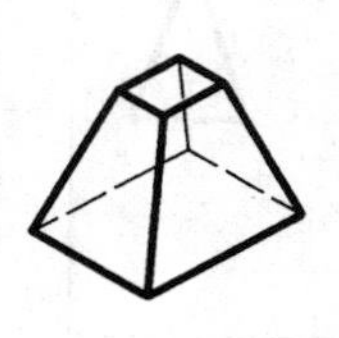

（a）平面体

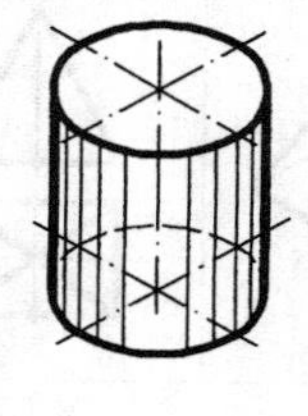
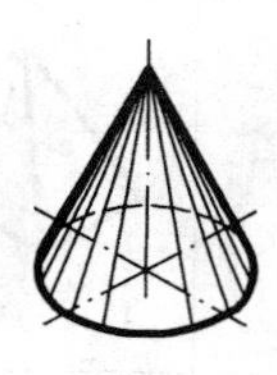
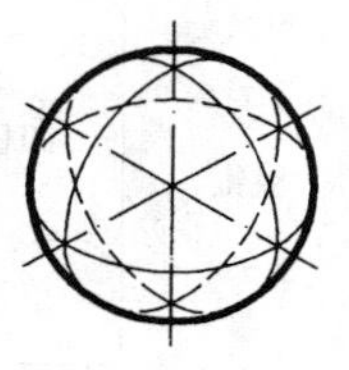

（b）曲面体

图 2－8　基本体分类

一、平面体三视图的绘制与识读

（一）平面体视图的绘制

1．平面体的形体特征

平面体由底面和若干侧面围成，按其形体特征不同分为直棱柱体、棱锥体、棱台体，其中底面是反映各形体特征的表面，如六棱柱中的六边形表面、五棱锥中的五边形表面等，常见平面体见表 2－3。

表 2－3　　**常 见 平 面 体 的 特 征**

平　面　体		直观图	投 影 图	形体与投影特征
棱柱	三棱柱			**直棱柱形体特征：** 两底面为全等且相互平行的多边形，各侧棱垂直底面且相互平行，各侧面均为矩形 **直棱柱投影特征：** 两个视图为矩形，另一个特征视图为多边形，又称“1 多边形＋2 矩形框”
	五棱柱			
	L 形柱			

续表

<table>
<tr><th colspan="2">平 面 体</th><th>直观图</th><th>投 影 图</th><th>形体与投影特征</th></tr>
<tr><td rowspan="3">棱锥</td><td>三棱锥</td><td></td><td>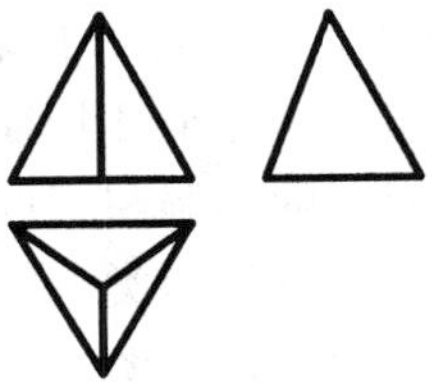</td><td rowspan="3">棱锥形体特征：
有一个底面多边形，各侧面均为三角形且具有公共顶点

棱锥投影特征：
两个视图为三角形，另一个特征视图为多边形，对应顶点有棱线，又称“1多边形＋2三角形框”</td></tr>
<tr><td>四棱锥</td><td>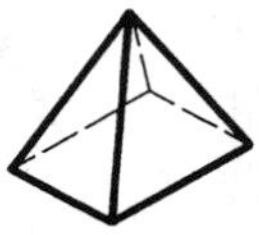</td><td>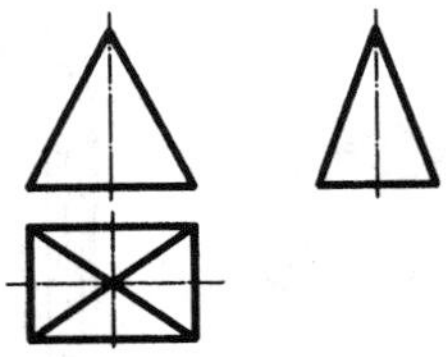</td></tr>
<tr><td>六棱锥</td><td>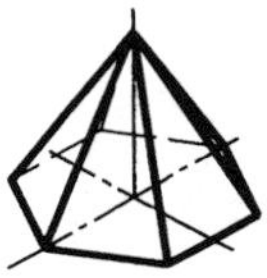</td><td>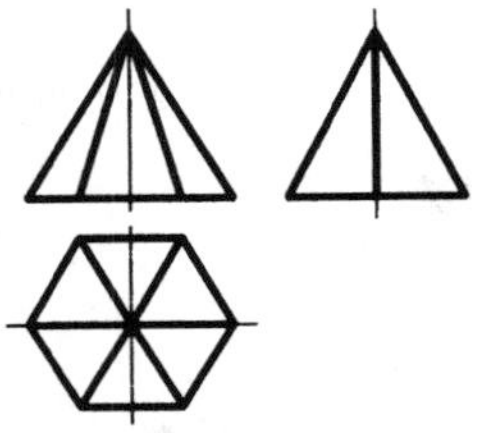</td></tr>
<tr><td rowspan="2">棱台</td><td>三棱台</td><td>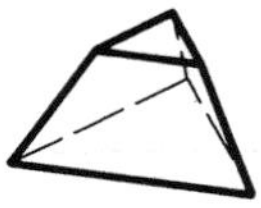</td><td>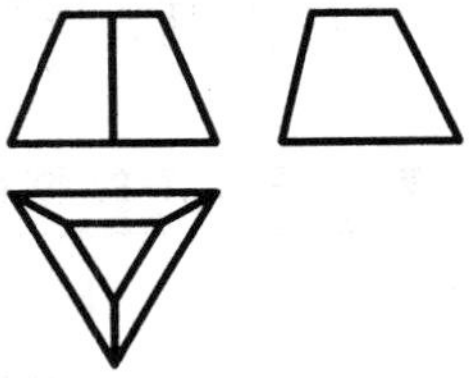</td><td rowspan="2">棱台形体特征：
两个底面为相互平行的相似多边形，侧面均为梯形

棱台投影特征：
两个视图为梯形，另一个特征视图为两类似多边形，对应顶点有棱线，又称“1多边形＋2梯形框”</td></tr>
<tr><td>四棱台</td><td>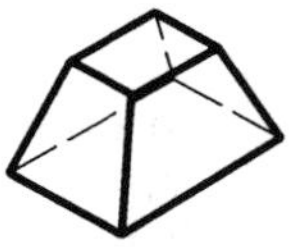</td><td>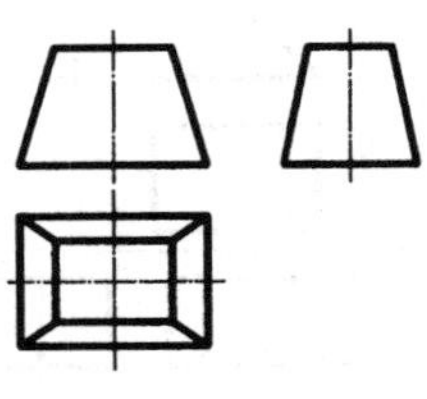</td></tr>
</table>

2. 平面体绘制示例

绘制平面体的三视图时，首先应按工作位置摆放形体，物体的主要表面和棱线尽量平行于投影面。绘制平面体的投影实际就是绘制各底面与侧面的投影，一般是先画反映底面实形的特征视图，然后再根据投影规律和形体高画出其他两面视图。

【例 2－2】 绘制正六棱柱的三视图。

图 2－9（a）所示形体是正六棱柱，上下底面为平行且全等的正六边形，六个侧面为

矩形。把正六棱柱放入三投影面体系中，使上下底面与 H 面平行，前后侧面与 V 面平行。

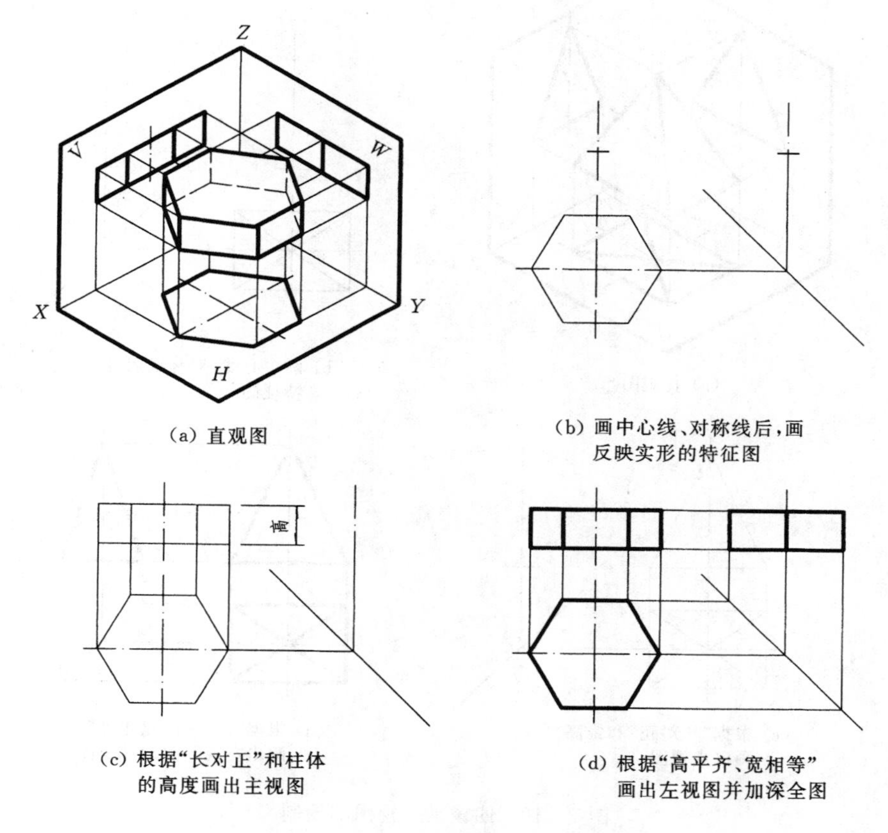

(a) 直观图

(b) 画中心线、对称线后，画反映实形的特征图

(c) 根据“长对正”和柱体的高度画出主视图

(d) 根据“高平齐、宽相等”画出左视图并加深全图

图 2－9　正六棱柱三视图的绘制

因底面平行于水平面，俯视图为反映底面实形的六边形，称特征视图，应优先画出，该六边形既是正六棱柱上、下底面实形又是六个侧面的积聚投影；主视图为三个矩形线框，中间的矩形线框为前后两个侧面实形的投影，左右矩形线框为其余四个侧面的类似形投影，上、下边线是两个底面的积聚投影；左视图为两个矩形线框，前后边线为前后两个侧面的积聚投影，矩形线框为其余四个侧面的类似形投影，上、下边线是两个底面的积聚投影。作图步骤如图 2－9（b）～（d）所示。

【例 2－3】 绘制四棱锥的三视图。

图 2－10 所示的形体为四棱锥。四棱锥底面为四边形，四个侧面为三角形，四条棱线汇交于锥尖。把四棱锥放入三投影面体系中，使底面平行 H 面，前后侧面垂直于 W 面，左右侧面垂直于 V 面。

因棱锥的底面为水平面，俯视图为反映底面实形的四边形，主、左视图积聚为直线；而侧面为斜面，投影多为类似形，绘图时应首先确定锥顶三面投影，连接锥顶与四边形各顶点的同面投影得到四个侧面的投影。最终的俯视图是四边形，四边形内四个三角形是各侧面的类似形投影；主视图为三角形线框；左视图也是三角形线框。作图步骤如图 2－10

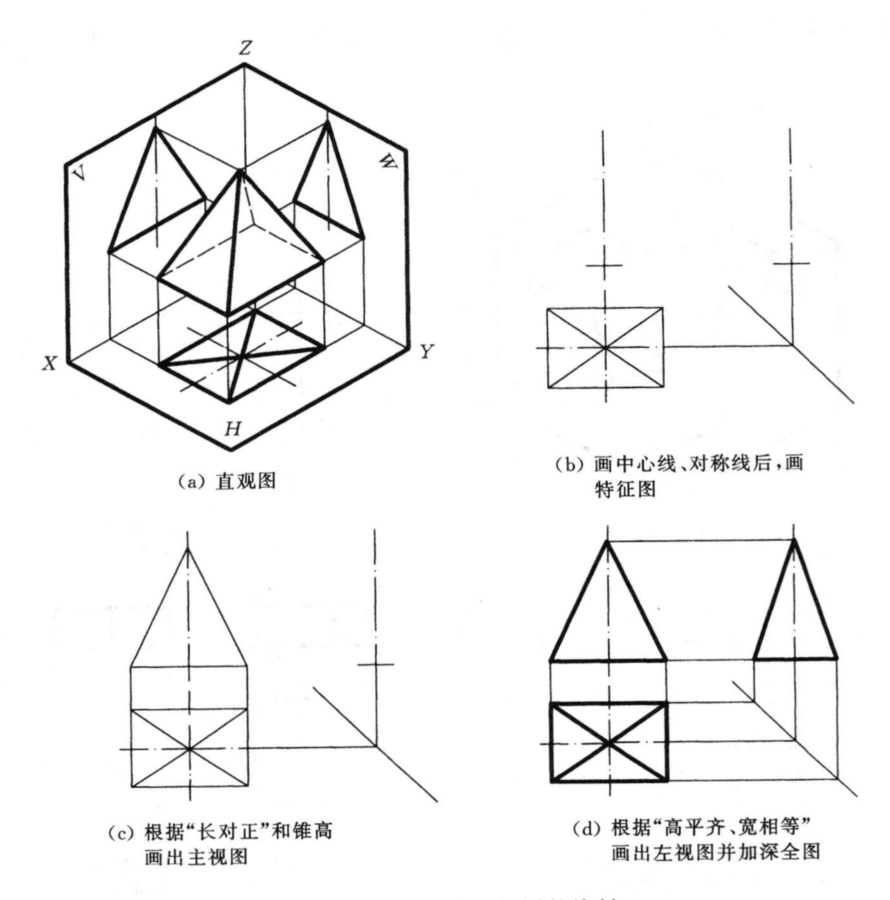

(a) 直观图

(b) 画中心线、对称线后，画特征图

(c) 根据"长对正"和锥高画出主视图

(d) 根据"高平齐、宽相等"画出左视图并加深全图

图 2-10 四棱锥三视图的绘制

(b) ～ (d) 所示。

【例 2-4】 绘制四棱台的三视图。

图 2-11 所示形体为四棱台。四棱台可以看作是四棱锥削去尖端以后的部分，两个底面为相互平行但大小不同的相似四边形，各侧面均为等腰梯形。把四棱台放入三投影面体系中，位置同前边四棱锥。

四棱台主视图、左视图与四棱锥对比，削尖后均由等腰三角形变成等腰梯形，上底面在 V、W 面上的投影均积聚为水平直线，各侧面投影不变。俯视图中两个矩形是上下底面的实形投影，四个梯形是倾斜于 H 面的各侧面的类似形投影。作图步骤类同棱锥，如图 2-11 (b) ～ (d) 所示。

3. 平面体的投影特征

常见平面体的投影特征见表 2-3。

(二) 平面体的识读

1. 平面体识读依据

读图就是根据物体的三视图想象出其空间形状的过程，平面体识读的依据是平面体三视图投影特征和三视图间的投影规律。

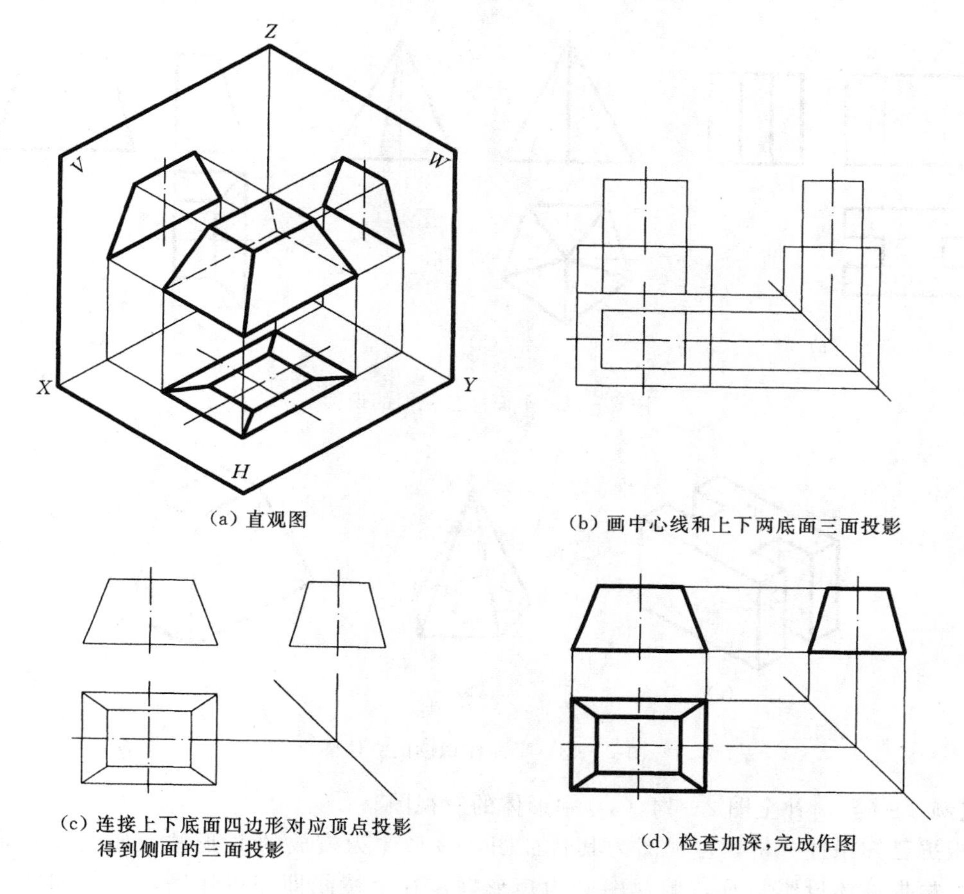

(a) 直观图

(b) 画中心线和上下两底面三面投影

(c) 连接上下底面四边形对应顶点投影得到侧面的三面投影

(d) 检查加深，完成作图

图 2-11　四棱台三视图的绘制

由表 2-3 中可知，各类基本体具有鲜明的投影特征，根据此特征即可想象平面体空间形状：两个视图外轮廓是矩形，所表示的形体是柱体；两个视图外轮廓是三角形，所表示的形体是锥体；两个视图外轮廓是梯形，所表示的形体是台体。结合特征视图确定具体形状。

2. 识读示例

【例 2-5】　识读图 2-12 所示平面体的三视图。

图 2-12 (a) 所示三视图，主视图和左视图两个视图为矩形，判定该形体是柱体；特征视图为"工"字形（底面实形），可知该形体是"工形柱"；底面实形在俯视图，是竖放柱体。立体形状如图 2-13 (a) 所示。

图 2-12 (b) 所示三视图，主视图和左视图两个视图都是三角形，判定该形体是锥体，特征视图为五边形，为五棱锥；底面实形在俯视图，是锥尖向上的竖放五棱锥。立体形状如图 2-13 (b) 所示。

图 2-12 (c) 所示三视图，有两个视图为梯形，判定该形体是台体，特征视图是 1/2 四边形，为半四棱台。底面实形在俯视图，可知该形体为竖放左半四棱台。立体形状如图 2-13 (c) 所示。

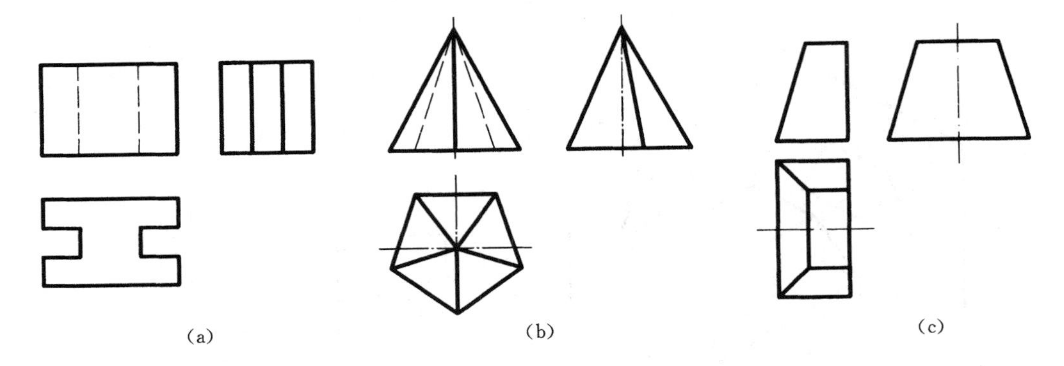

图 2－12 平面体三视图的识读

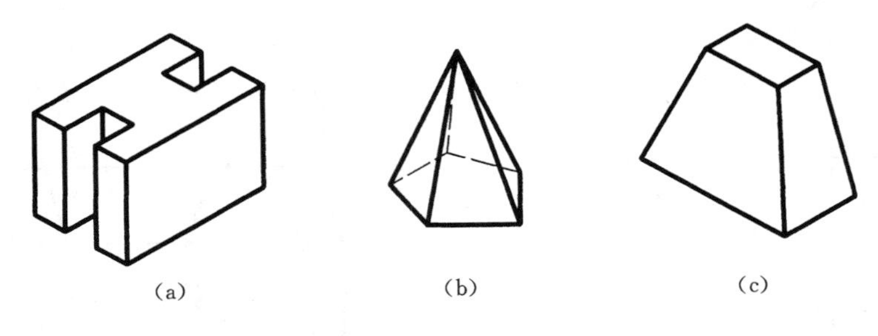

图 2－13 平面体识读的立体图

【例 2－6】 补全图 2－14（a）中形体的三视图。

根据已知条件分析，左视图为其特征图，该形体为横放的 L 形柱，如图 2－14（b）所示。根据柱体投影特征，俯视图必为矩形框，补全棱线即完成作图，步骤如图 2－14（c）、（d）所示。

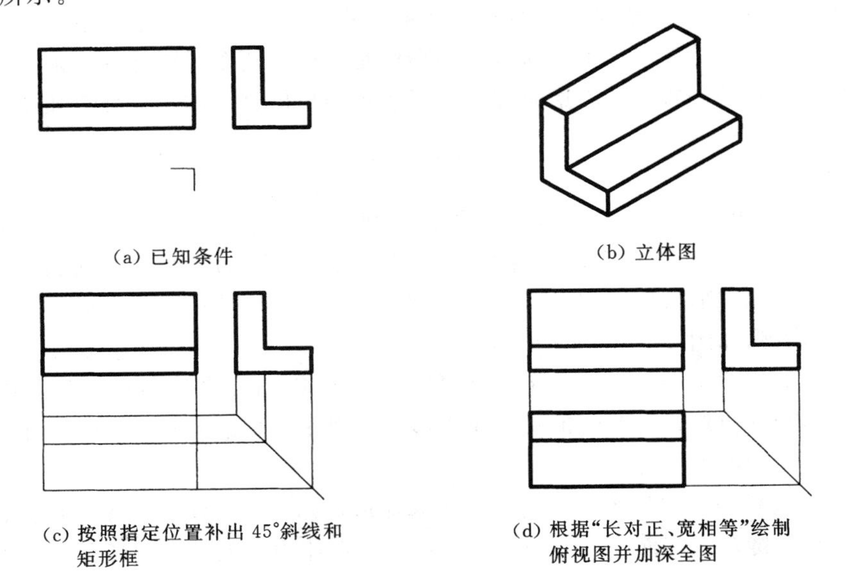

（a）已知条件 （b）立体图

（c）按照指定位置补出 45°斜线和矩形框 （d）根据“长对正、宽相等”绘制俯视图并加深全图

图 2－14 根据已知条件补图

二、曲面体三视图的绘制与识读

（一）曲面体视图的绘制

1. 曲面体的形体特征

曲面体由曲面或曲面和平面所围成，常见曲面体有圆柱、圆锥、圆球等，它们可看作由一条动线绕轴线旋转而形成，又称回转体。其中运动的线称为母线，母线运动到任一位置称为素线。常见曲面体见表2-4。

表2-4　常见曲面体的特征

曲面体	直观图	投影图	形体与投影特征
圆柱			**圆柱形体特征：** 两底面为平行且全等的圆；柱面可看作是直线绕与它平行的轴线旋转而成，垂直于底面；所有素线相互平行 **圆柱投影特征：** 两个视图为矩形，另一个特征视图为圆
圆锥			**圆锥形体特征：** 底面为圆，锥面可看作是直线绕与它相交的轴线旋转而成；所有素线汇交于锥顶 **圆锥投影特征：** 两个视图为三角形，另一个特征视图为圆
圆台			**圆台形体特征：** 两底面为平行的圆；台面可看作是直线绕与它倾斜的轴线旋转而成；所有素线延长后必交于一点 **圆台投影特征：** 两个视图为梯形，另一个特征视图为两同心圆
圆球			**圆球形体特征：** 球面可看作是圆绕直径为轴线旋转而成；所有素线均为大圆 **圆球投影特征：** 三个视图均为圆

2. 曲面体绘制示例

绘制曲面体投影，实质就是绘制曲面的投影范围，即曲面体的最外轮廓的素线。绘制曲面体的三视图时，应先画出中心线、轴线和反映底面实形的特征视图，然后根据投影规律和形体高画出其他视图。

【例 2-7】 绘制圆柱的三视图。

如图 2-15（a）所示，将圆柱底面平行于水平面摆放。则俯视图是圆柱特征视图，形状为圆，它既是上下两个底面的实形又是圆柱面在 H 面上的积聚投影；主视图为矩形，矩形的上下边线是圆柱上、下底面的积聚投影，矩形的左右边线是正向轮廓素线的投影；左视图是与主视图相等的矩形线框，矩形的上下边线也是圆柱上、下底面的积聚投影，矩形的左右边线是侧向轮廓素线的投影。

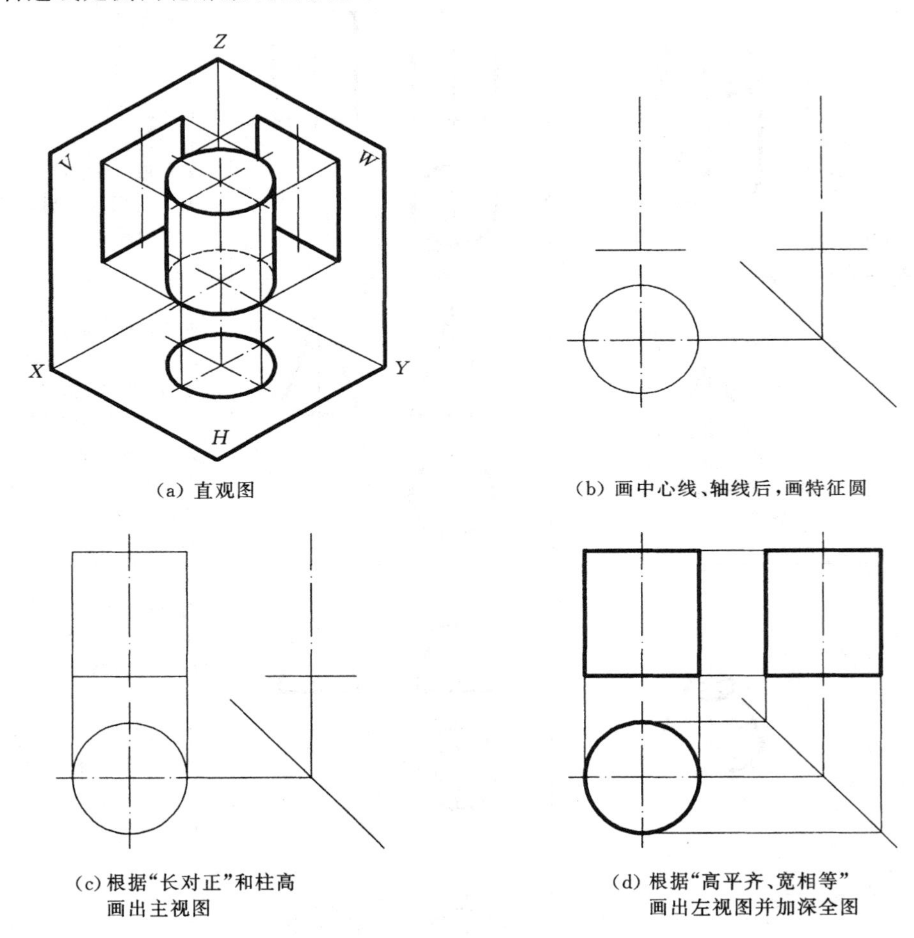

（a）直观图　（b）画中心线、轴线后，画特征圆

（c）根据“长对正”和柱高画出主视图　（d）根据“高平齐、宽相等”画出左视图并加深全图

图 2-15　圆柱三视图的绘制

圆柱三视图的作图步骤如图 2-15（b）～（d）所示。

【例 2-8】 绘制圆锥的三视图。

如图 2-16（a）所示，将圆锥底面平行于水平面摆放。则圆锥俯视图为圆，是底面与圆锥面的重影，圆锥面在上可见，底面在下不可见，锥尖投影与圆心重合，四条轮廓素

线投影位置分别与中心线重合，但不画出；主视图为等腰三角形线框，三角形下边线是圆锥底面的积聚投影，三角形两腰是正向轮廓素线的投影，侧向轮廓素线的投影位于轴线处，三角形面表示前、后两半圆锥面的重影，以正向轮廓素线为界，前半圆锥面可见，后半圆锥面不可见；左视图是与主视图全等的三角形，但其两腰是侧向轮廓素线的投影，正向轮廓素线的投影位于轴线处，三角形面表示左、右两半圆锥面的重影，以侧向轮廓素线为界，左半圆锥面可见，右半圆锥面不可见。

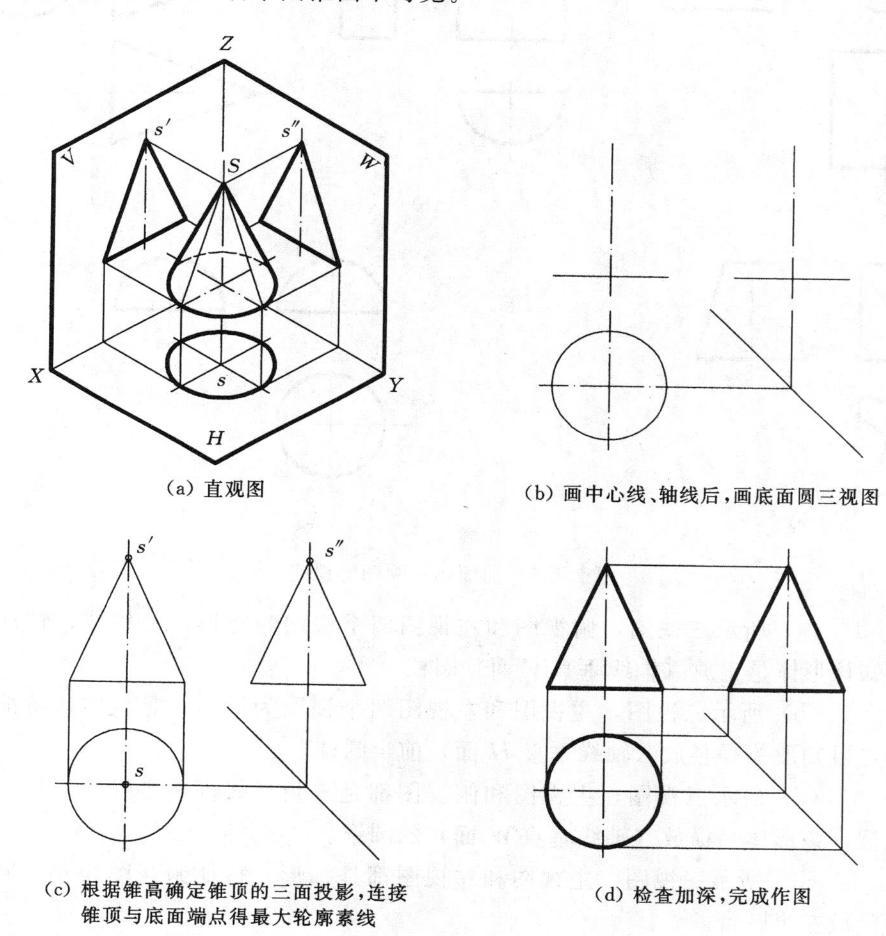

(a) 直观图　(b) 画中心线、轴线后，画底面圆三视图

(c) 根据锥高确定锥顶的三面投影，连接锥顶与底面端点得最大轮廓素线　(d) 检查加深，完成作图

图 2-16　圆锥三视图的绘制

圆锥三视图的作图步骤如图 2-16（b）～（d）所示。

3. 曲面体的投影特征

常见曲面体投影见表 2-4。

（二）曲面体的识读

1. 曲面体识读依据

识读曲面体的依据是曲面体三视图的投影特征。曲面体的特征视图都有圆或圆的一部分，若另外两视图为矩形，则该曲面体是圆柱；若另外两视图为三角形，则该曲面体是圆锥；若另外两视图为梯形，则该曲面体是圆台；若三视图均包含圆，则该曲面体是球。

2. 曲面体识读示例

【例 2-9】 识读图 2-17 所示曲面体的三视图。

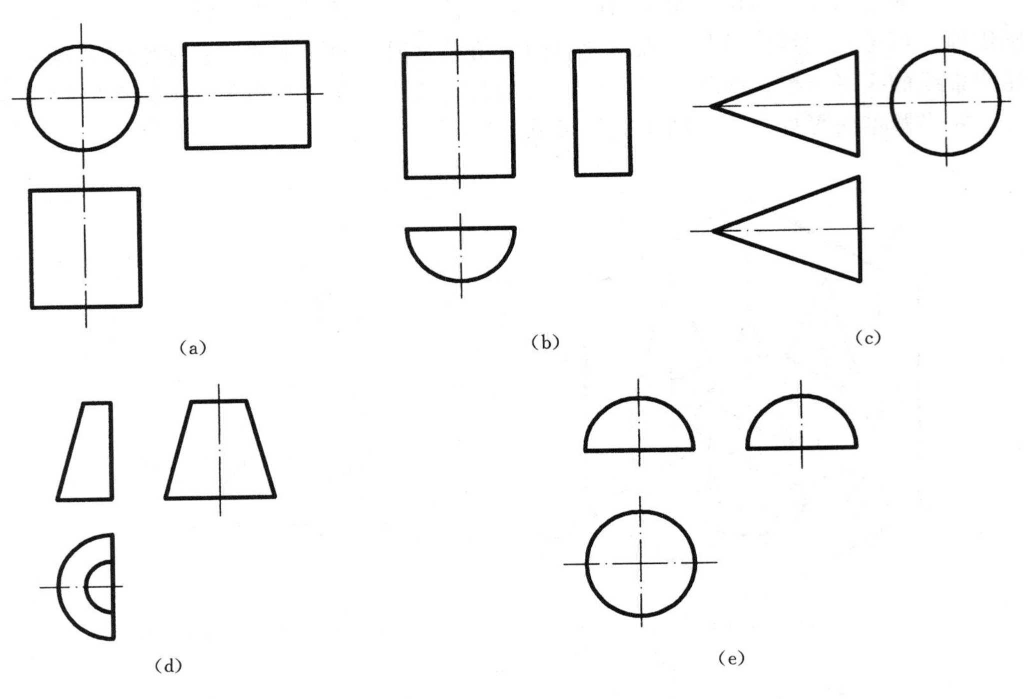

图 2-17 曲面体三视图的识读

图 2-17（a）所示三视图，俯视图和左视图两个视图为矩形，是柱体，特征主视图是圆，可知该形体是正放（轴线垂直 V 面）圆柱。

图 2-17（b）所示三视图，主视图和左视图两个视图为矩形，是柱体，特征俯视图是前半圆，可知形体是竖放（轴线垂直 H 面）前半圆柱。

图 2-17（c）所示三视图，主视图和俯视图都是三角形线框，是锥体，特征左视图为圆形线框，该形体是横放（轴线垂直 W 面）的圆锥。

图 2-17（d）所示三视图，主视图和左视图都是梯形，特征俯视图为左半圆，可知该形体为竖放左半圆台。

图 2-17（e）所示三视图是直径相等的三个圆形线框，但主视图、左视图为上半圆，可知该形体是上半圆球。

各三视图对应的立体图如图 2-18 所示。

三、基本体视图的尺寸标注

基本体的实际大小是通过尺寸标注来表示的。标注尺寸时，首先应遵循第一章中尺寸标注的各项规定，还应根据基本体的形状特征确定尺寸标注数目，做到完整而不重复。

1. 基本体需要标注的尺寸

（1）柱体、台体需要标注的尺寸是底面形状尺寸和两底面之间的距离。

（2）锥体需要标注的尺寸是底面形状尺寸和底面与锥尖之间的距离。

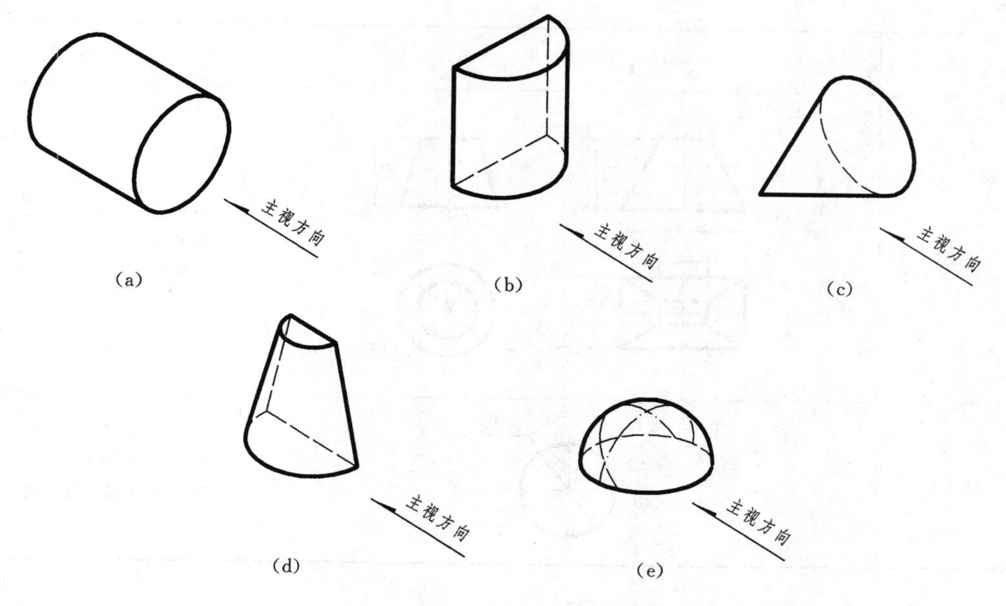

图 2－18 曲面体识读的立体图

（3）圆球体只需标注球体直径或半径。

表 2－5 是几种常见基本体的尺寸注法。

表 2－5 常见基本体的尺寸标注

基本体	标 注 示 例	标 注 要 素
柱体	10　8　23　25　25　21　18　14　15　φ20	柱体尺寸包括： 底面尺寸 柱体高度
锥体	26　28　26　φ23	锥体尺寸包括： 底面尺寸 锥体高度

续表

基本体	标注示例	标注要素
台体	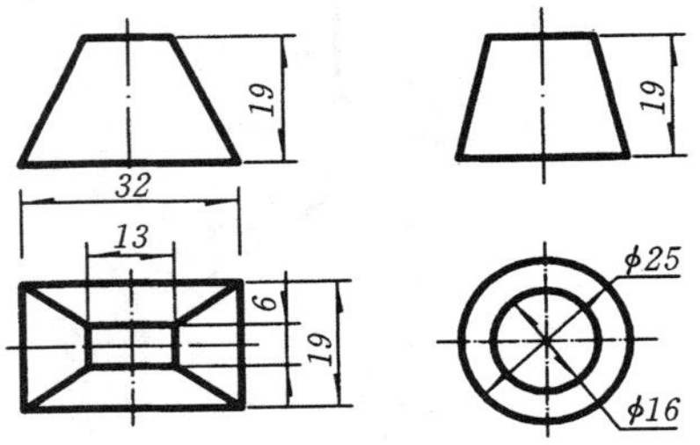	台体尺寸包括： 两底面尺寸 台体高度
球体	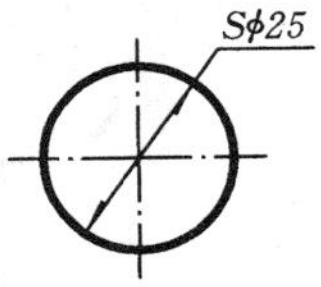	球体尺寸包括： 球体半径或球体直径

2. 基本体尺寸标注需要注意的问题

（1）基本体上同一尺寸在视图上只能标注一次。如圆柱底面尺寸“ϕ20”标注在俯视图圆上，主视图上就不能再标注。

（2）基本体确定底面形状的尺寸一般注在反映底面实形的特征视图上，如圆柱底面尺寸“ϕ20”标注在俯视图圆上。

第五节　简单体三视图

简单体是指由两个或两个以上的基本体进行简单叠加或切割而形成的立体。按其组合方式不同分为三类：组合柱、叠加式简单体和切割式简单体。

一、简单体三视图的绘制

1. 组合柱

如图2-19（a）所示，凡是具有两平行且全等底面，侧面垂直于底面的简单体称为组合柱。组合柱的投影特征与柱体相似：两个视图为矩形，一个视图为组合线框。绘制组合柱时，应先画特征视图，再画另两面视图，如图2-19（b）～（d）所示。

2. 叠加式简单体

叠加式简单体是由几个基本体叠加而成的，绘制叠加式简单体时，要一个基本体一个基本体地画，完成后再考虑各面组合关系，如图2-20所示。

3. 切割式简单体

切割式简单体是由一个基本体原体切去若干个基本体而形成的。绘制切割式简单体时，应先画原体，再画切割部分，如图2-21所示。

二、简单体三视图的识读

读图是根据物体的视图想象出其空间形状的思维过程。进行简单体三视图的识读不仅

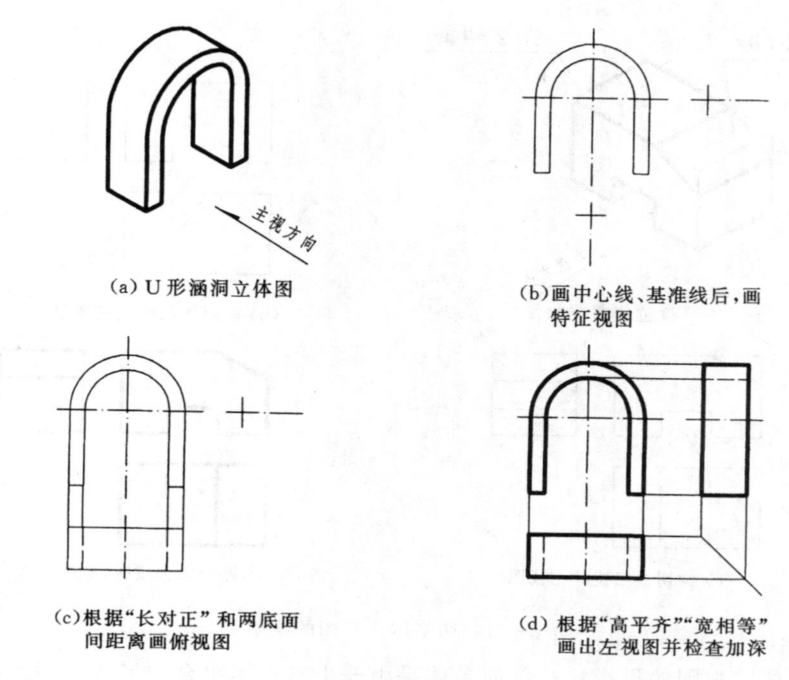

图 2-19 组合柱三视图的绘制

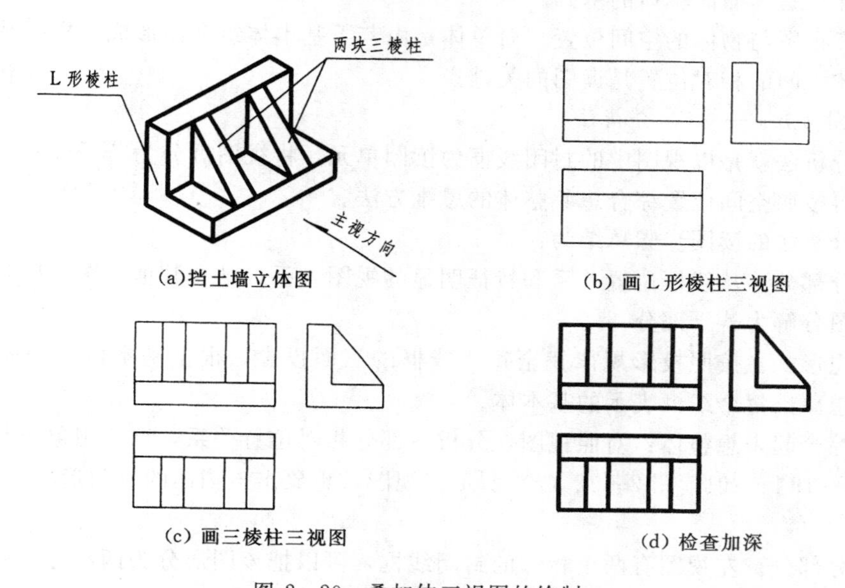

图 2-20 叠加体三视图的绘制

要具备一定的基础知识，还要掌握一定的读图方法，反复实践，才能建立图样与空间形体的关系。读图是每个技术人员必备的一项能力。

1. 读图基础知识

(1) 三视图的投影规律。投影规律是点线面三视图绘制的依据，同样也是读图的依据。

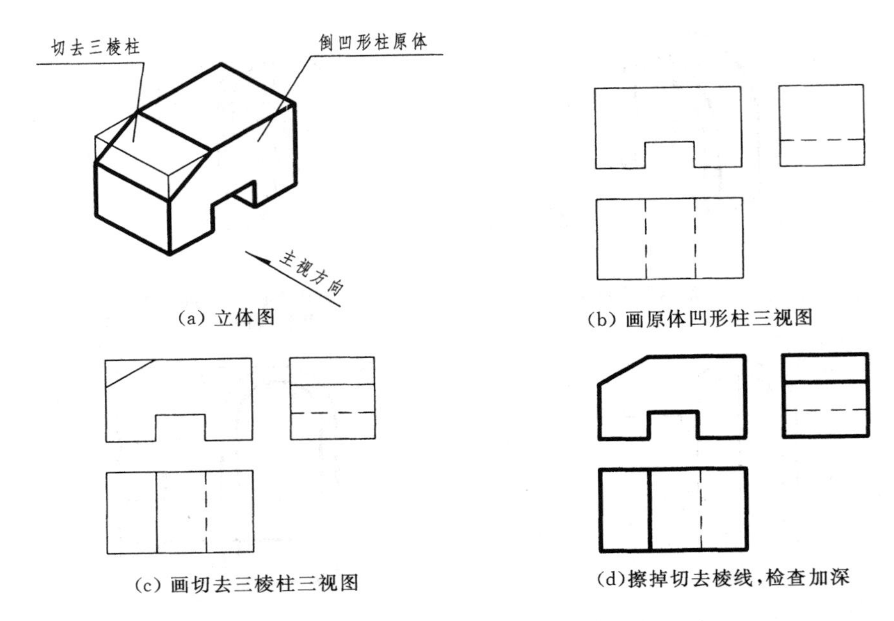

图 2-21 切割体三视图的绘制

(2) 基本体三视图的投影特征。简单体是由若干基本体组合而形成，因此熟记基本体的投影特征，是读懂简单体的基础。

(3) 三视图与物体的空间位置。简单体是由若干基本体组合而形成，根据视图准确判断各基本体之间的相对位置是读图的关键。

2. 读图方法——形体分析法

形体分析法就是以视图中的封闭线框为读图单元，将视图拆分为若干线框，分部分读图，最后再按照空间位置综合想象整体的思维方法。

形体分析法的读图步骤总结为：

(1) 分部分：从线框位置关系和特征明显的视图入手，结合其他视图，以封闭线框为单元把视图分解为若干部分。

(2) 想形状：按照投影规律找全每个线框的三面投影，根据基本体三视图的投影特征，逐一想象出每个线框表示的基本体。

(3) 综合起来想整体：对照视图，分析各部分相对位置关系，综合想象出整体形状。

【例 2-10】 识读图 2-22 (a) 所示三视图，想象出该物体的空间形状。

分析

(1) 分部分。左视图有两个相邻的封闭线框，可以把该图形分为两部分，则知该物体由两个基本体叠加形成，如图 2-22 (a) 所示。

(2) 想形状。按照投影规律找全第“1”部分的三面投影，则为两个矩形框和一个三角形，由基本体三视图投影特征可判定该部分形体是竖放三棱柱；同理分析第“2”部分线框，投影为两个梯形线框和四边形特征底面，形体为正放半四棱台，如图 2-22 (b)、(c) 所示。

(3) 综合起来想整体。由俯视图和左视图可看出，三棱柱在四棱台之前，并左右居

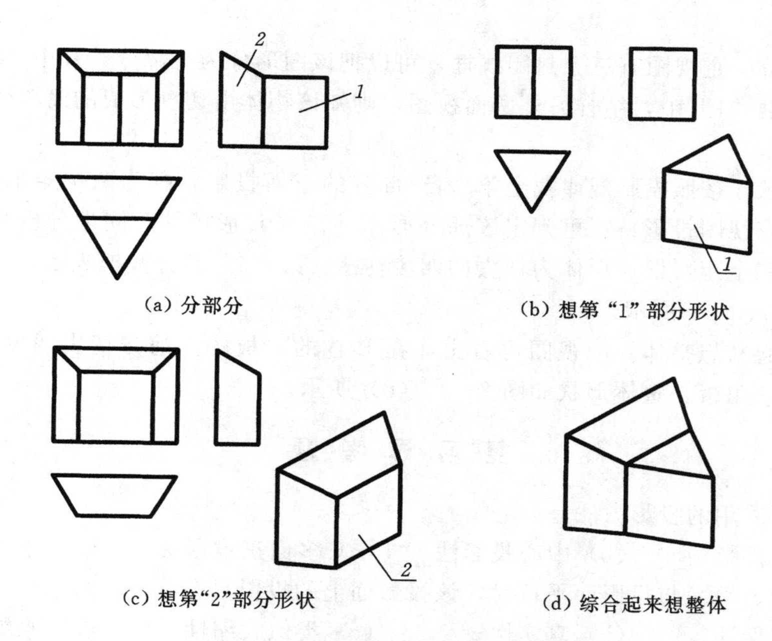

(a) 分部分　(b) 想第“1”部分形状

(c) 想第“2”部分形状　(d) 综合起来想整体

图 2－22　叠加式简单体三视图的识读示例

中，由左视图可看出，三棱柱与四棱台下边靠齐，整体形状如图 2－22（d）所示。

【例 2－11】　识读图 2－23（a）所示三视图，想象出该物体的空间形状。

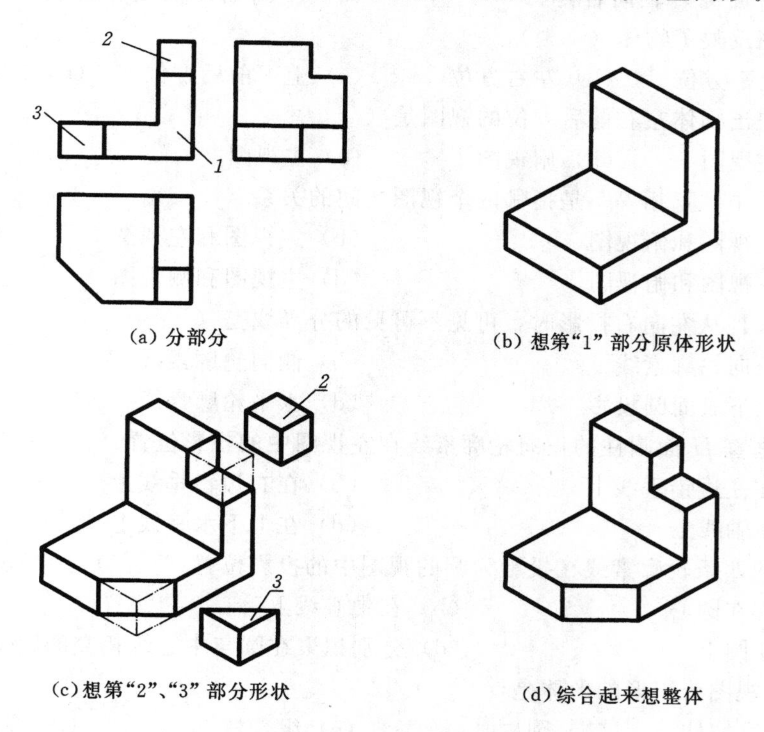

(a) 分部分　(b) 想第“1” 部分原体形状

(c) 想第“2”、“3” 部分形状　(d) 综合起来想整体

图 2－23　切割式简单体三视图的识读示例

分析

(1) 分部分。主视图有三个封闭线框，可以把该图形分为三部分，其中“2”、“3”小线框包含在线框“1”中，结合另外两面视图，则知该物体由切割形成的简单体，如图 2-23 (a) 所示。

(2) 想形状。按照投影规律找全第“1”部分的三面投影，则为两个矩形框和一个 L 形，由基本体三视图投影特征可判定该部分形体是正放 L 形棱柱；同理分析第“2”部分线框，投影为三个矩形框，形体为切去的四棱柱槽；第“3”部分线框表示切去的三棱柱。如图 2-23 (b)、(c) 所示。

(3) 综合起来想整体。由视图可看出，在 L 柱的立板的上前方切去四棱柱槽，横板的左前方切去三角板，整体形状如图 2-23 (d) 所示。

复习思考题

1. 三视图采用的投影方法是（ ）。
   (a) 斜投影法 (b) 中心投影法 (c) 多面正投影法 (d) 单面投影法
2. 当直线、平面与投影面平行时，该投影面上的投影具有（ ）。
   (a) 积聚性 (b) 真实性 (c) 类似收缩性 (d) 收缩性
3. 三面投影体系中，H 面展平的方向是（ ）。
   (a) H 面永不动 (b) H 面绕 Y 轴向下转 90°
   (c) H 面绕 Z 轴向右转 90° (d) H 面绕 X 轴向下转 90°
4. 左视图反映了物体（ ）。
   (a) 上下方位 (b) 左右方位 (c) 上下前后方位 (d) 前后左右方位
5. 能反映出物体左右前后方位的视图是（ ）。
   (a) 左视图 (b) 俯视图 (c) 主视图 (d) 后视图
6. 三视图中“宽相等”是指哪两个视图之间的关系（ ）。
   (a) 左视图和俯视图 (b) 主视图和左视图
   (c) 主视图和俯视图 (d) 主视图和侧视图
7. 正放圆柱从左向右投影时，可见不可见的分界线是（ ）。
   (a) 正向轮廓素线 (b) 侧向轮廓素线
   (c) 上下表面圆投影 (d) 水平轮廓素线
8. 轴线垂直 H 面圆柱的正向轮廓素线在左视图中的投影位置（ ）。
   (a) 在左边铅垂线上 (b) 在右边铅垂线上
   (c) 在轴线上 (d) 在上下水平线上
9. 圆锥的四条轮廓素线在投影为圆的视图中的投影位置（ ）。
   (a) 都在圆心 (b) 在中心线上
   (c) 在圆上 (d) 分别积聚在圆与中心线相交的四个交点上
10. 两个视图为矩形的形体是（ ）。
    (a) 直棱柱 (b) 圆柱 (c) 组合柱 (d) 前三者
11. 一个视图为圆，两个视图为三角形的基本体是（ ）。

(a) 圆台　　(b) 圆柱　　(c) 圆锥　　(d) 圆球

12. 四棱台的一个视图反映底面实形，另两视图的图形特征是（　　）。

(a) 三角形　　(b) 圆　　(c) 矩形　　(d) 梯形

答案

1. c　2. b　3. d　4. c　5. b　6. a　7. b　8. c　9. b　10. d　11. c　12. d

第三章　轴　　测　　图

多面正投影图能够准确表达物体的形状，作图简便，是工程上普遍采用的图示方法，但缺乏立体感，不能直观反映物体的形状。为了便于读图，工程上常用轴测投影图（简称轴测图）作为辅助表达图样，轴测图能在一个图上同时反映物体长、宽、高三个方向的尺寸，具有较强的立体感，如图 3－1 所示。

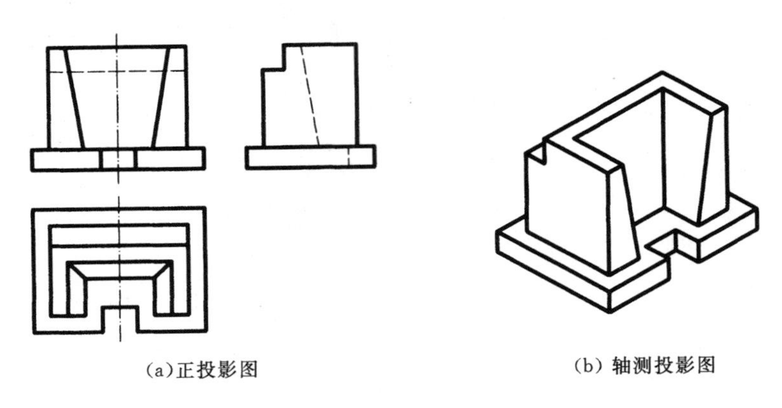
(a)正投影图　　(b) 轴测投影图

图 3－1　正投影图与轴测投影图

第一节　轴测图的基本知识

一、轴测图的形成

如图 3－2 所示，用一组平行的投射线将物体连同参考直角坐标轴（O_1X_1、O_1Y_1、O_1Z_1）沿不平行于任一坐标轴的方向一起投射在投影面（P）上，所得到的具有立体感的平行投影图称为轴测图。

图中：P 面称为轴测投影面；坐标轴 O_1X_1、O_1Y_1、O_1Z_1 在轴测投影面上的投影 OX、OY、OZ 称为轴测轴；相邻的轴测轴之间的夹角$\angle XOY$、$\angle YOZ$、$\angle ZOX$ 称为轴间角；轴测轴上的单位长度与相应坐标轴上的单位长度的比值称为轴向伸缩系数。OX、OY、OZ 三轴向伸缩系数分别用代号 p、q、r 表示：

$$p=\frac{OX}{O_1X_1};\ q=\frac{OY}{O_1Y_1};\ r=\frac{OZ}{O_1Z_1}$$

二、轴测图的分类

（1）根据投射线与轴测投影面相对位置不同，轴测图可分为两大类：

1）正轴测图：将物体斜放，用正投影法所得到的轴测图，如图 3－2（a）所示。

2）斜轴测图：将物体正放，用斜投影法所得到的轴测图，如图 3－2（b）所示。

（2）根据物体摆放角度或投射线倾斜方向的不同，各轴测轴的轴向伸缩系数不同，由

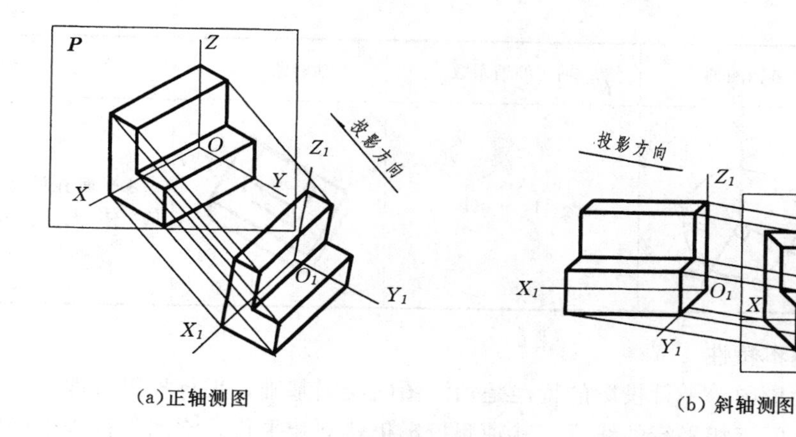

(a)正轴测图　　(b)斜轴测图

图 3-2　轴测图的形成

此轴测图可分为：

正（斜）等测图：三个轴向伸缩系数均相等的轴测图，即 $p=q=r$。

正（斜）二测图：其中仅两个轴向伸缩系数相等的轴测图，即 $p=r\neq q$ 或 $p=q\neq r$。

正（斜）三测图：三个轴向伸缩系数均不相等的轴测图，即 $p\neq q\neq r$。

常见轴测图包括正等测、正二测、正面斜二测、水平斜二测等，各类图形特点见表3-1。

表 3-1　　**常见轴测图特点**

种　类	参考轴测轴	轴向伸缩系数	轴测图示例	适用形体
正等测	Z, X, Y, p, q, r, 120°, 120°, 120°	$p=q=r=0.82$； 实际作图时取：$p=q=r\approx1$		1. 外形为矩形的物体； 2. 各坐标面都有圆或圆弧； 3. 顶面带孔的物体
正二测	Z, X, Y, p, q, r, 97°10′, 131°25′, 131°25′	$p=r=0.94$，$q=0.47$； 实际作图时取：$p=r\approx1$，$q\approx0.5$		外形方正，形体表面上的面、棱线具有积聚或重叠
正面斜二测	Z, X, Y, p, q, r, 90°, 135°, 135°	$p=r=1$，$q=0.5$		1. 底面复杂的柱类物体； 2. 正面有圆或圆弧的形体

续表

种 类	参考轴测轴	轴向伸缩系数	轴测图示例	适 用 形 体
水平斜二测	Z r 120° 150° X p 90° q Y	$p=q=1$，$r=0.5$		水平面有圆或圆弧的形体

三、轴测图的基本特性

轴测图是平行投影图，平行投影的特性是轴测图的绘图基础，平行投影特性如下：

（1）平行性：空间互相平行的线段，其轴测投影仍然互相平行；空间平行于坐标轴的线段，在轴测图中必然平行于相应的轴测轴。

（2）可量性：空间与坐标轴平行的线段，它们与相应的轴测轴具有相同的轴向伸缩系数。画轴测图时，平行于轴测轴的线段可以按照相应轴的轴向伸缩系数确定其投影尺寸，而不平行于轴测轴的线段则不能直接测量长度。

（3）实形性：空间平行于坐标面的线面轴测投影反映实长或实形。

第二节 轴 测 图 的 绘 制

一、轴测图的绘制步骤

（1）选择并绘制出参考轴测轴。

（2）分析视图，确定绘图方法。

常见绘制轴测图的方法包括坐标法、特征面法、叠加法、切割法等。对于锥体或台体等斜面较多的形体，应根据物体表面各顶点的坐标绘出点的轴测图，依次连接各点得到物体轴测图，称坐标法；对于柱体等基本体，先画特征底面再绘制棱线，称特征面法；对于叠加形体，将各部分基本体按空间位置依次画出，称叠加法；对于切割形体，先画原体，再画出切割部分，称切割法。其中坐标法是特征面法、叠加法、切割法的绘图基础。

（3）绘制轴测图。依据轴测投影基本特性——平行性、可量性确定各棱线的方向和大小。

（4）检查加深。擦去不可见轮廓线，加深可见轮廓线，完成作图。

二、平面体轴测图的绘图示例

【例 3－1】 绘制图 3－3（a）所示形体的正等测图。

分析

（1）按照要求，绘制正等测参考轴测轴。

（2）根据已知视图得知：该形体为四棱台，采用坐标法绘制：先以下底面中心 O_1 为起画点，量取 x_1、y_1 画下底面；再利用棱台高度方向平行于 Z 轴，定出上底面中心 O_2，量取 x_2、y_2 画出上表面，依次连接上、下底面 8 个端点得到侧棱。

轴测图的作图过程如图 3－3（b）～（d）所示。

【例 3－2】 绘制图 3－4（a）所示形体的正等测图。

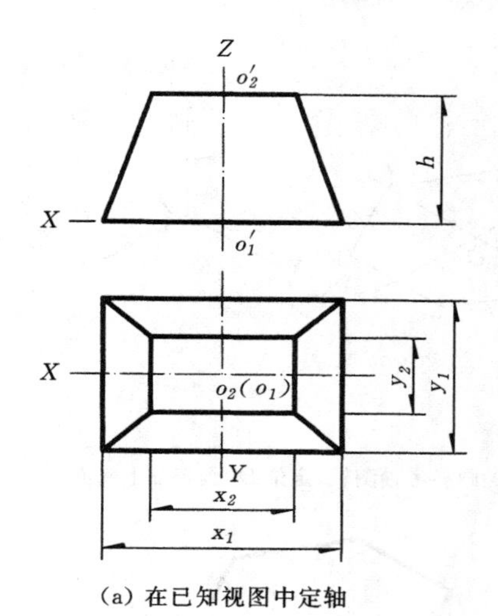

(a) 在已知视图中定轴

(b) 画参考轴测轴，画中心线，定位 O_1，画下底面

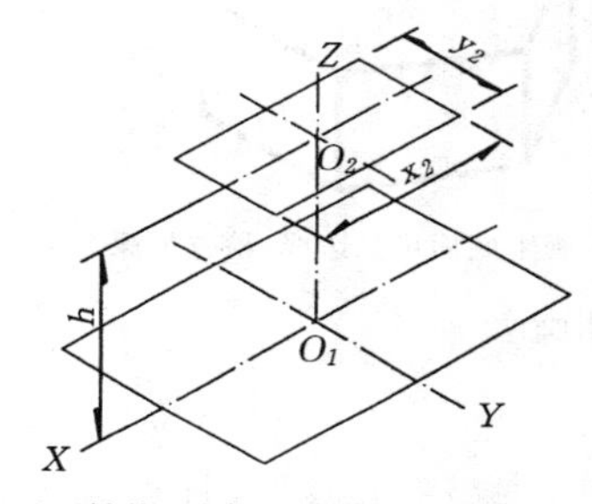

(c) 画轴线，最高 h，定位 O_2，画出上底面

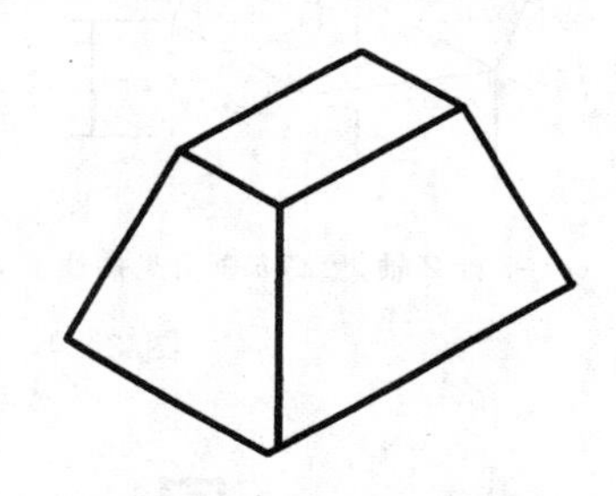

(d) 连侧棱，擦去不可见轮廓线，检查加深

图 3-3　四棱台正等测图画法

分析

(1) 按照要求，绘制正等测参考轴测轴。

(2) 根据已知视图可知：该形体为六棱柱基本体。可采用特征面法绘制：首先定位上表面中心 O_1 为起画点，绘制该形体俯视图的六边形特征底面，得到上表面。然后由各顶点画出平行于 Z 轴的所有可见侧棱，连接侧棱端点得到下表面。

轴测图的作图过程如图 3-4 (b) ～ (d) 所示。

【例 3-3】　绘制图 3-5 (a) 所示挡土墙的斜二测图。

分析

(1) 按照要求，绘制斜二测参考轴测轴。

(2) 根据已知视图得知：该形体为叠加形体。挡土墙由底板、立墙组成的十字形棱柱和两块三棱柱形的支撑板组成。画图时先定起画点 A，将十字形棱柱画出，再按定位尺寸画出支撑板。画图的关键是确定两块支撑板的相对位置。

轴测图的作图过程如图 3-5 (b) ～ (d) 所示。

【例 3-4】　绘制图 3-6 (a) 所示独立基础的正二测图。

分析

(1) 按照要求，绘制正二测参考轴测轴。

(2) 根据已知视图得知：该形体是既有叠加，又有切割的简单体。可采用坐标法、叠

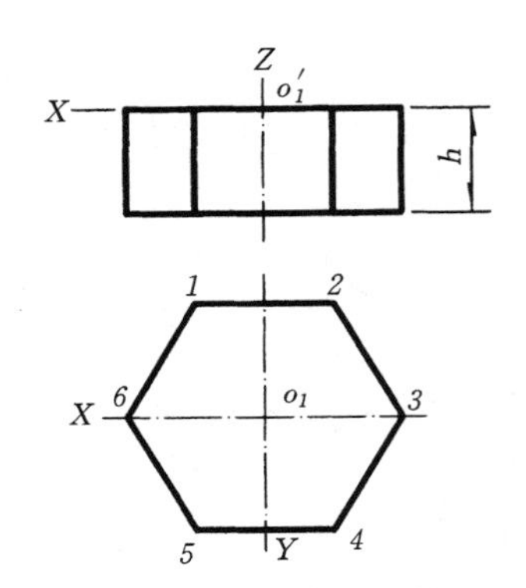

(a) 在已知视图中定轴

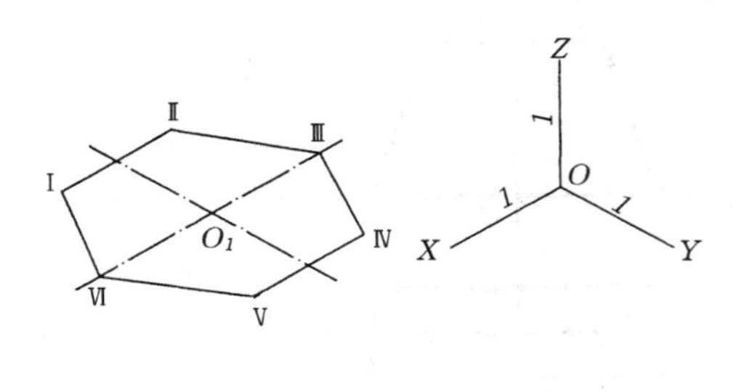

(b) 画参考轴测轴，定位 O_1 画特征上底面

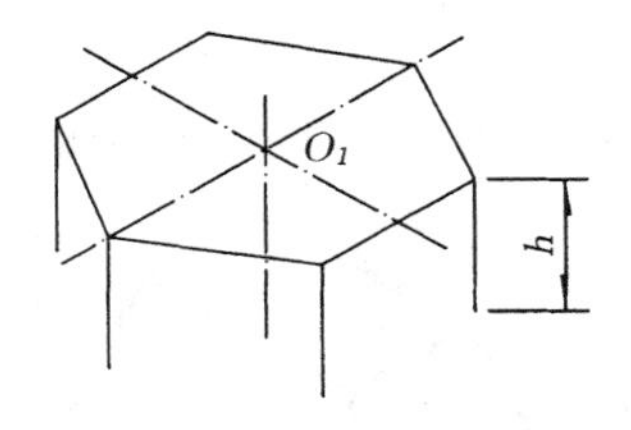

(c) 平行 Z 轴，量高 h 画可见棱线

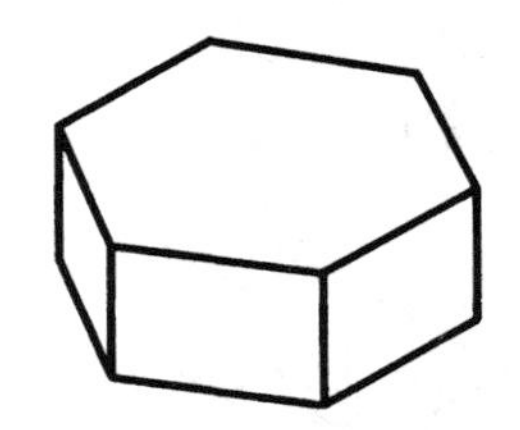

(d) 画下底面可见边线，检查加深

图 3-4 六棱柱正等测图画法

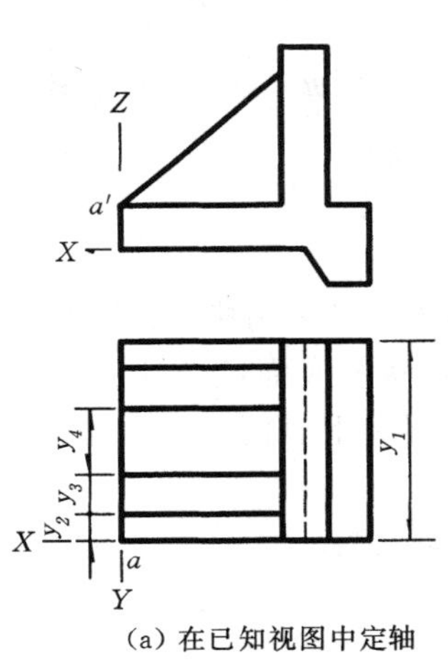

(a) 在已知视图中定轴

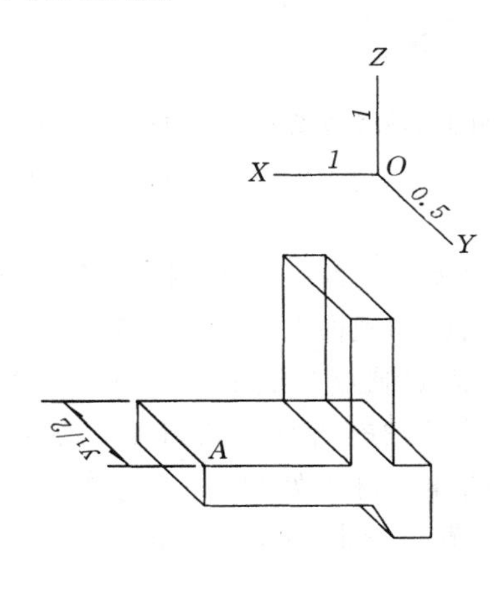

(b) 画十字形棱柱

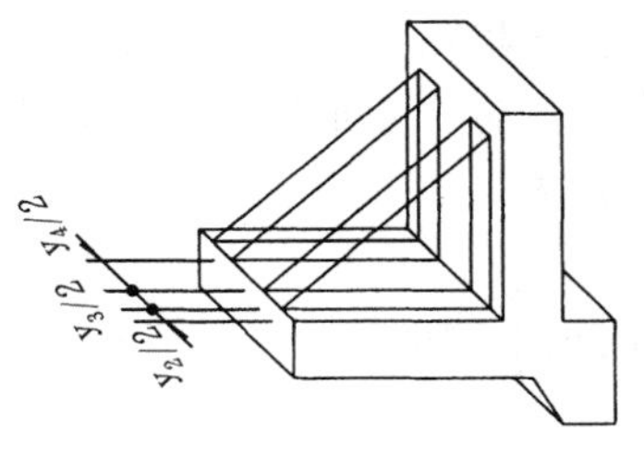

(c) 定位画叠加的两个三棱柱

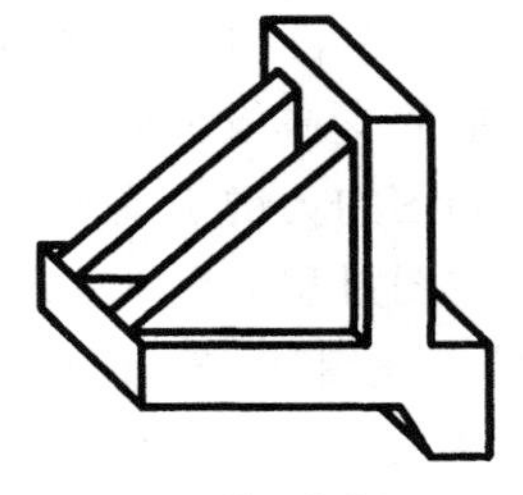

(d)检查加深

图 3-5 挡土墙斜二测图画法

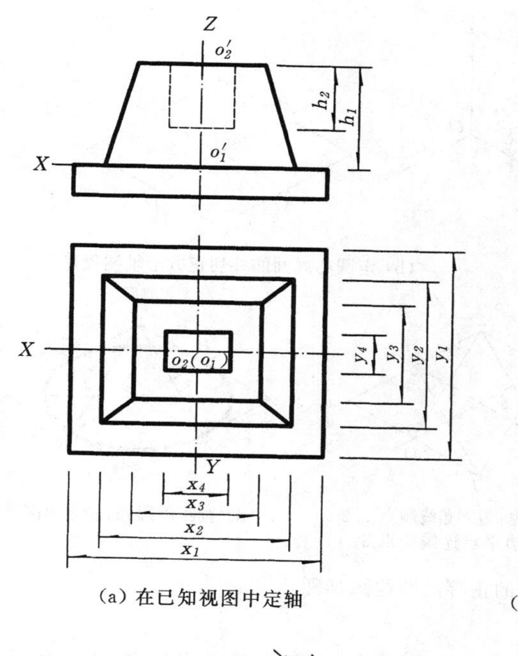

(a) 在已知视图中定轴

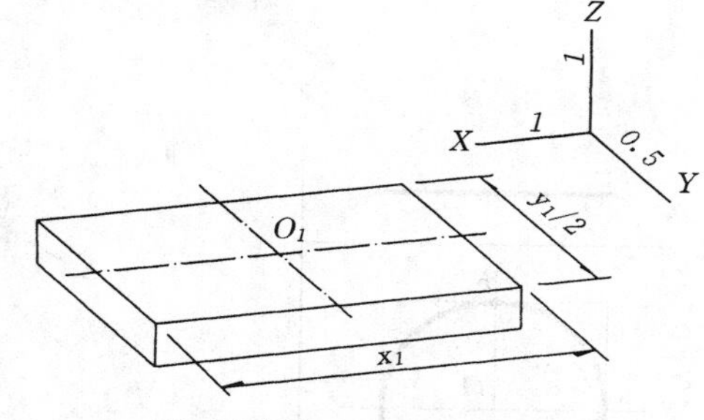

(b) 画参考轴测轴；定位O_1画底板

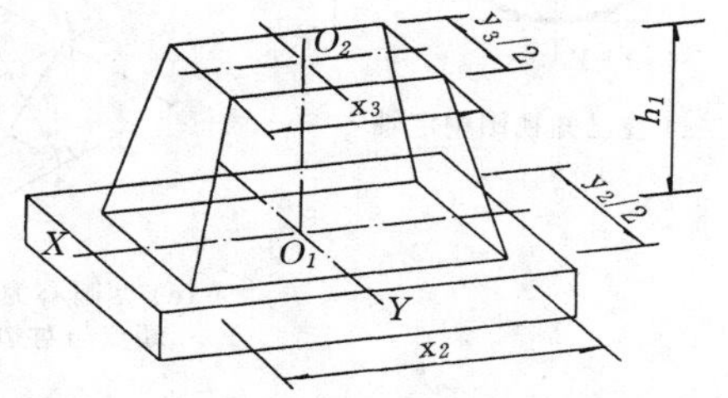

(c) 量高定位O_2，画棱台体的下底面、上底面，连棱线

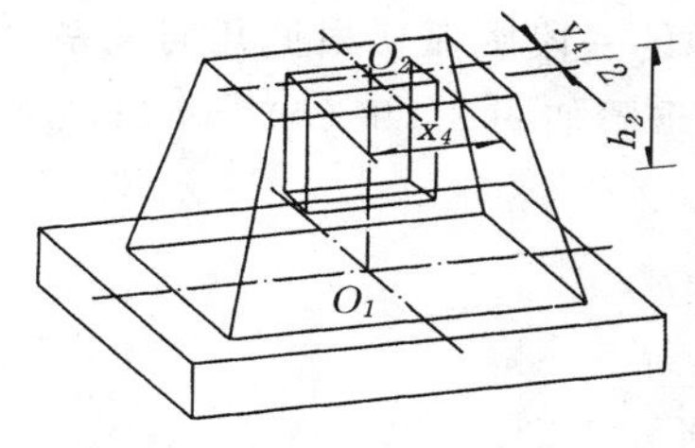

(d) 定位孔的上底面、下底面，连棱线

(e) 检查加深

图 3-6　独立基础正二测图画法

加法、切割法综合绘制。独立桩基础是由两个基本体叠加而成，下部是长方体底板，上部是四棱台；四棱台的上底面又切去四棱柱。画图时，首先绘制出底板，然后采用坐标法绘制上部叠加的四棱台，最后定位画切割部分。画图的关键是确定各组成部分底面的中心位置。

轴测图的作图过程如图 3-6（b）～（e）所示。

三、曲面体轴测图的绘图示例

（一）圆和圆角的轴测图

1. 圆的正等测图画法（四圆心法）

形体上平行于三个坐标面的圆，其正等测图都是椭圆。由于它们所平行的坐标面不同，所以椭圆的方位各不相同，如图 3-7 所示。

为简化作图，通常采用四圆心法作上述椭圆。图 3-8 所示为水平圆的正等测图画法。

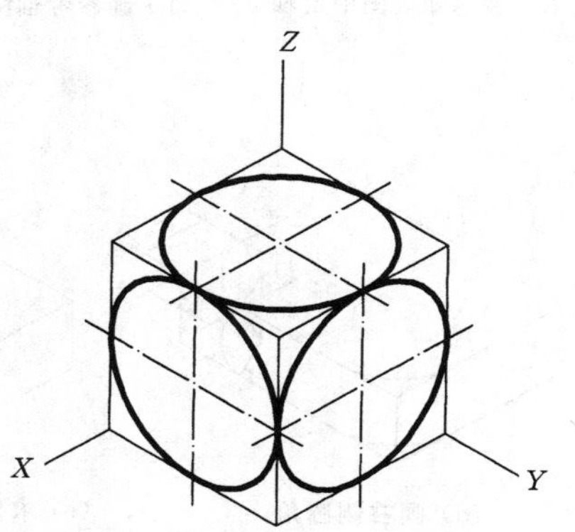

图 3-7　平行坐标面圆的正等测图

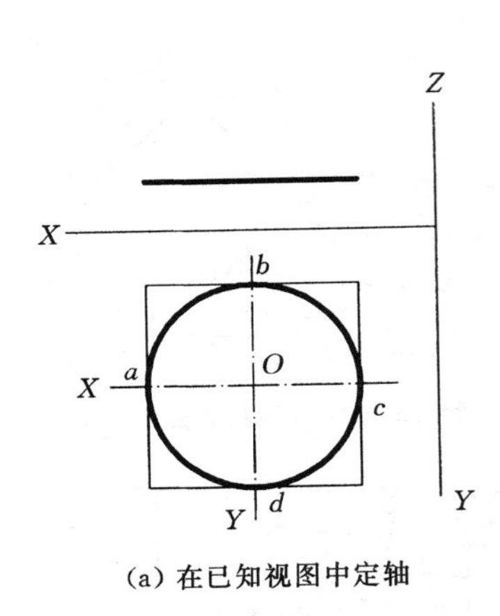

(a) 在已知视图中定轴

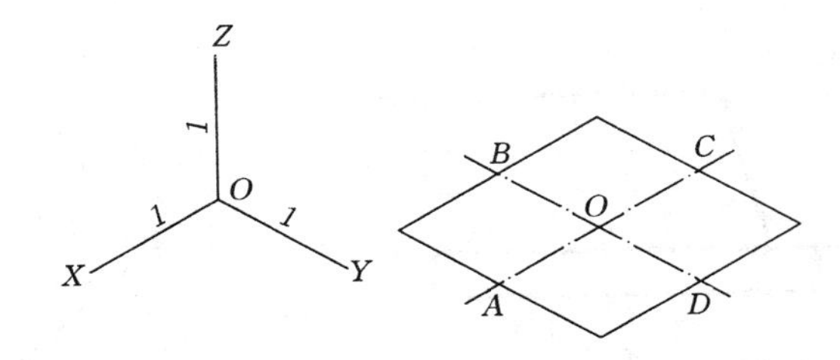

(b) 定圆心画圆的外切正方形轴测投影

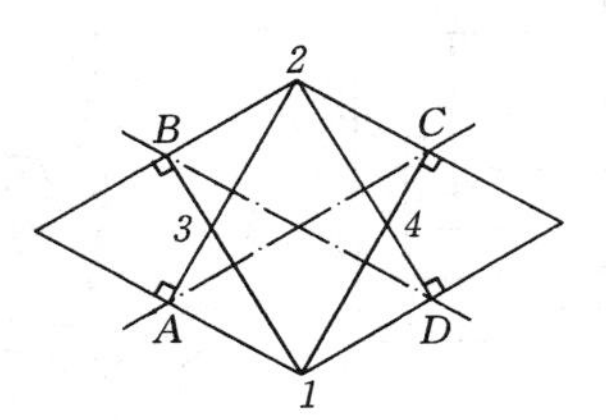

(c) 四圆心为：短对角线端点1、2端点与对边中点连线交点3、4

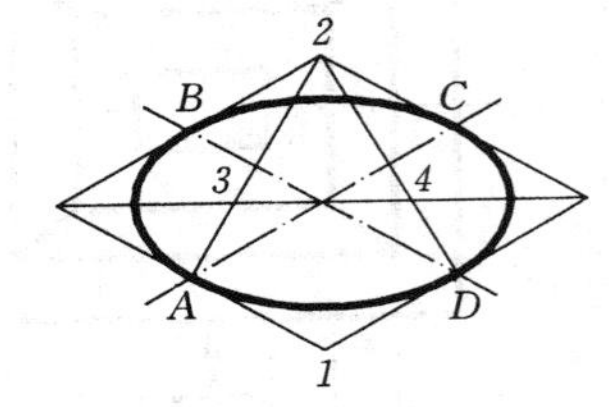

(d) 画四段圆弧，检查加深

图 3-8　水平圆的正等测图绘图步骤

2. 圆角的正等测图画法

圆角是四分之一圆，它的正等测图对应上述椭圆中的一段圆弧，根据几何关系可采用简化画法。如图 3-9（a）为带圆角的长方体，其作图步骤如图 3-9（b）～（f）所示。

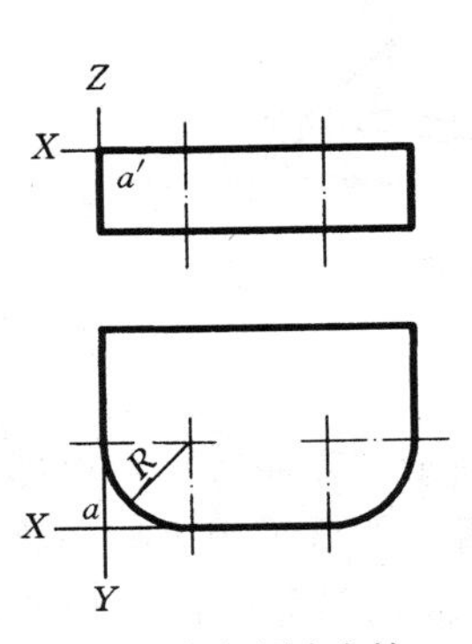

(a) 在已知视图中定轴

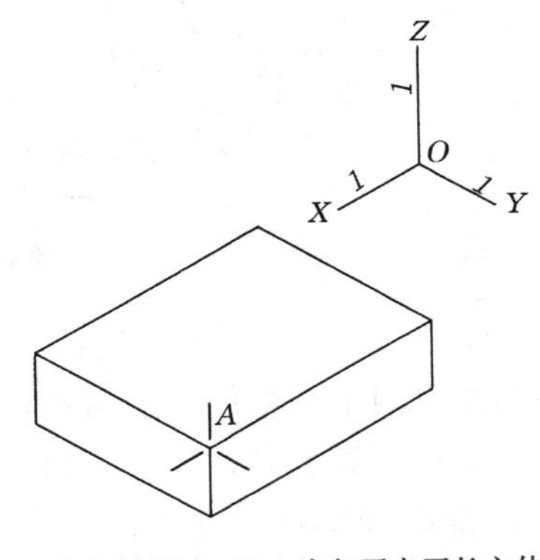

(b) 画参考轴测轴，以 A 为起画点画长方体

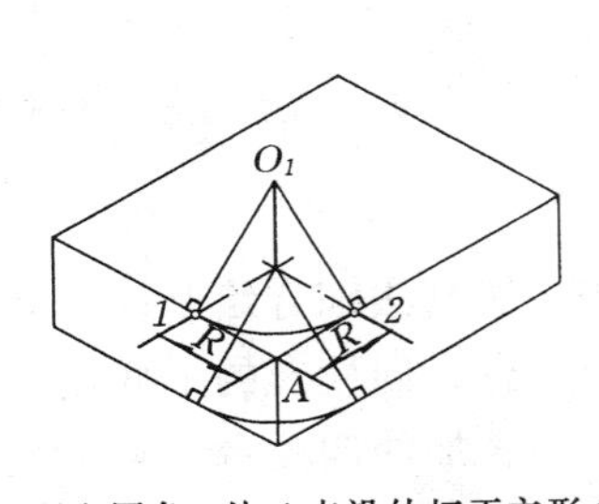

(c) 画左圆角：从 A 点沿外切正方形各边分别量取 R 得到切点 1、2，过切点作切线的垂线，交点即是圆心 O_1，再以 $O_1 1$ 长度为半径画圆弧，得圆角上表面轮廓，同理作出下表面圆弧

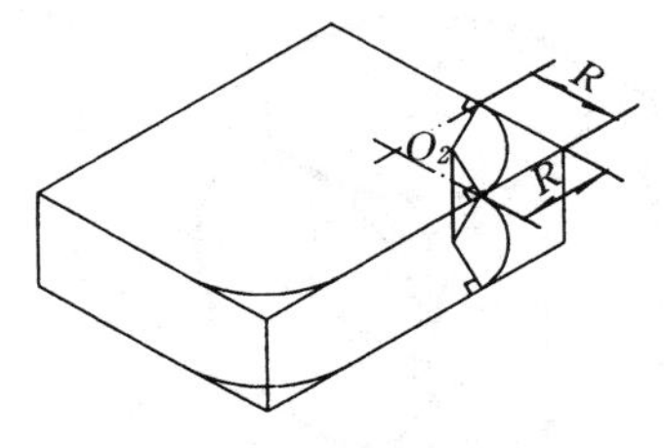

(d) 画右侧圆角

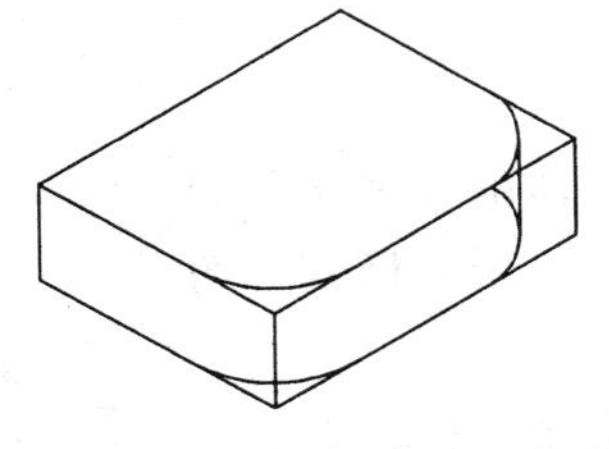

(e) 求作上下圆角的最大轮廓线

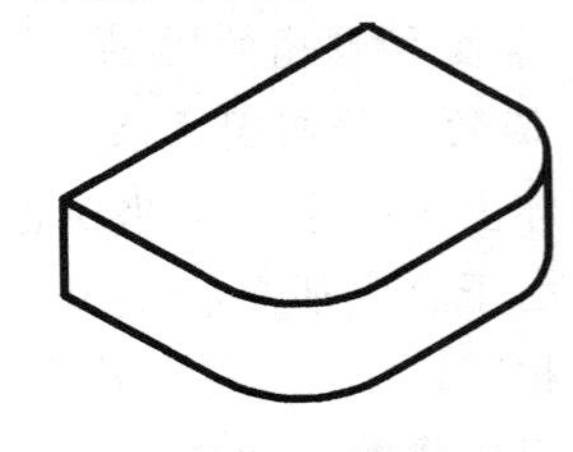

(f) 擦掉切走的图线，检查加深

图 3-9　圆角的正等测图画法

3．圆的斜二测图画法

如图 3－10 所示，正平圆（即平行于轴测投影面）的斜二测图是与视图中尺寸相同的圆，而水平圆和侧平圆的斜二测图都是椭圆，但长短轴方向不同。

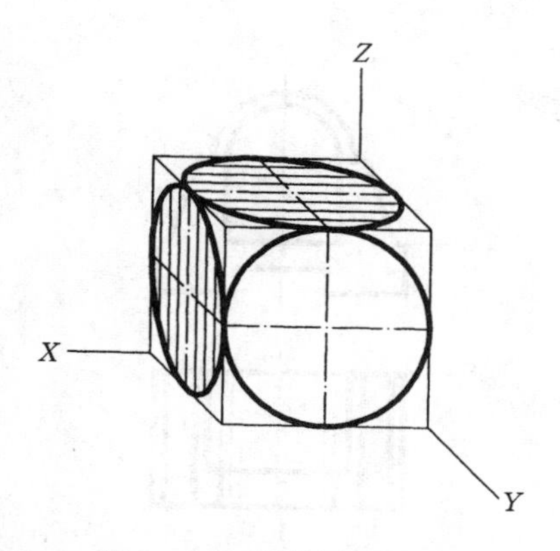

图 3－10　圆的斜二测图

（二）曲面体轴测图绘制示例

【例 3－5】　绘制图 3－11（a）所示桥墩的正等测图。

分析

（1）按照要求，绘制正等测参考轴测轴。

（2）根据已知视图得知：该形体由两个基本体上、下叠加而成，桥墩的上部又可看作是由两个 1/2 圆台和

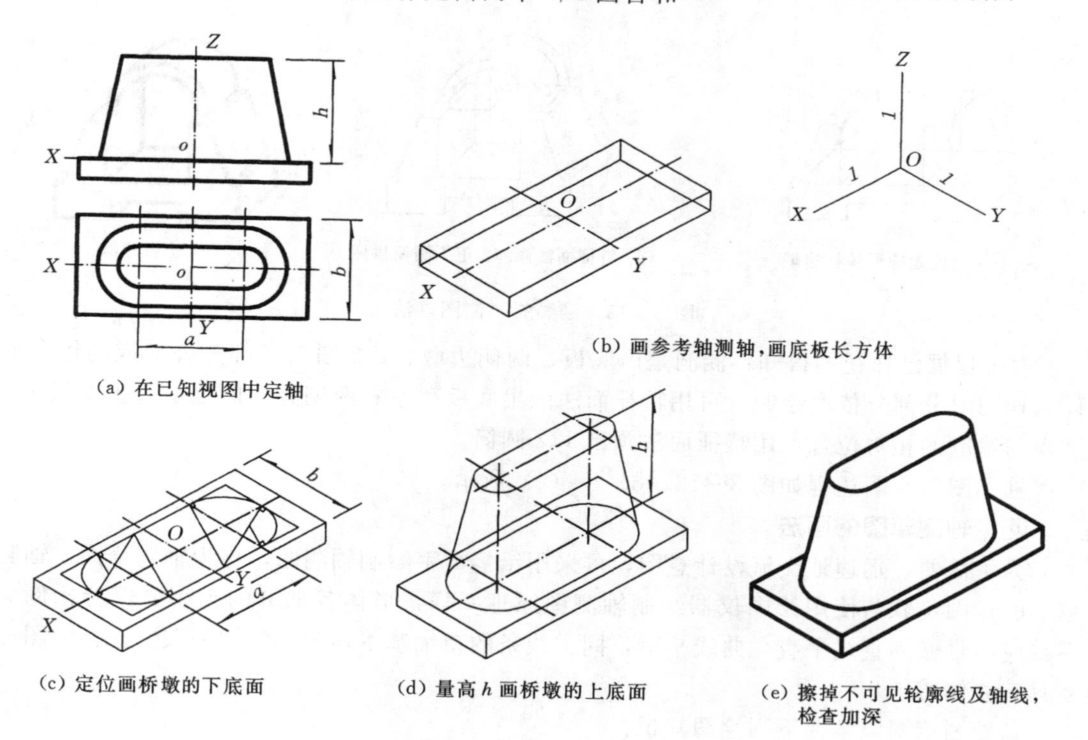

(a) 在已知视图中定轴
(b) 画参考轴测轴，画底板长方体
(c) 定位画桥墩的下底面
(d) 量高 h 画桥墩的上底面
(e) 擦掉不可见轮廓线及轴线，检查加深

图 3－11　桥墩正等测图画法

一个梯形棱柱左右叠加形成，下部是长方体底板。用叠加法将各个基本体逐个画出，先画长方体底板，再定圆台中心。用四圆心法画出组合圆台底面轮廓，作上、下底面公切线，可得桥墩的轴测图。

轴测图的作图过程如图 3－11（b）～（e）所示。

【例 3－6】　绘制图 3－12（a）所示涵洞的斜二测图。

分析

（1）按照要求，绘制斜二测参考轴测轴。

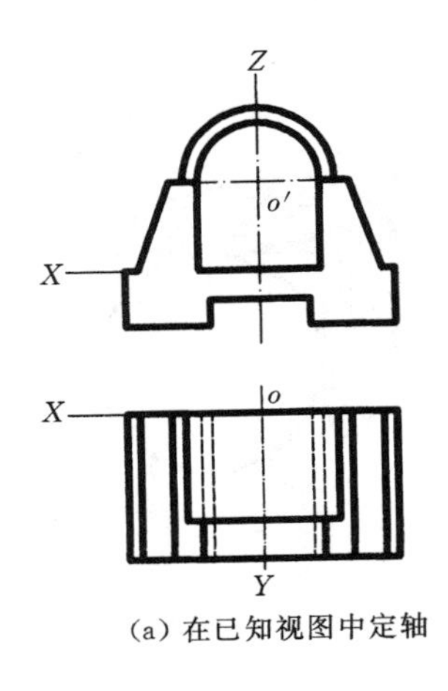

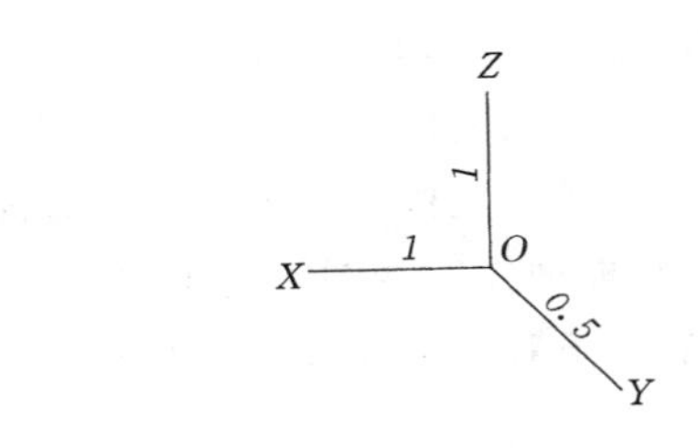

(a) 在已知视图中定轴

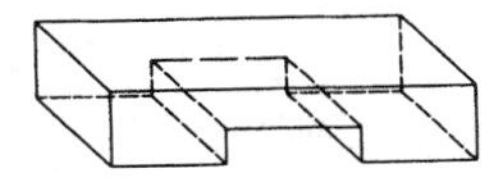

(b) 用特征面法画凹形柱底板

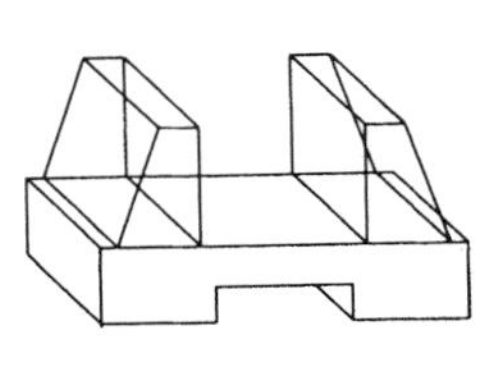

(c) 定位画梯形棱柱边墙

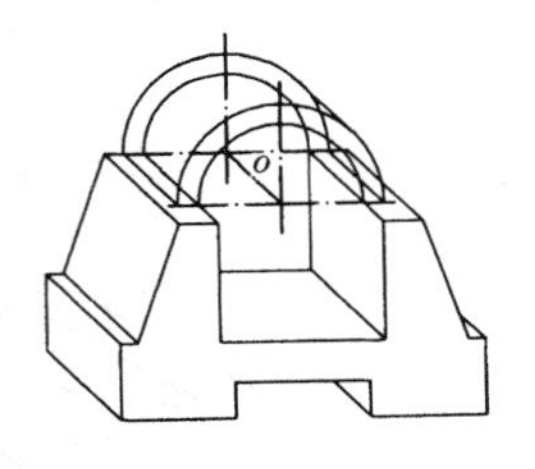

(d) 特征面法画1/2 正平圆筒拱圈

(e) 检查加深

图 3－12 涵洞斜二测图画法

(2) 根据已知视图得知：涵洞是由底板、两侧边墩、1/2 圆筒三部分叠加成的组合形体。作图时分部分依次绘制，可用特征面法画出底板和左右两侧叠加的边墩，再根据 1/2 圆筒与边墩的相对位置，用特征面法画出 1/2 圆筒。

轴测图的作图过程如图 3－12（b）～（e）所示。

四、轴测草图的画法

为了简便、迅速地交流设计意图，可采用铅笔徒手绘制轴测图，称为轴测草图。轴测草图的作图步骤与使用绘图仪器绘制轴测图原理一样，形体各部分的大小要保持比例关系，应尽量做到直线平直，曲线平滑，同类线条的粗细基本均匀，深浅一致。这样的图形才具有立体感。

画轴测草图应掌握下列绘图知识：

(1) 图纸不必固定，可根据需要而转动，握笔姿势要轻松，手不能紧贴纸面，以方便移动。

(2) 作图前先要选择轴测类型，画出参考轴测轴。

(3) 徒手绘制轴测图的首要任务仍然是分析视图，确定合适的绘图方法。

(4) 在两点间画直线，笔尖落在起点，眼睛注视终点，以便掌握方向。

(5) 画水平线，可将图纸倾斜放置，左低右高，用小手指支在纸面上，引导手腕一起移动，画线方向是从左至右；画垂直线时，将图纸放正，用小手指支在纸面上，用握笔的手指动作，画线方向是从上至下；画倾斜线时，可将图纸转动，将倾斜线转成水平线位置来画。

(6) 画圆时，先画中心线和通过圆心的 45°线，在这些线上画出短弧，然后逐步扩大各短弧描绘成圆。

（7）在作圆的轴测椭圆时，最好将圆的外切正方形画出，这样容易决定椭圆长短轴的方向和比例。画小圆角轴测投影时，应先画出外切正方形，然后用简化画法找圆心徒手描出圆弧。

图 3-13 是一切割体的草图绘制示例。

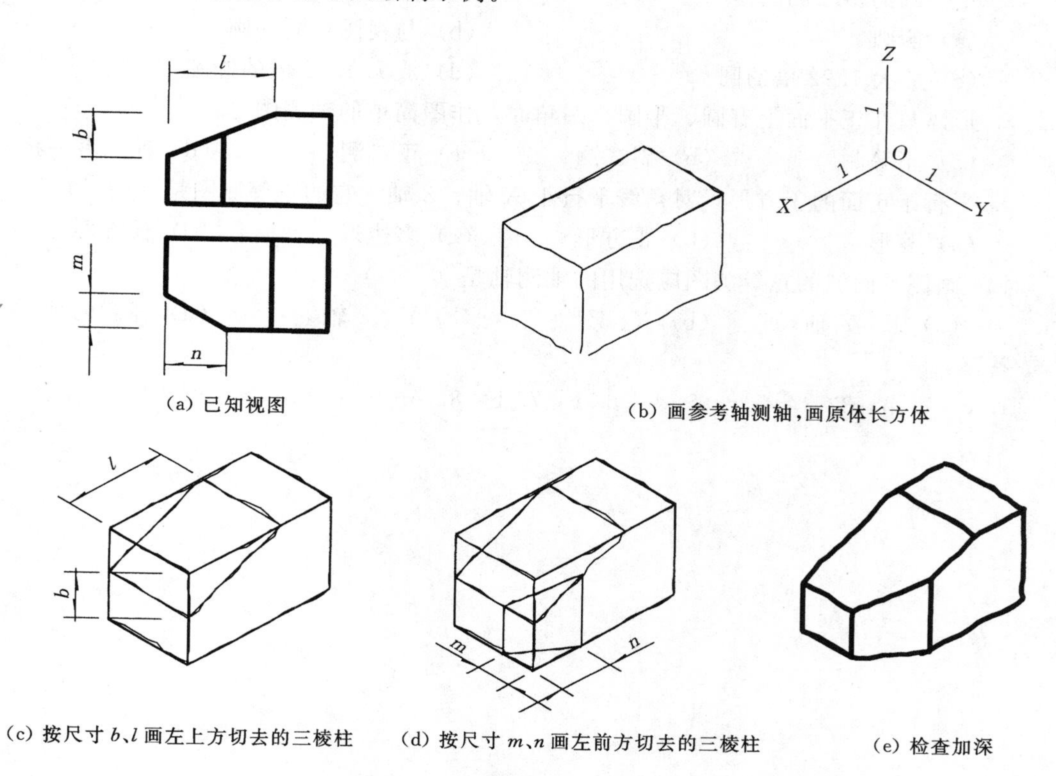

图 3-13　轴测草图的绘制示例

复 习 思 考 题

1. 绘制斜轴测图的投影方法是（　　）。

(a) 中心投影法　　(b) 正投影法　　(c) 斜投影法　　(d) 平行投影法

2. 绘制正轴测图的投影方法是（　　）。

(a) 中心投影法　　(b) 正投影法　　(c) 斜投影法　　(d) 平行投影法

3. 轴测图具有的基本特性是（　　）。

(a) 平行性，可量性　　(b) 平行性，收缩性

(c) 可量性，积聚性　　(d) 可量性，收缩性

4. 斜二测图的轴间角是（　　）。

(a) 都是 90°　　(b) 都是 120°　　(c) 90°，135°，135°　　(d) 90°，120°，150°

5. 画正等测图一般采用的轴向伸缩系数是（　　）。

(a) $p=q=r=0.82$　　(b) $p=q=r=1$

(c) $p=q=r=1.22$ (d) $p=q=1$，$r=0.5$

6. 斜二测图的轴向伸缩系数是（ ）。

(a) $p=q=r=1$ (b) $p=q=r=0.82$

(c) $p=r=1$，$q=0.5$ (d) $p=q=1$，$r=0.5$

7. 正平圆的斜二测图是（ ）。

(a) 椭圆 (b) 与视图相同的圆

(c) 放大 1.22 倍的圆 (d) 放大 1.22 倍的椭圆

8. 形体只在正平面上有圆、半圆、圆角时，作图简单的轴测图是（ ）。

(a) 正等测 (b) 斜二测 (c) 正二测 (d) 前三者一样

9. 平行于正面的正方形，对角线平行于 X 轴、Z 轴，它的正等测图是（ ）。

(a) 菱形 (b) 正方形 (c) 多边形 (d) 长方形

10. 画侧平面圆的正等测图应选用的轴测轴是（ ）。

(a) X、Y 轴 (b) X、Z 轴 (c) Y、Z 轴 (d) 任意两轴

答案

1. c 2. b 3. a 4. c 5. b 6. c 7. b 8. b 9. d 10. c

第四章　点、直线、平面的投影

点、直线、平面是构成工程形体的基本几何元素，熟悉它们的投影特征，可以提高对工程图样的分析能力，解决复杂工程形体绘图与读图中的问题，培养空间想象力。

第一节　点　的　投　影

一、点的位置和直角坐标

空间点的位置，可用直角坐标值来确定，一般书写形式为：A（x，y，z）。

如图 4－1（a）所示，将相互垂直的三个投影面作为空间直角坐标系，以投影轴作为坐标轴，O 点为坐标原点，则坐标值大小就反映了点到各投影面的距离：

x 坐标反映空间点 A 到 W 面的距离，即点的左右方位；

y 坐标反映空间点 A 到 V 面的距离，即点的前后方位；

z 坐标反映空间点 A 到 H 面的距离，即点的上下方位。

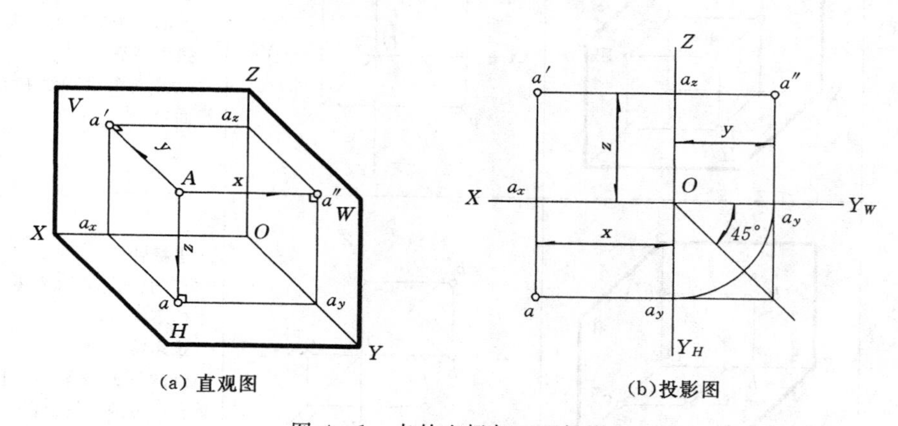

图 4－1　点的坐标与三面投影

二、点的三面投影

如图 4－1（a）所示，过 A 点分别向三投影面作垂线，垂足即为点在三个投影面上的投影。

制图标准规定：空间点用大写字母标记，如 A、B、C、D、…；它们在 H 面上的投影用相应的小写字母标记，如 a、b、c、d、…；在 V 面上的投影用相应的小写字母加一撇标记，如 a'、b'、c'、d'、…；在 W 面上的投影用相应的小写字母加两撇标记，如 a''、b''、c''、d''、…

A 点在 H 面上的投影称为水平投影，标记为 a，位置由坐标值 x、y 所决定，它反映 A 点到 W、V 两个投影面的距离。

A 点在 V 面上的投影称为正面投影，标记为 a'，位置由坐标值 x、z 所决定，它反映

A 点到 W、H 两个投影面的距离。

A 点在 W 面上的投影称为侧面投影，标记为 a''，位置由坐标值 y、z 所决定，它反映 A 点到 V、H 两个投影面的距离。

按照规定，将三个投影面展开摆平，得到点 A 的三面投影图，如图 4－1（b）所示，分析可得点的三面投影规律：

$a'a \perp OX$，即点的正面投影 a' 和水平投影 a 的连线垂直 OX 轴（长对正）；

$a'a'' \perp OZ$，即点的正面投影 a' 和侧面投影 a'' 的连线垂直 OZ 轴（高平齐）；

$aa_x = a''a_z$，即点的水平投影 a 到 OX 轴的距离等于点的侧面投影 a'' 到 OZ 轴的距离（宽相等）。在实际作图时，通常用 45°斜线或圆弧来保证宽相等。

三、空间位置点的坐标与投影特征

空间不同位置的点表现出不同的坐标和投影特征。点的空间位置与对应的坐标及投影特征见表 4－1。

表 4－1　　点的投影特征

位　置	直　观　图	投　影　图	坐标特征与投影特征
任意点	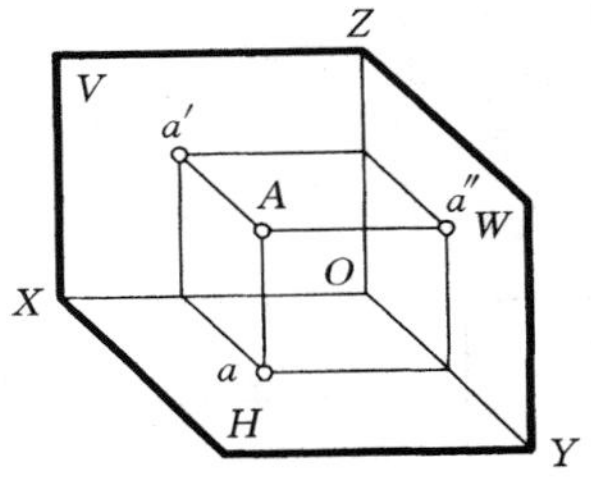 Z V a′ A a″ W O X a H Y	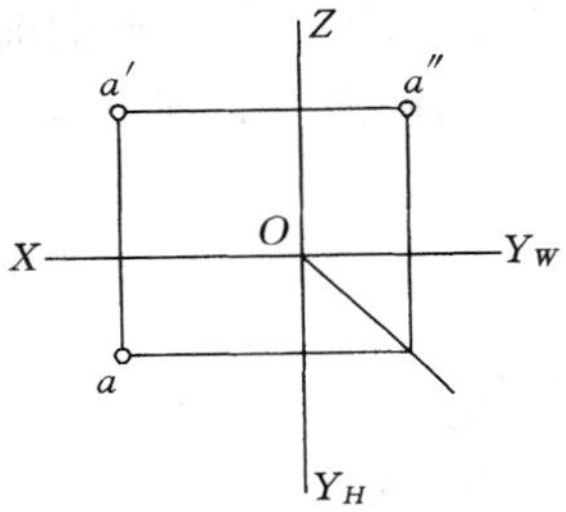 Z a′ a″ X O Y_W a Y_H	**坐标特征：** 点的三个坐标均不为零；**投影特征：** 点的三个投影都在相应的投影面内
投影面上的点	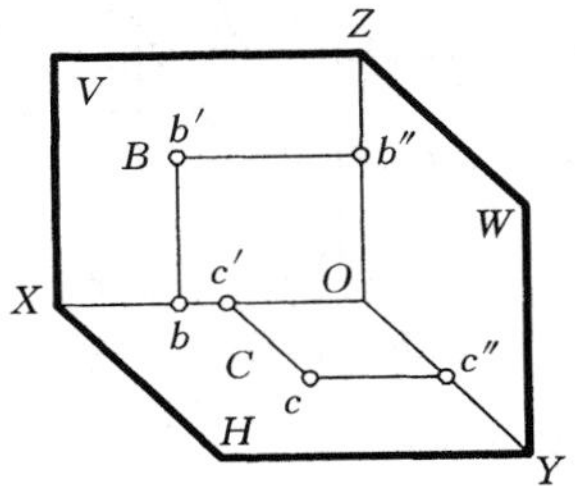 Z V B b′ b″ W c′ O X b C c″ c H Y	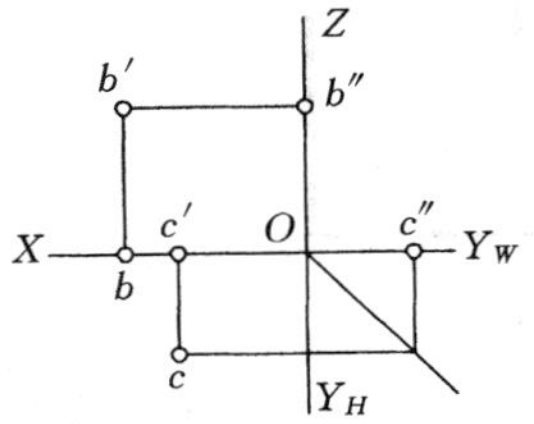 Z b′ b″ X c′ O c″ Y_W b c Y_H	**坐标特征：** 点的一个坐标为零，另两个坐标不为零；**投影特征：** 点的一面投影与空间点位置重合，另两面投影在投影轴上
投影轴上的点	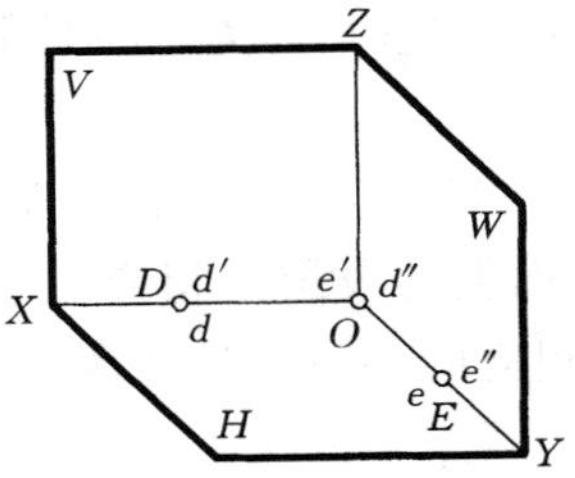 Z V W X D d′ d e′ d″ O e e″ E H Y	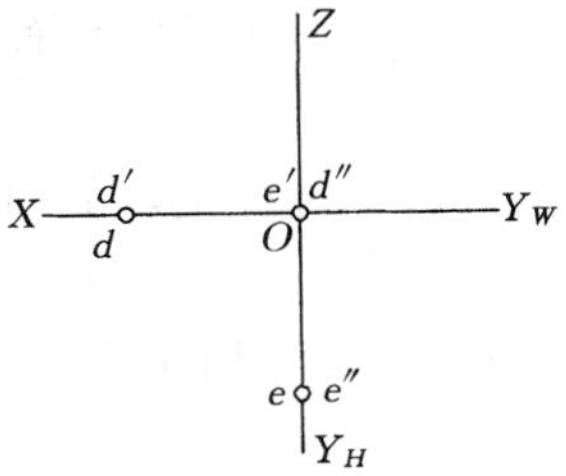 Z X d′ d e′ d″ O Y_W e e″ Y_H	**坐标特征：** 点的两个坐标为零，另一个坐标不为零；**投影特征：** 点的一个投影在原点，另外两个投影与空间点位置重合

四、重影点

点的空间位置可以通过其 x、y、z 坐标反映，因此确定两点的空间相对位置只需要比较两点投影对应坐标值的大小。x 值大者点在左；y 值大者点在前；z 值大者点在上，如图 4-2 中 $x_a>x_b$、$y_a<y_b$、$z_a>z_b$，可知 A 点在 B 点的左、后、上方。

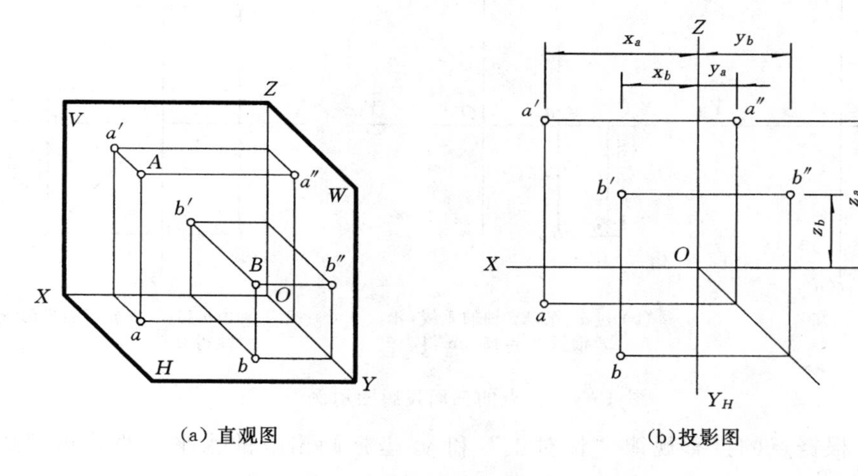

(a) 直观图　　(b)投影图

图 4-2　空间两点的相对位置

当空间两点处于同一投射线上，它们在该投影面上的投影重合为一点，这两点称为该投影面的重影点。根据空间特征可知：重影点必有一面投影重合，即两个坐标值相同。如图 4-3 所示的 A、B 两点处在 H 面的同一投射线上，它们的水平面投影 a 和 b 重影为一点，空间点 A、B 称为水平投影面的重影点，其中 $x_a=x_b$、$y_a=y_b$、$z_a\neq z_b$。

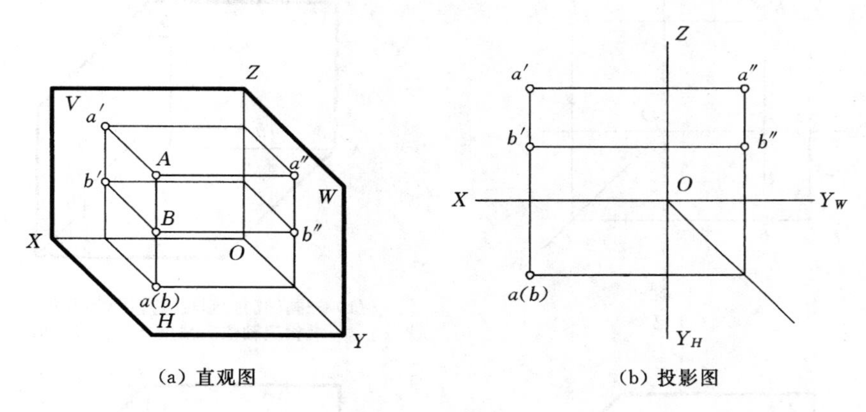

(a) 直观图　　(b) 投影图

图 4-3　重影点

重影点存在可见性问题，一般根据第三个不相同的坐标来判别，其中坐标值大的点投影可见。为了加以区分，规定在不可见点的投影上加圆括号。如图 4-3 中 A、B 两点的 $z_a>z_b$，可知 A 点在 B 点之上，B 点为不可见点，其水平投影应加括号。

五、点的投影图及直观图绘制

【例 4-1】　如图 4-4 (a) 所示，已知空间点 A 的正面投影和 A 点到正立投影面 V 的距离为 15mm，绘制 A 点的三面投影图。

分析

由已知条件可得：A 点到正立投影面 H 的距离为 15mm，即 $a_y=15$mm。

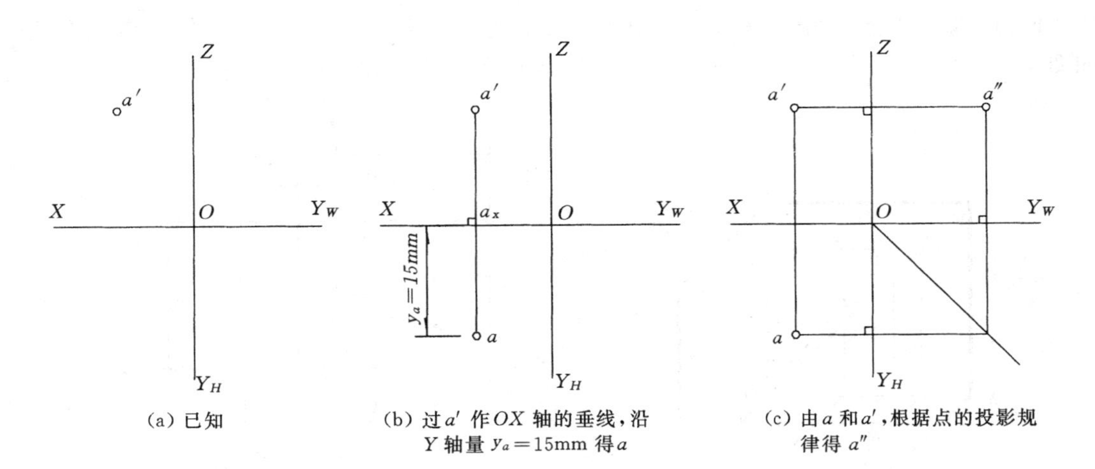

(a) 已知　　(b) 过a'作OX轴的垂线，沿Y轴量$y_a=15$mm得a　　(c) 由a和a'，根据点的投影规律得a''

图 4－4　作点的三面投影图示例

作图时应根据点的投影规律“长对正”和y_a坐标画出点的水平投影，再根据点的投影规律“高平齐”、“宽相等”画出点的侧面投影，作图步骤如图 4－4（b）、（c）所示。

【例 4－2】　根据图 4－5（a）所示B点的三面投影图，绘制B点的直观图。

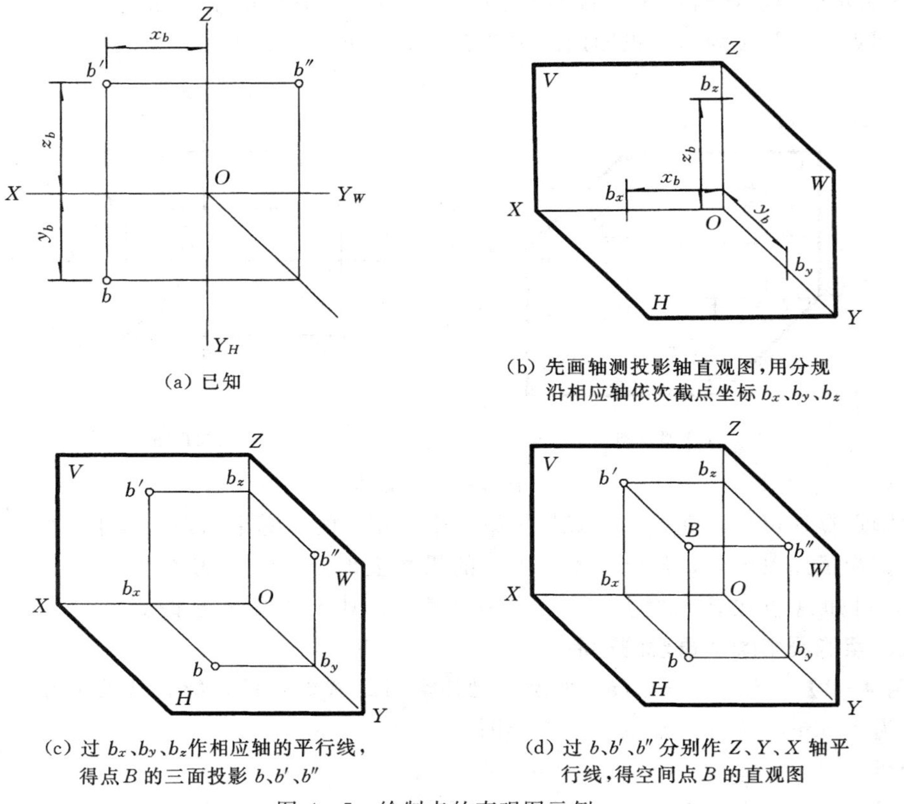

(a) 已知　　(b) 先画轴测投影轴直观图，用分规沿相应轴依次截点坐标b_x、b_y、b_z

(c) 过b_x、b_y、b_z作相应轴的平行线，得点B的三面投影b、b'、b''　　(d) 过b、b'、b''分别作Z、Y、X轴平行线，得空间点B的直观图

图 4－5　绘制点的直观图示例

分析

直观图的绘制，首先应绘制出三轴测投影轴方向：一般 OX 轴水平，OZ 轴铅垂，OY 轴与水平线成 135°。若画投影面范围时，投影面的边框与相应的轴测投影轴平行，也可省略。

B 点直观图的作图步骤如图 4-5（b）～（d）所示。

第二节 直线的投影

一、直线的投影图和直观图的绘制方法

空间两点确定一条直线。绘制直线段的投影，一般首先绘制直线段两端点的投影，然后用粗实线将各点的同面投影连接即为直线投影，如图 4-6 所示。

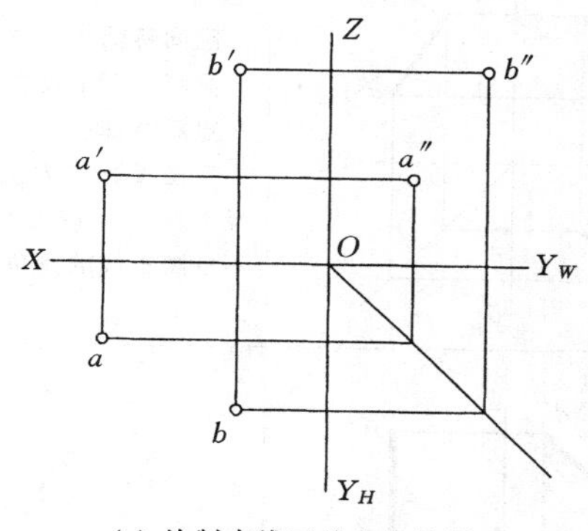

(a) 绘制直线两端点的投影

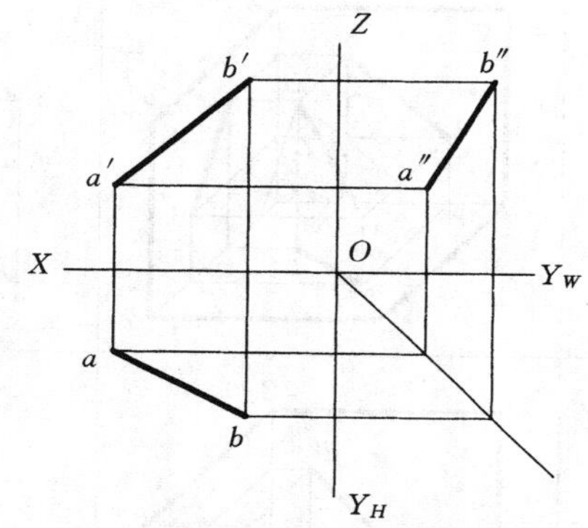

(b) 连接同面投影，完成直线三面投影

图 4-6　直线三面投影图的绘制

绘制直线的直观图时，可先绘制直线上两端点的直观图，然后用粗实线分别连接空间两点和两点的同面投影即得，如图 4-7 所示。

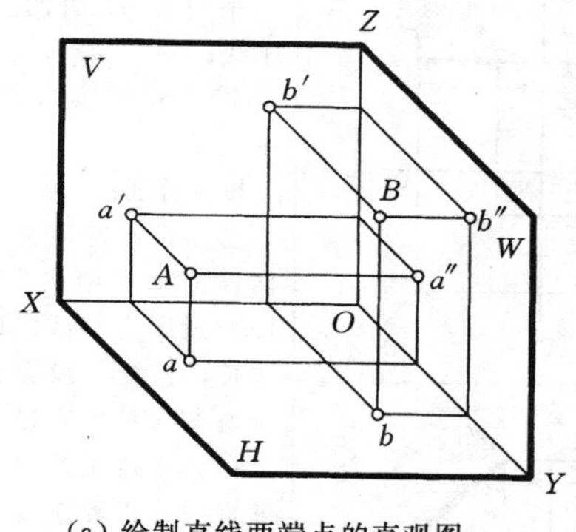

(a) 绘制直线两端点的直观图

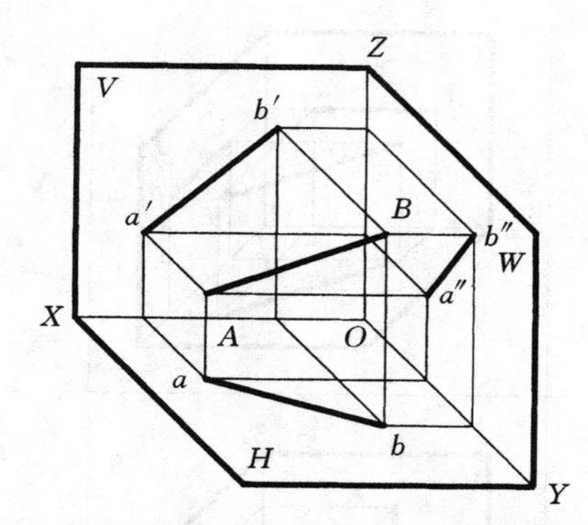

(b) 连接两点同面投影及空间点，完成直观图

图 4-7　直线直观图的画法

二、各种位置直线的投影特征

在三面投影体系中，直线按所处空间位置的不同分为三类七种：

（1）一般位置直线：与三投影面都倾斜的直线。平面与 H、V、W 面的倾角分别用

α、β、γ来表示。

(2) 投影面平行线：平行于一个投影面，倾斜于另外两个投影面的直线。根据平行的投影面的不同，又分为正平线、水平线、侧平线三种情况。

(3) 投影面垂直线：垂直于一个投影面，平行于另外两个投影面的直线。根据垂直的投影面的不同，又分为正垂线、铅垂线、侧垂线三种情况。

熟悉直线的投影特征是培养空间想象力、分析复杂形体投影的重要环节。三类七种空间位置线的特征见表 4－2。

表 4－2　　直线的投影特征

<table>
<tr><th colspan="2">直线分类</th><th>直观图</th><th>投影图</th><th>空间及投影特征</th></tr>
<tr><td colspan="2">一般位置直线</td><td> 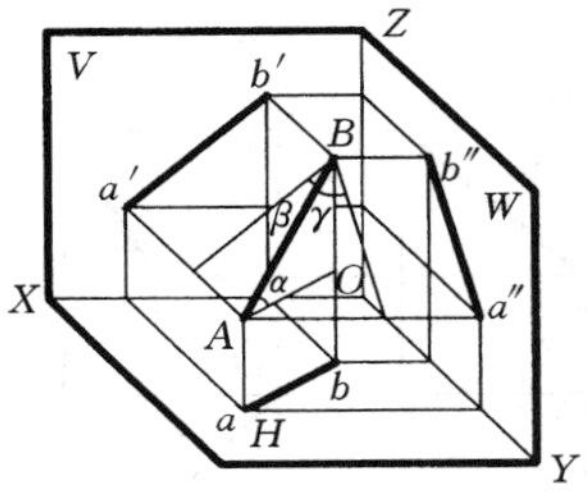</td><td> 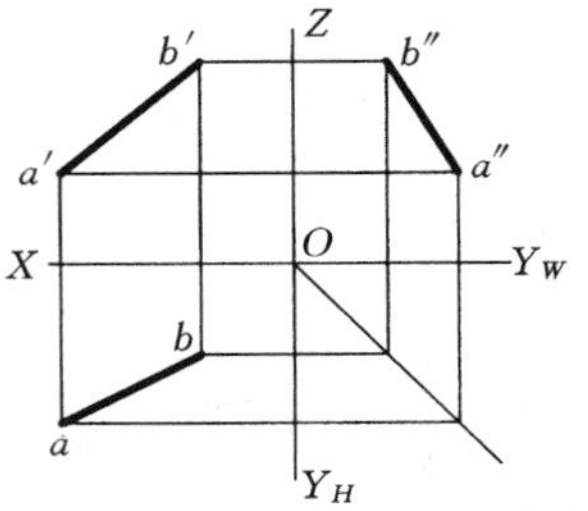</td><td>空间特征：
倾斜于三个投影面。
投影特征：
三面投影均为类似斜直线，投影既不反映直线实长，也不反映直线的倾角</td></tr>
<tr><td rowspan="3">投影面平行线</td><td>正平线</td><td> 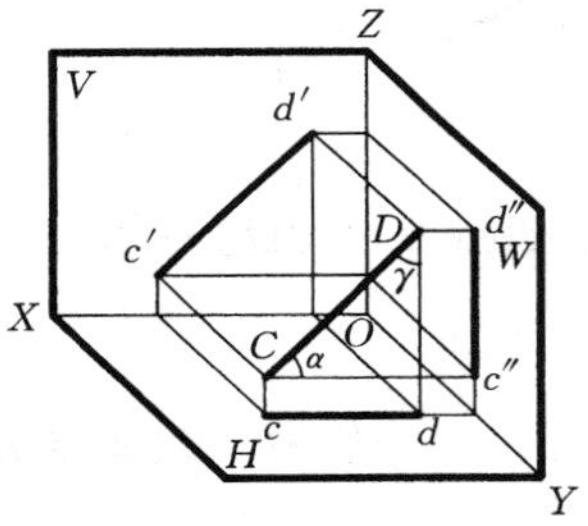</td><td> 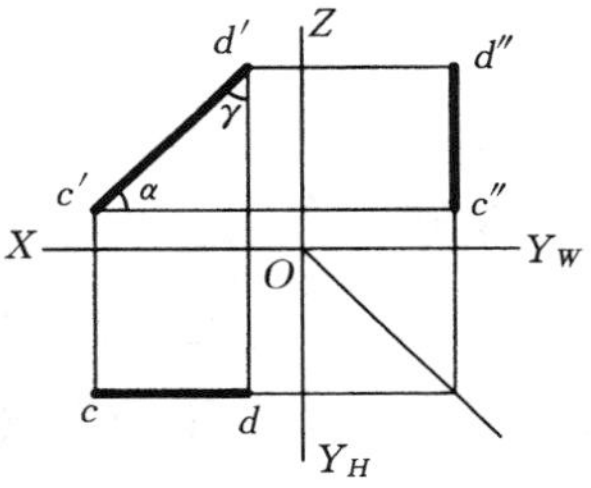</td><td rowspan="3">空间特征：
平行于一个投影面，倾斜于另外两个投影面。
平行于 V 面的直线称正平线；
平行于 H 面的直线称水平线；
平行于 W 面的直线称侧平线。
投影特征：
三面投影特征为“一斜线两直线”，其中在平行的投影面上投影为斜线，反映直线实长，斜线与投影轴的夹角反映直线对相应投影面的倾角；另外两面投影为类似收缩直线，两者连线垂直于同一投影轴</td></tr>
<tr><td>水平线</td><td> 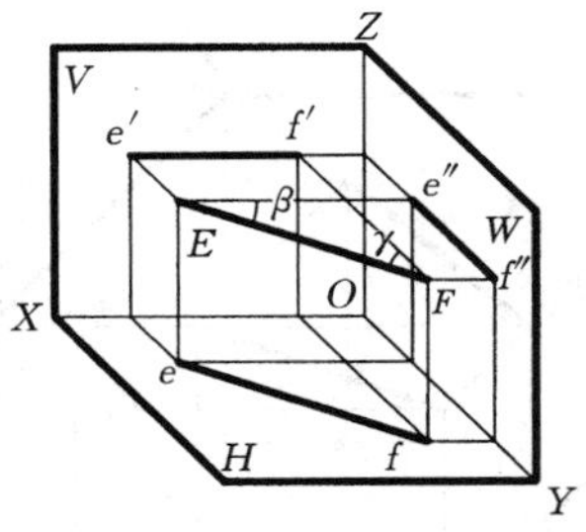</td><td> 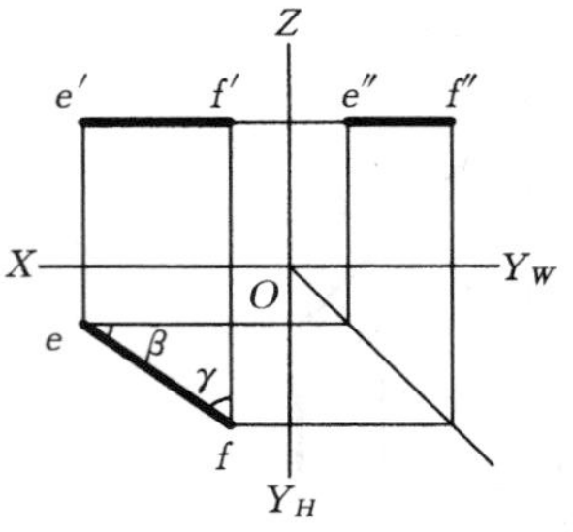</td></tr>
<tr><td>侧平线</td><td> 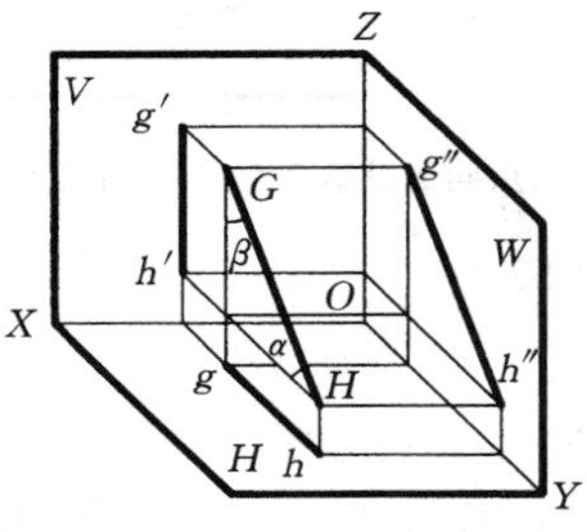</td><td> 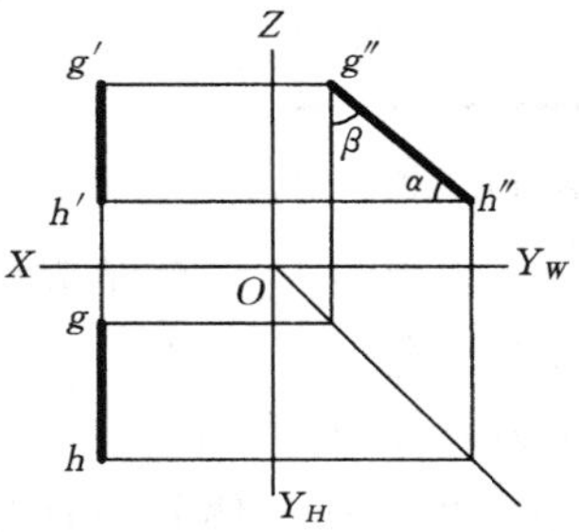</td></tr>
</table>

续表

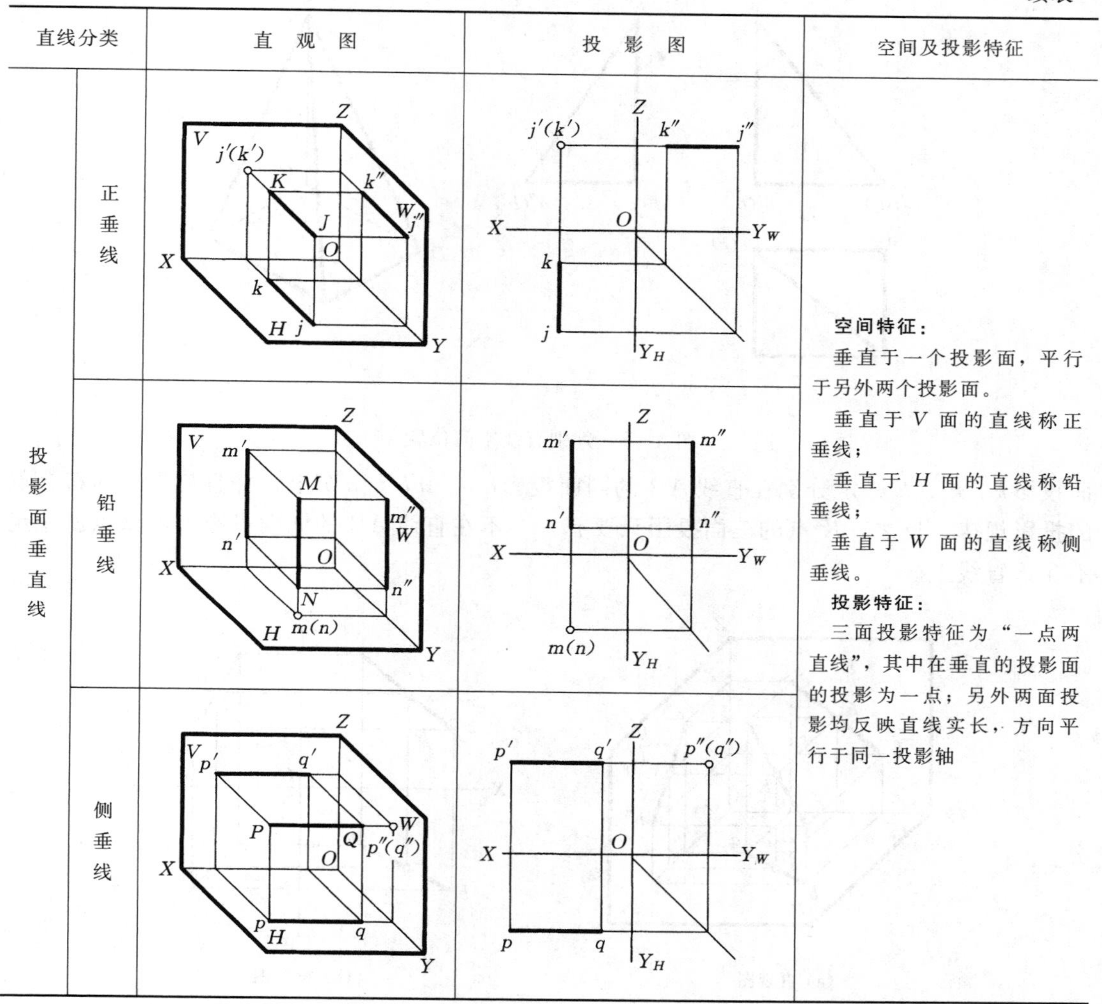

直线分类		直观图	投影图	空间及投影特征
投影面垂直线	正垂线			**空间特征：** 垂直于一个投影面，平行于另外两个投影面。 垂直于 V 面的直线称正垂线； 垂直于 H 面的直线称铅垂线； 垂直于 W 面的直线称侧垂线。 **投影特征：** 三面投影特征为“一点两直线”，其中在垂直的投影面的投影为一点；另外两面投影均反映直线实长，方向平行于同一投影轴
	铅垂线			
	侧垂线			

【例 4-3】　判别图 4-8（a）所示形体表面棱（边）线 SA、SB、SC、SD、AB 的空间位置。

分析

由三视图可知，该形体为 1/4 四棱锥，如图 4-8（b）所示。判别各直线空间位置，首先应找全其三面投影，依据表 4-2 中各种位置直线的投影特征来完成。SA 的三面投影是“三斜线”，应为一般位置线；SB 的三面投影是“一斜线两直线”，为投影面平行线，斜线在侧面投影，应为侧平线；依次类推 SC 为铅垂线；SD 为正平线；AB 为侧垂线。

三、直线上点的投影特征

1. 从属性

直线上点的投影必在该直线的同面投影上，这个特性称为从属性。如图 4-9 所示，K 点在直线 AB 上，根据点在直线上投影的从属性和点的三面投影规律，可知 K 点的三

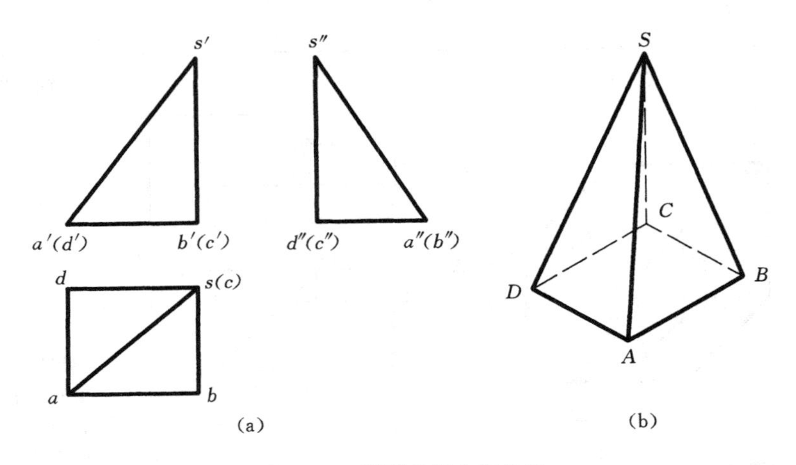

图 4－8　判别直线空间位置

面投影 k、k'、k'' 必定分别在直线 AB 的同面投影 ab、$a'b'$、$a''b''$ 上，并且三投影间符合点的投影规律。反之，K 点的三面投影只要有一个不在直线 AB 的同面投影上，该点就一定不在该直线上。

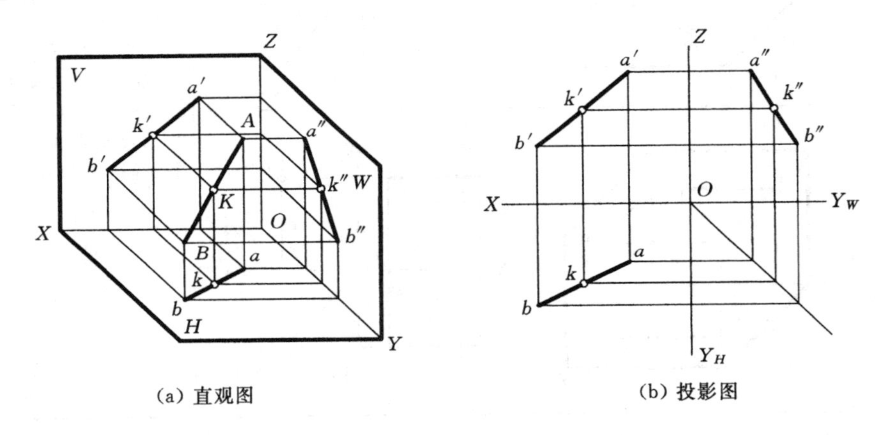

图 4－9　直线上点的从属性和定比性

2. 定比性

直线上的点分割直线之比，投影后保持不变，这个特性称为定比性。如图 4－9 所示，$AK : KB = ak : kb = a'k' : k'b' = a''k'' : k''b''$。

【例 4－4】　如图 4－10（a）所示，过直线 AB 上的 K 点作 $\alpha = 30°$，长度为 20mm 的正平线 KD 的两面投影。

分析

根据直线上点的从属性可知 k' 必定落在 $a'b'$ 上，根据直线上点的定比性又可知，$a'k' : k'b' = ak : kb$，由此可作辅助线求得 k'。

过 k' 作正平线 KD 的正面投影，是与 OX 轴夹角为 30°长度为 20 的斜线 $k'd'$，再利用“长对正”规律过 k 作 OX 轴的平行线得 d。

作图步骤如图 4－10（b）～（d）所示。

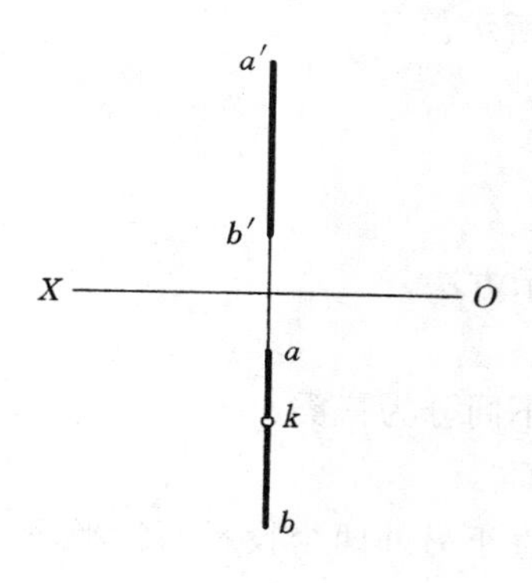

(a) 已知

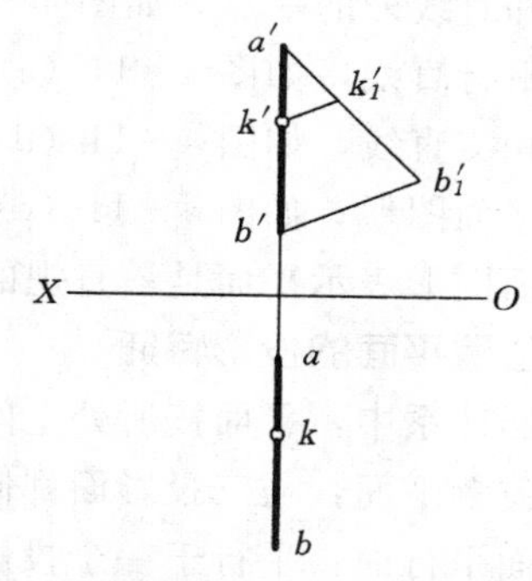

(b) 过a'作任一直线，使得$a'b_1'=ab$、$a'k_1'=ak$，连接$b'\ b_1'$，过k_1'作$b'b_1'$平行线交$a'\ b'$得k'

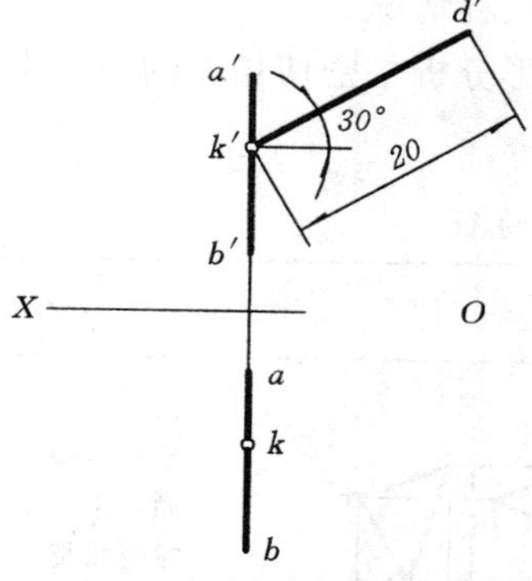

(c) 过k'作与OX轴成30°，长度为20mm的斜直线得d'

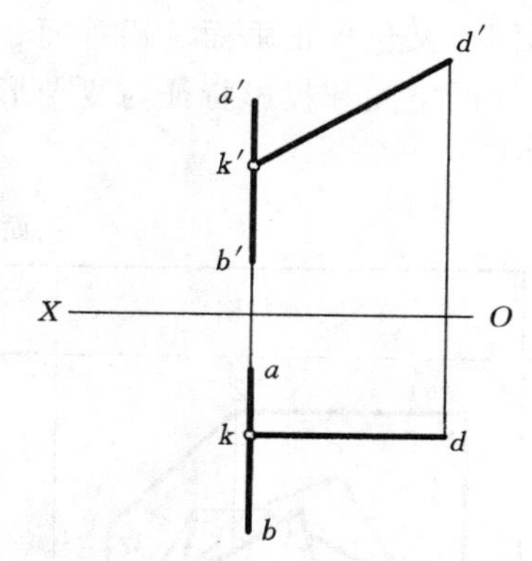

(d) 过k作平行于OX轴的直线，按照点的“长对正”规律作出d

图 4－10　求直线的投影

第三节　平 面 的 投 影

一、平面的投影表示法

平面的几何元素投影表示法包括：

(1) 不在同一直线上的三个点，如图 4－11 (a) 所示。

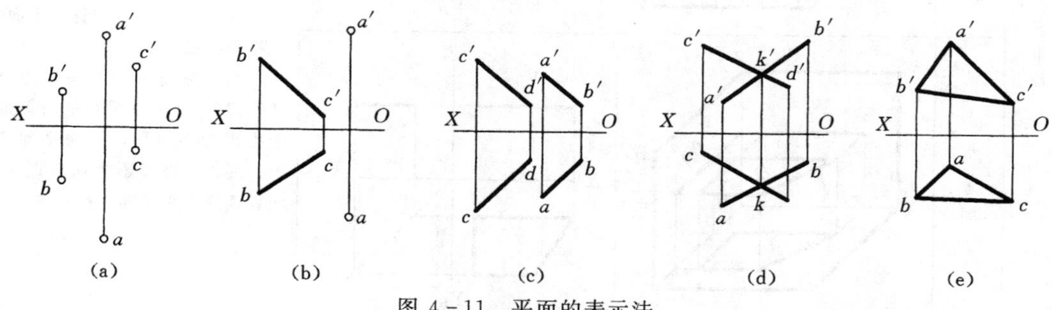

图 4－11　平面的表示法

(2) 直线和直线外的一点，如图 4－11 (b) 所示。

(3) 两条平行直线，如图 4－11 (c) 所示。

(4) 两条相交直线，如图 4－11 (d) 所示。

(5) 任意平面图形，如图 4－11 (e) 所示。

其中用平面图形表示平面是最直观的一种图示方法。

二、各种位置平面的投影特征

在三面投影体系中，平面按所处空间位置的不同分为三类：

(1) 一般位置平面：与三投影面都倾斜的平面。

(2) 投影面平行面：平行于一个投影面，垂直于另外两个投影面的平面。根据平行的投影面的不同，又包含正平面、水平面、侧平面三种情况。

(3) 投影面垂直面：垂直于一个投影面，倾斜于另外两个投影面的平面。根据垂直的投影面的不同，又包含正垂面、铅垂面、侧垂面三种情况。

熟悉平面的空间和投影特征与复杂形体的投影分析是密切相关的。三类七种位置面的特征见表 4－3。

表 4－3　　　　平面的投影特征

平面分类		直观图	投影图	空间及投影特征
一般位置平面		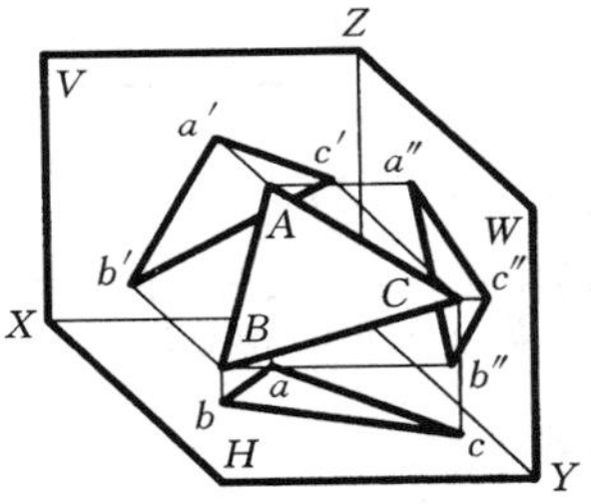	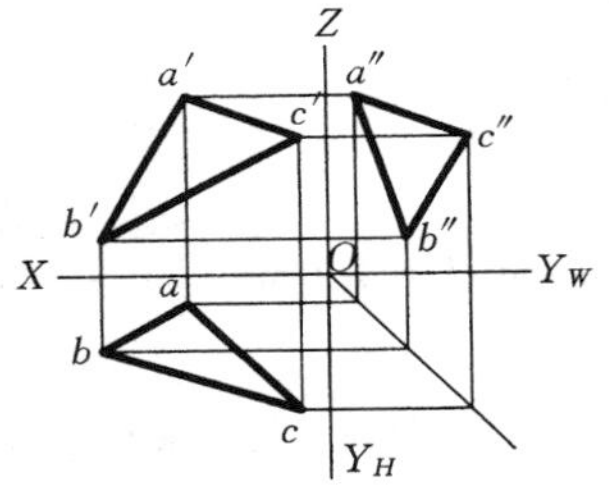	**空间特征：** 倾斜于三个投影面。 **投影特征：** 三面投影均为类似多边形，投影既不反映平面实形，也不反映平面的倾角
投影面平行面	正平面	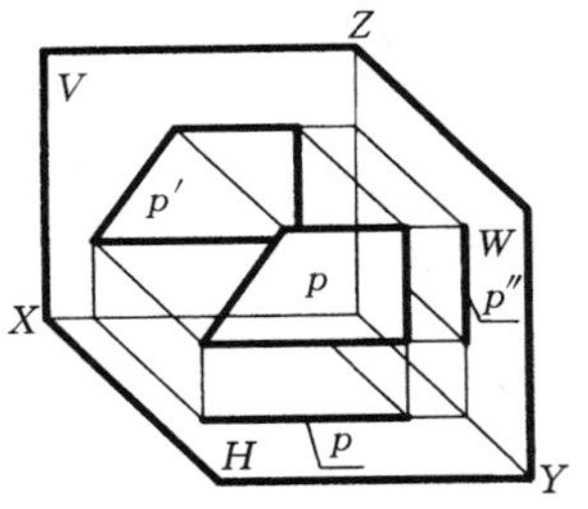	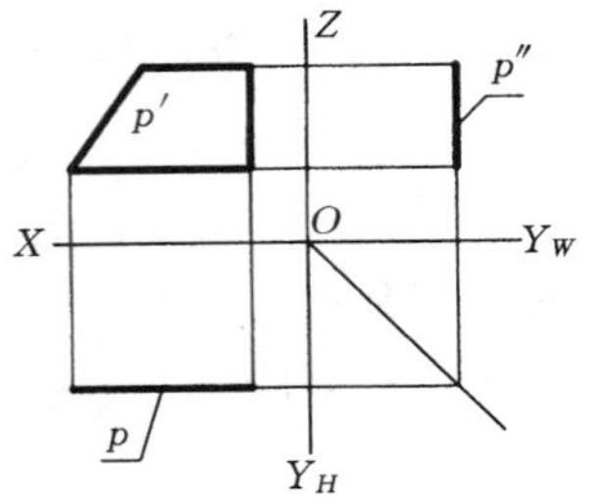	**空间特征：** 平行于一个投影面，垂直于另外两个投影面。 平行于 V 面的直线称正平面； 平行于 H 面的直线称水平面； 平行于 W 面的直线称侧平面。 **投影特征：** 三面投影特征为“一多边形两直线”，其中在平行的投影面上投影为多边形，反映平面实形；另外两面投影为积聚直线，两者连线垂直于同一投影轴
	水平面	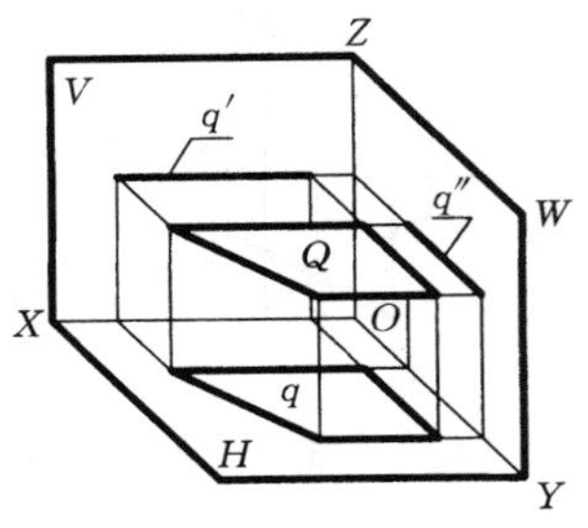	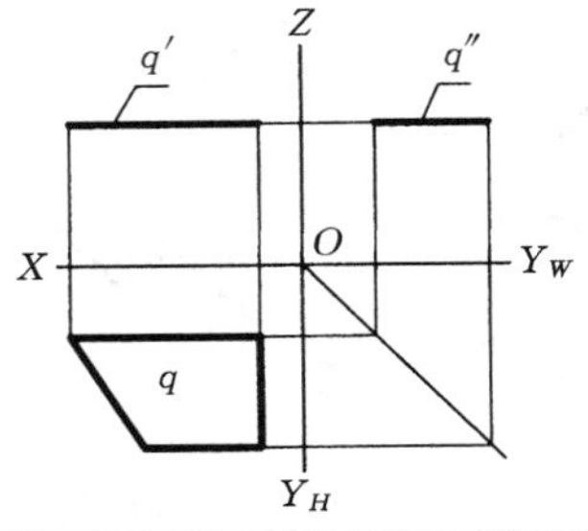	

续表

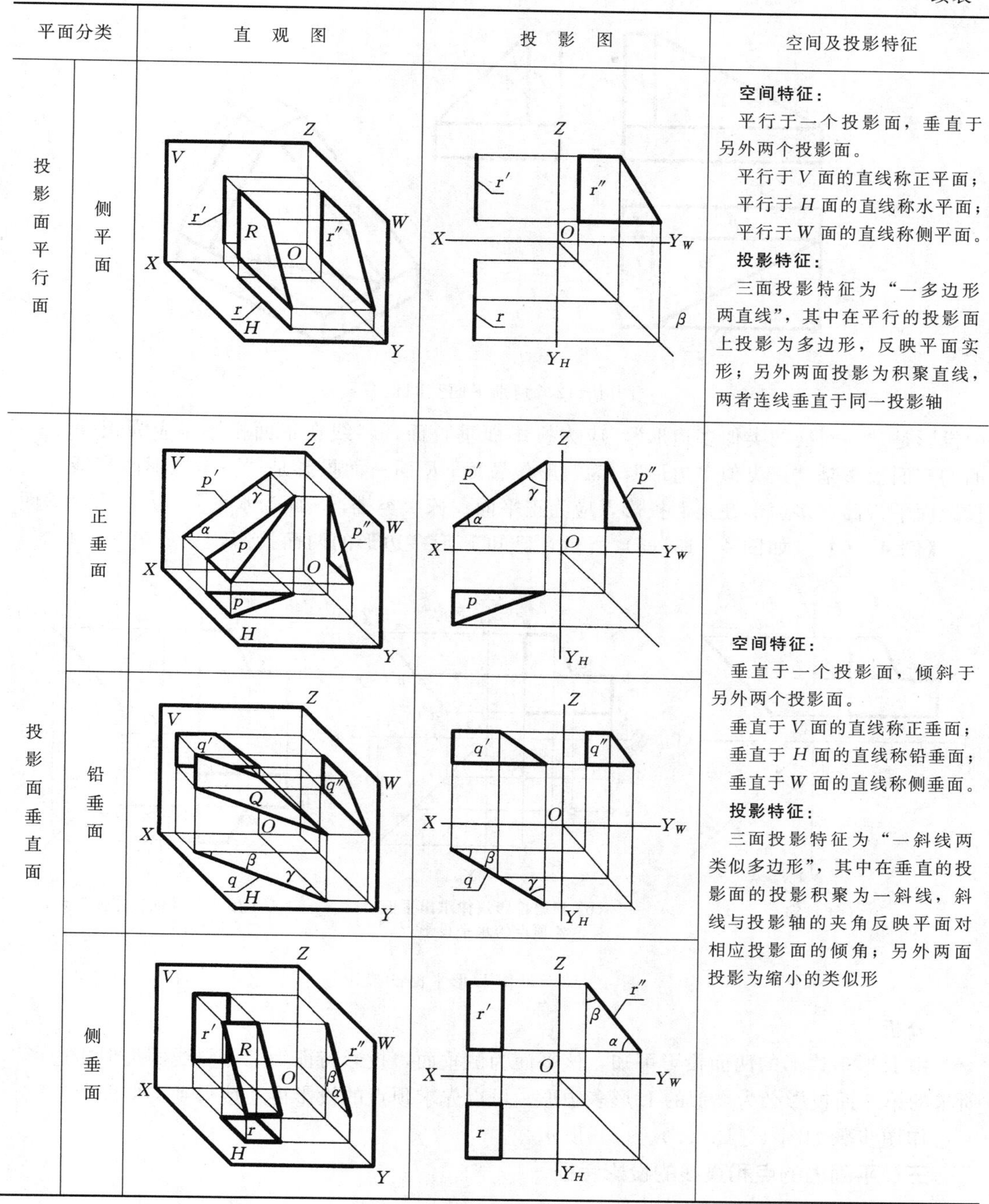

平面分类		直观图	投影图	空间及投影特征
投影面平行面	侧平面			**空间特征：** 平行于一个投影面，垂直于另外两个投影面。 平行于 V 面的直线称正平面； 平行于 H 面的直线称水平面； 平行于 W 面的直线称侧平面。 **投影特征：** 三面投影特征为“一多边形两直线”，其中在平行的投影面上投影为多边形，反映平面实形；另外两面投影为积聚直线，两者连线垂直于同一投影轴
投影面垂直面	正垂面			**空间特征：** 垂直于一个投影面，倾斜于另外两个投影面。 垂直于 V 面的直线称正垂面； 垂直于 H 面的直线称铅垂面； 垂直于 W 面的直线称侧垂面。 **投影特征：** 三面投影特征为“一斜线两类似多边形”，其中在垂直的投影面的投影积聚为一斜线，斜线与投影轴的夹角反映平面对相应投影面的倾角；另外两面投影为缩小的类似形
	铅垂面			
	侧垂面			

【例 4－5】 判别图 4－12 所示形体表面 P、Q、R、S、T 的空间位置。

分析

由图 4－12（a）中的三视图可知，该形体为叠加型简单体。判别形体表面的空间位置，首先在视图中找全各平面的三面投影，依据表 4－3 中各种平面的投影特征来完成。P 面的三

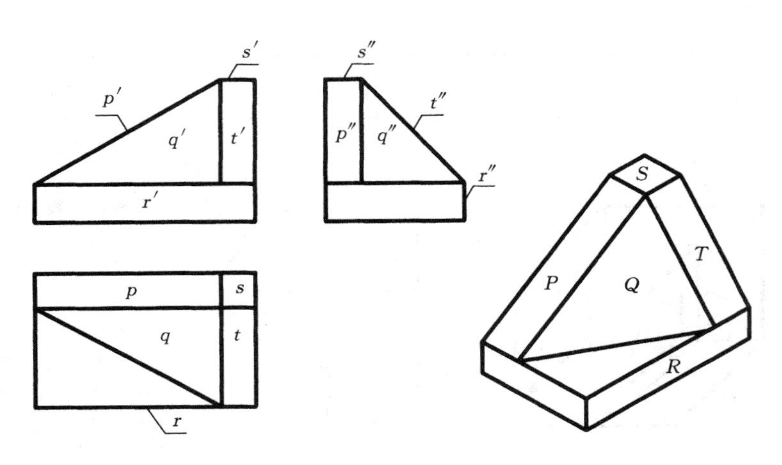

图 4－12　判别平面空间位置

面投影是“一斜线两类似多边形”，应为投影面垂直面，斜线在正面投影，应为正垂面；Q面的三面投影是“三类似多边形”，为一般位置面；R面三面投影是“一多边形两直线”，为投影面平行面，多边形在正面投影，应为正平面；依次类推，S面为水平面；T面为侧垂面。

【例 4－6】　如图 4－13（a）所示，已知 L 形多边形的两面投影，完成第三面投影。

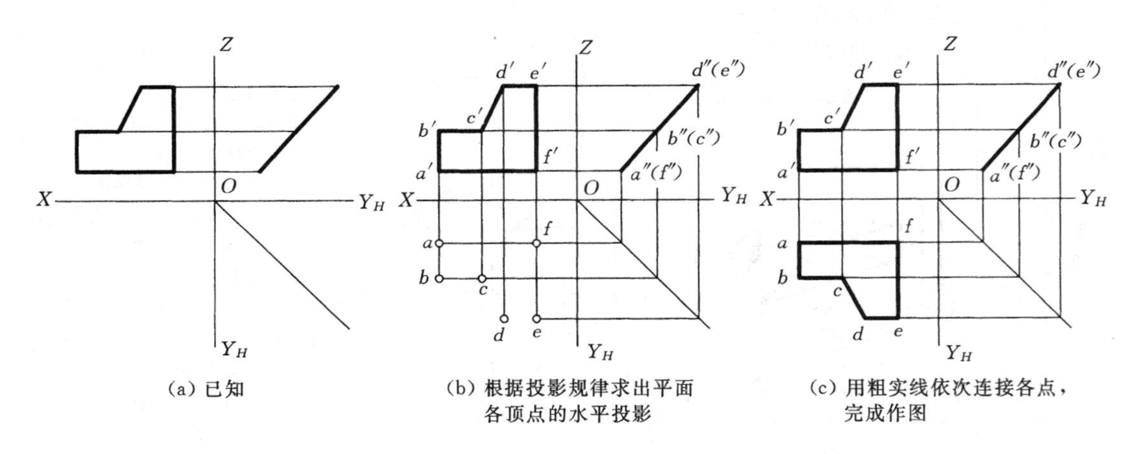

(a) 已知　　(b) 根据投影规律求出平面各顶点的水平投影　　(c) 用粗实线依次连接各点，完成作图

图 4－13　求作 L 形平面的投影

分析

由 L 形多边形的两面投影可知，该平面为侧垂面，投影特征为“一斜线两类似多边形”，所求的第三面投影必为类似的 L 形多边形，可以先求顶点的投影再连接得到类似图形。

作图步骤如图 4－13（b）、（c）所示。

三、平面内的点和直线的投影特征

1. 平面内的点

点在平面内的几何条件是：点在平面内，则该点必在平面的某一直线上。

在平面内取点，当点所处的平面投影具有积聚性时，可利用积聚性直接求出点的各面投影；当点所处的平面为一般位置平面时，应先在平面上作一条辅助直线，然后利用辅助直线的投影取得点的投影。

【例 4－7】　如图 4－14(a)所示，已知△ABC 及面内 K 点的正面投影，求作 K 点的水平投影。

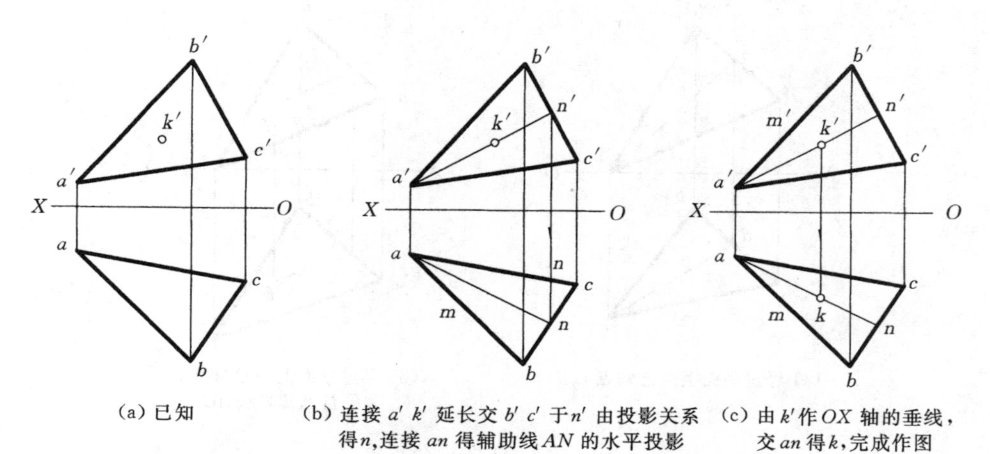

(a) 已知　(b) 连接 $a'k'$ 延长交 $b'c'$ 于 n' 由投影关系得 n，连接 an 得辅助线 AN 的水平投影　(c) 由 k' 作 OX 轴的垂线，交 an 得 k，完成作图

图 4－14　求作 K 点投影

分析

由平面△ABC 投影可知，该平面为一般位置平面。求作 K 点投影，需作辅助直线求得。作图步骤如图 4－14（b）、（c）所示。

【例 4－8】　完成图 4－15（a）所示平面 $ABCDE$ 的水平投影。

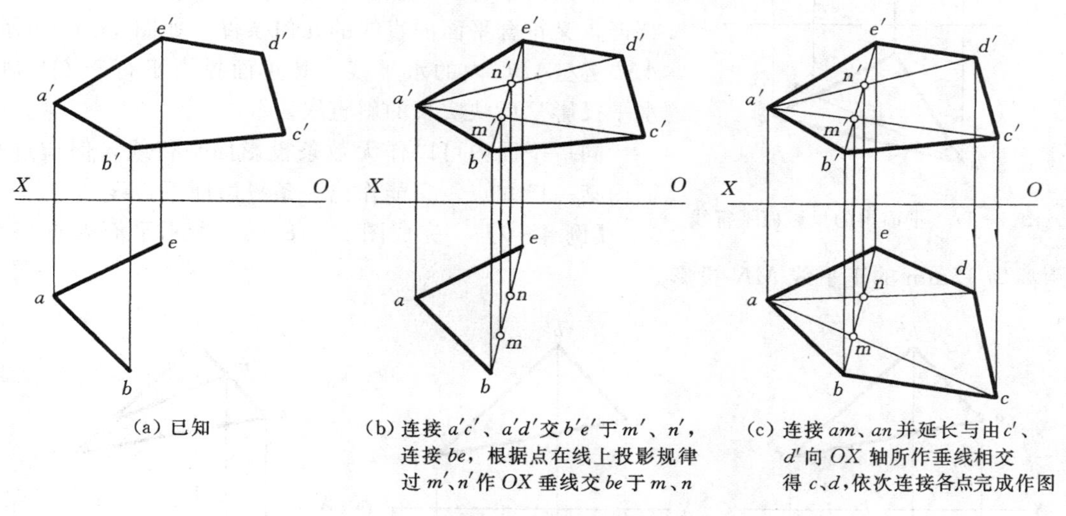

(a) 已知　(b) 连接 $a'c'$、$a'd'$ 交 $b'e'$ 于 m'、n'，连接 be，根据点在线上投影规律过 m'、n' 作 OX 垂线交 be 于 m、n　(c) 连接 am、an 并延长与由 c'、d' 向 OX 轴所作垂线相交得 c、d，依次连接各点完成作图

图 4－15　完成平面 $ABCDE$ 的水平投影

分析

A、B、E 三点的两面投影为已知，C、D 两点的水平投影待求，因为 C、D 必须在 A、B、E 三点确定的一般位置平面内，应通过辅助直线法求得。

作图步骤如图 4－15（b）、（c）所示。

2. 平面内的直线

直线在平面内的几何条件是：直线在平面上，则必通过该平面上的两点，或者通过平面上的一点且平行于平面上的已知直线，如图 4－16 所示。

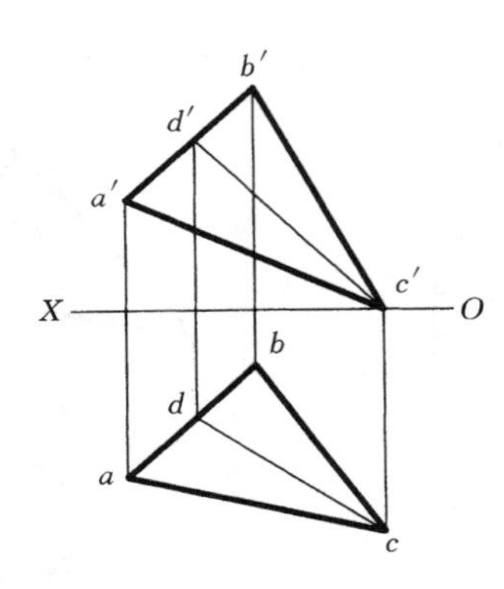

(a) 经过平面上两已知点 C、D

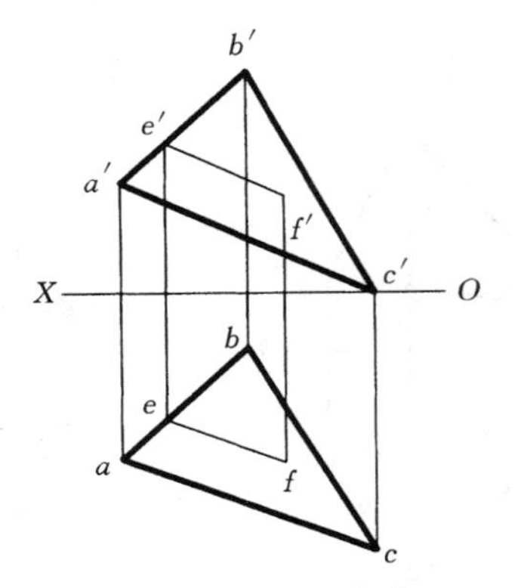

(b) 经过平面上一已知点 E，并平行已知直线 AC

图 4－16　平面内的直线

3. 平面内的投影面平行线

平面内与投影面平行的直线，称为平面内的平行线。平面内平行 V、H、W 面的直线，分别称为平面内的正平线、平面内的水平线、平面内的侧平线。

平面内平行线的投影，既具有投影面平行线的投影特征，又符合平面内直线的几何条件。如图 4－17 所示，AM 是△ABC 内的水平线，其正面投影平行于 OX 轴，水平投影是反映实长的斜直线。

同一平面内可以作无数条投影面平行线，但通过平面内某一已知点，只能作出一条投影面平行线。

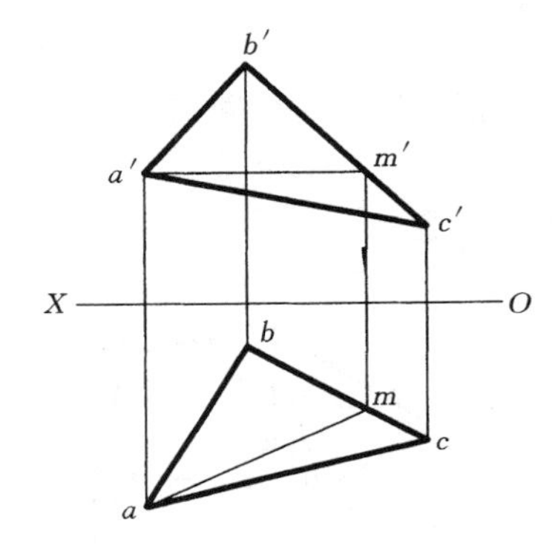

图 4－17　平面内的投影面平行线

【例 4－9】　完成图 4－18（a）所示平面内与 V 面距离为 15mm 的正平线 MN 投影。

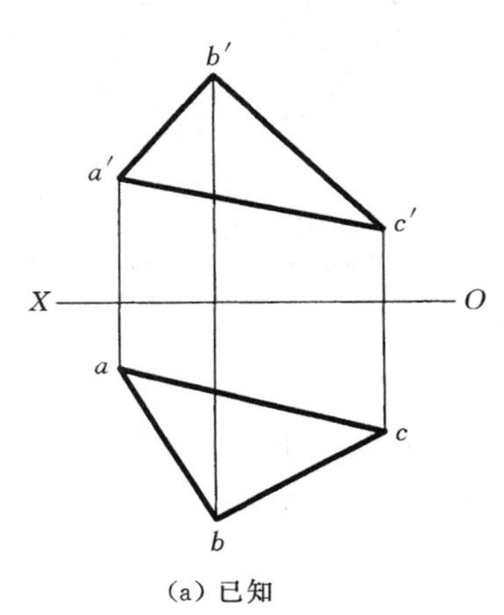

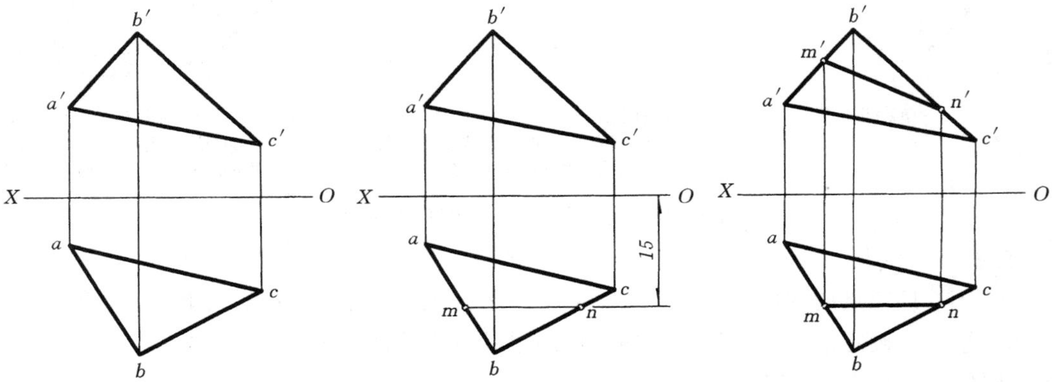

(a) 已知

(b) 作距 OX 轴 15mm 的平行线即为面内正平线 MN 的水平投影 mn

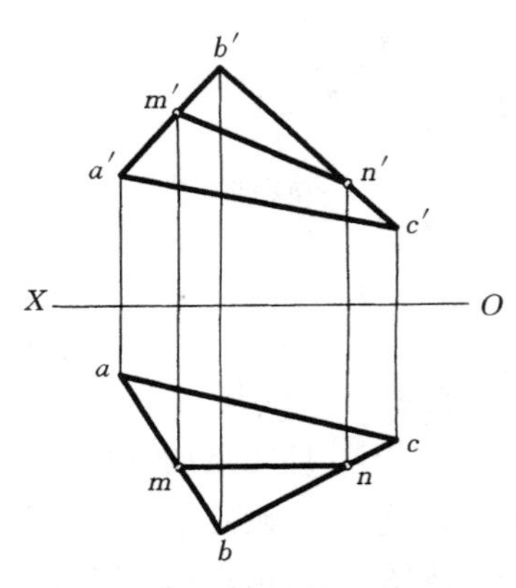

(c) 根据投影规律求作正面投影 m′n′

图 4－18　完成平面内的正平线投影

分析

正平线的水平投影必为平行于 OX 轴的直线，由该直线距 V 面 15mm 可知，其水平投影应为距 OX 轴 15mm 的平行线，根据线在面上的几何条件，可以求作其正面投影。

作图步骤如图 4-18（b）、（c）所示。

复 习 思 考 题

1. 空间点 A 只有 X 坐标为零时，空间位置在（　　）。
   （a）原点处　（b）W 面上　（c）OX 轴上　（d）V 面上
2. 空间点 A 的正面投影 a' 到 OZ 轴的距离等于空间点 A 到（　　）。
   （a）V 面的距离　（b）H 面的距离　（c）W 面的距离　（d）H 面和 V 面的距离
3. 空间点 A 在点 B 的正左方，这两个点为（　　）。
   （a）H 面的重影点　（b）W 面的重影点
   （c）V 面和 W 面的重影点　（d）V 面的重影点
4. 下列几组点中，哪一组是 V 面上的重影点，并且 A 点为可见（　　）。
   （a）A（5，10，8）、B（10，10，8）　（b）A（10，10，8）、B（10，10，5）
   （c）A（10，30，−5）、B（8，30，−5）　（d）A（10，30，8）、B（10，20，8）
5. 直线 AB 的正面投影与 OX 轴倾斜，水平投影与 OX 轴平行，则直线 AB 是（　　）。
   （a）水平线　（b）正平线　（c）侧垂线　（d）一般位置线
6. 平面的正面投影积聚为一条直线并与 OX 轴平行，该平面是（　　）。
   （a）正平面　（b）水平面　（c）正垂面　（d）铅垂面
7. 包含正垂线的平面是（　　）。
   （a）铅垂面　（b）一般位置平面　（c）正垂面　（d）侧垂面
8. 在一般位置平面 P 内取一直线 AB，已知 $ab /\!/ OX$ 轴，直线 AB 是（　　）。
   （a）水平线　（b）正平线　（c）侧平线　（d）侧垂线

答案

1. b　2. c　3. b　4. d　5. b　6. b　7. c　8. b

第五章　组　合　体

组合体是由若干基本体经过一定方式组合而形成的，按照组合方式的不同，常见的组合体包括切割体、叠加体、综合体等。无论何种形体，由于原基本体表面上产生了交线，所以其视图的绘制与识读都相对复杂。本章主要学习组合体表面交线的求作和各类组合体视图的绘制与识读方法。

第一节　组合体表面交线概述

如图 5-1 所示，基本体按照一定方式组合必然在表面产生交线，交线可能是直线、平面曲线或空间曲线，交线具体形状取决于参与相交立体，定性判别交线的空间形状是求作交线投影的基础。

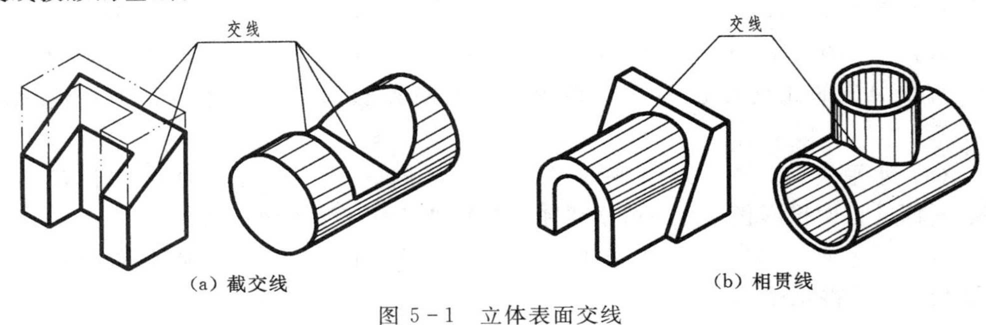

图 5-1　立体表面交线

一、交线的分类

组合体表面的交线按形成方式不同，分为截交线和相贯线两大类：平面截切立体所产生的表面交线称为截交线，如图 5-1（a）所示；两立体相交所产生的表面交线称为相贯线，如图 5-1（b）所示。

二、交线的形状

无论截交线还是相贯线，其交线形状主要取决于相交立体的类型和位置，分述如下。

（一）平面体截交线

平面体截交线形状如图 5-2 所示。由于平面体表面都是平面，截交线为封闭的多边形。对单一截平面而言，截交线为封闭的平面多边形，多边形的顶点是平面体上各棱线（包括底边线）与截平面的交点，有几个交点即为几边形，如图 5-2（a）所示；对多个截平面截切，截交线为封闭的空间多边形，多边形的顶点是平面体棱线（包括底边线）与截平面交点、相邻两截平面交线的点，如图 5-2（b）所示。

（二）曲面体截交线

曲面体截交线一般是平面曲线，曲线形状与曲面体类型及截平面的相对位置有关。

1. 平面截切圆柱

按照截平面与圆柱轴线的相对位置不同，平面截切圆柱所得截交线有矩形、圆、椭圆

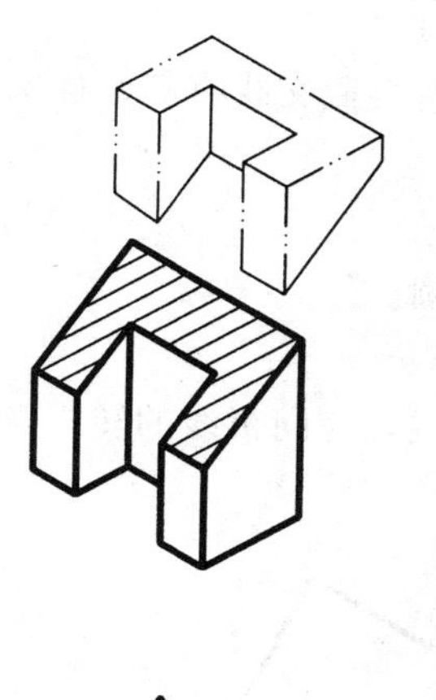
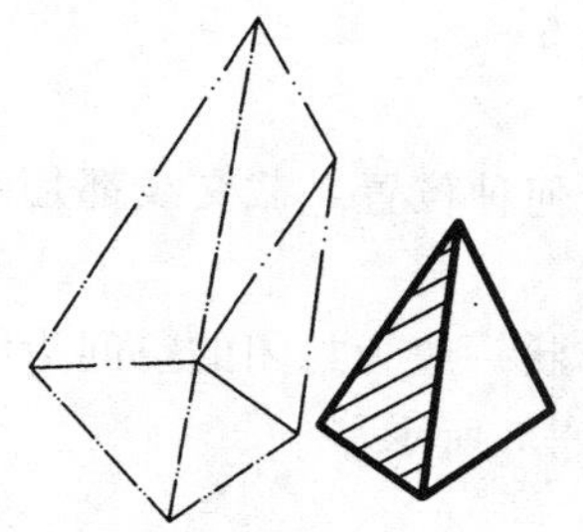
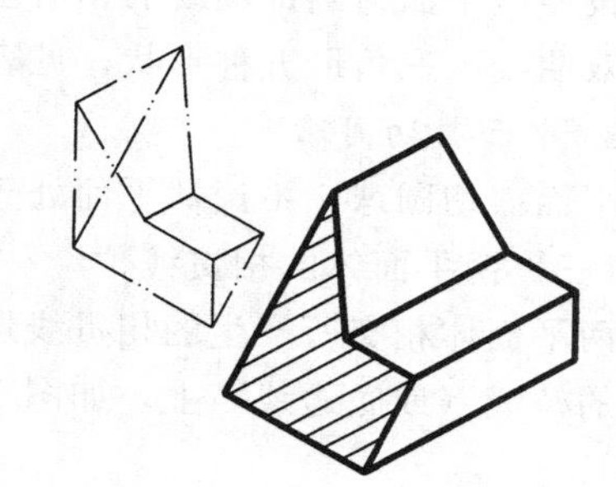

(a)单一截平面

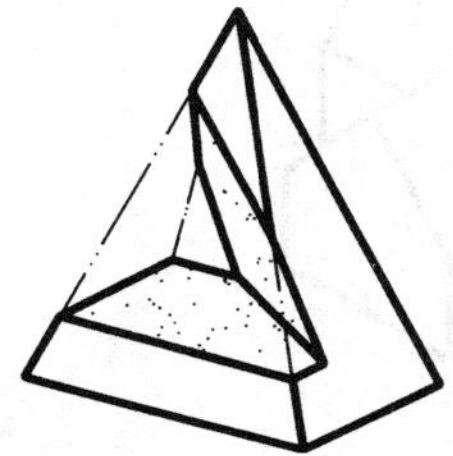
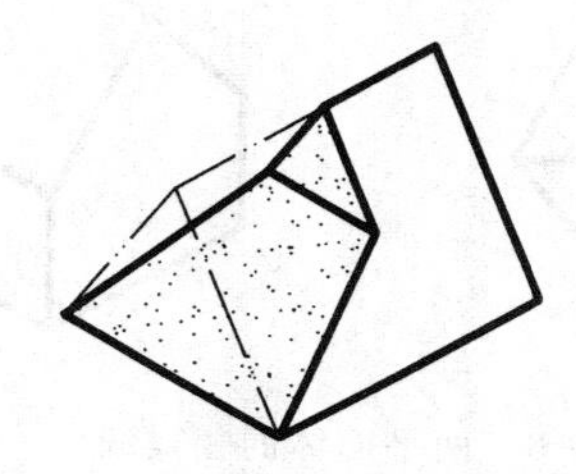
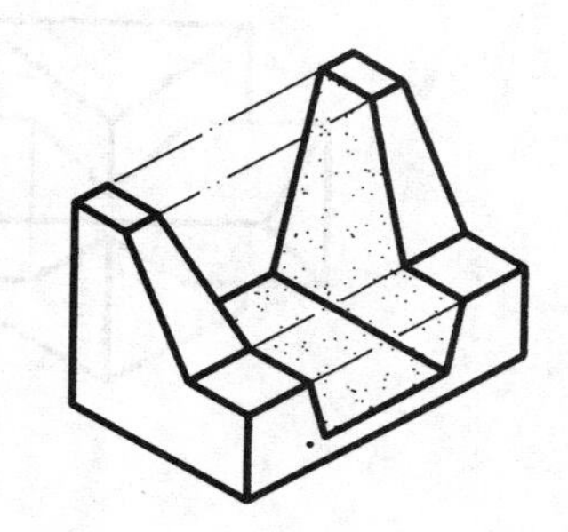

(b) 多个截平面

图 5-2　平面体的截交线

三种形状，见表 5-1。

表 5-1　　　圆柱的截交线

截平面位置	与轴线平行	与轴线垂直	与轴线倾斜
截交线形状	矩形	圆	椭圆
轴测图			
投影图			

2. 平面截切圆锥

按照截平面与圆锥轴线的相对位置不同，平面截切圆锥所得截交线有圆、椭圆、抛物线、双曲线、三角形五种形状，见表 5－2。

3. 平面截切圆球

平面截切圆球，不论截平面处于何种位置，截交线都是圆。

(三) 两平面体的相贯线

两平面体相交所产生的相贯线形状一般为封闭的空间折线，空间折线的转折点在参与相贯的棱线（或底边线）上，如图 5－3 所示。

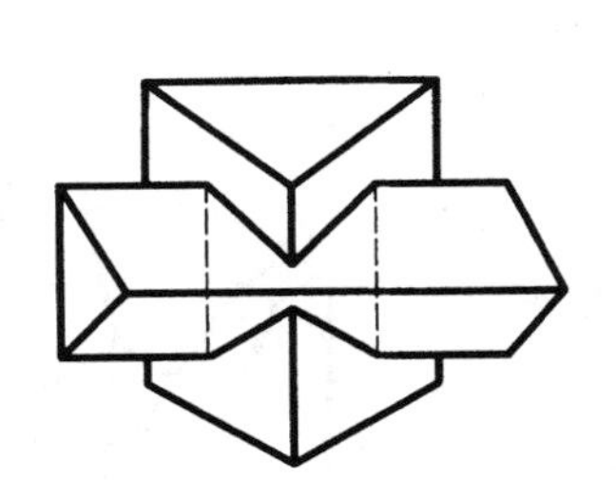
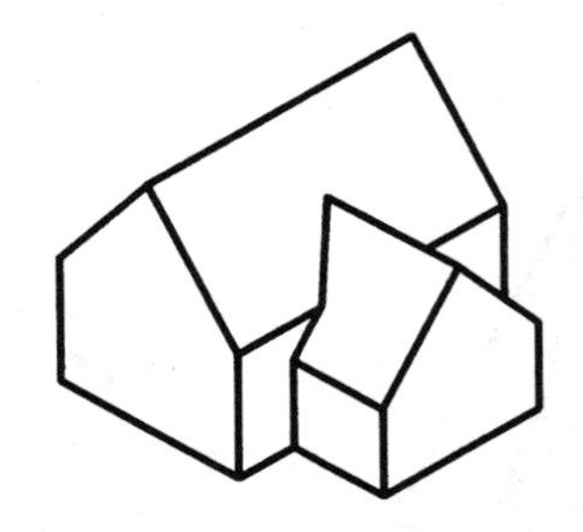

图 5－3　两平面体的相贯线

(四) 平面体与曲面体的相贯线

平面体与曲面体相交所产生的相贯线形状，一般为平面曲线或平面曲线与直线的组合线，如图 5－4 所示。

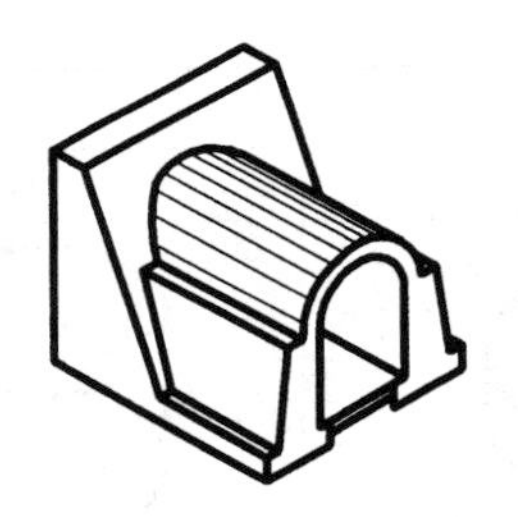
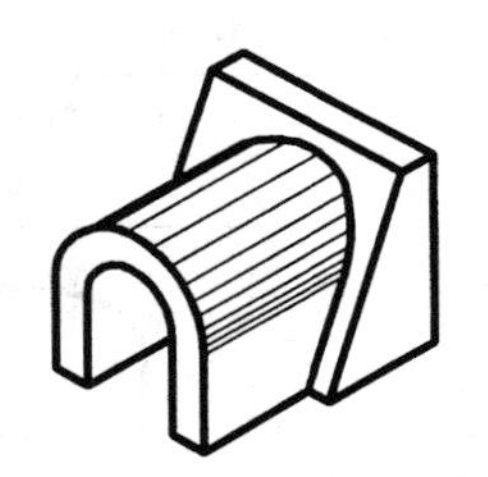

图 5－4　平面体与曲面体的相贯线

(五) 两曲面体的相贯线

两曲面体相交所产生的相贯线形状一般为封闭的空间曲线，特殊情况为平面曲线或直线。常见两曲面体相交形式包括正交（轴线垂直相交）、偏交（轴线垂直不相交）、斜交

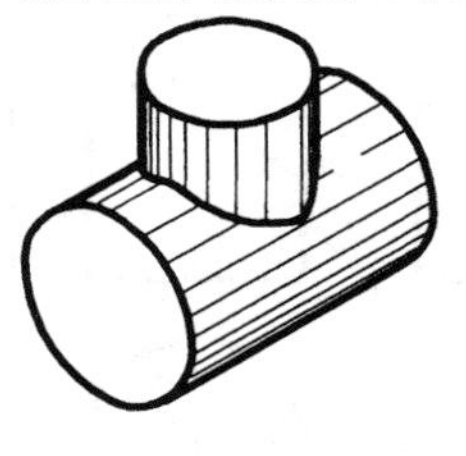
(a) 正交

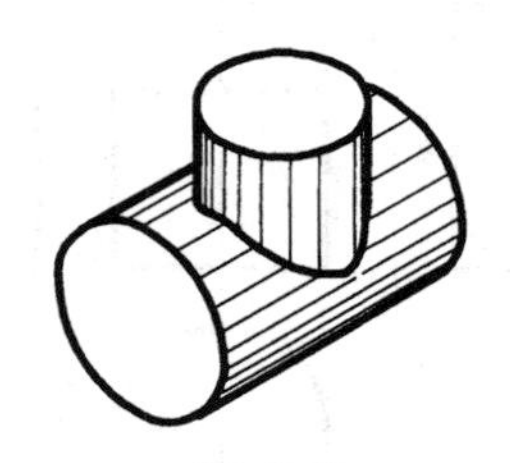
(b) 偏交

(c) 斜交

图 5－5　两曲面体的相贯线

表 5-2　　圆锥的截交线

截平面位置	垂直于轴线	倾斜于轴线 ($\alpha<\theta$)	倾斜于轴线 ($\alpha=\theta$)	倾斜于轴线 ($\alpha>\theta$)	过锥顶
截交线形状	圆	椭圆	抛物线与直线组成	双曲线与直线组成	三角形
轴测图		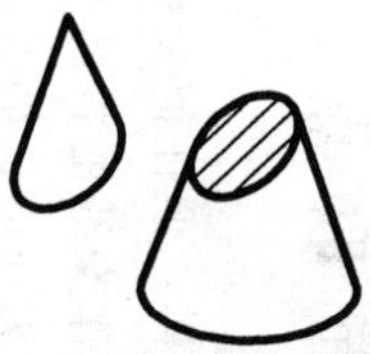		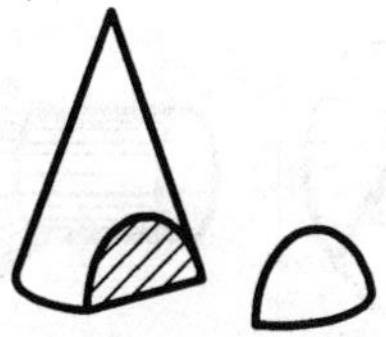	
投影图	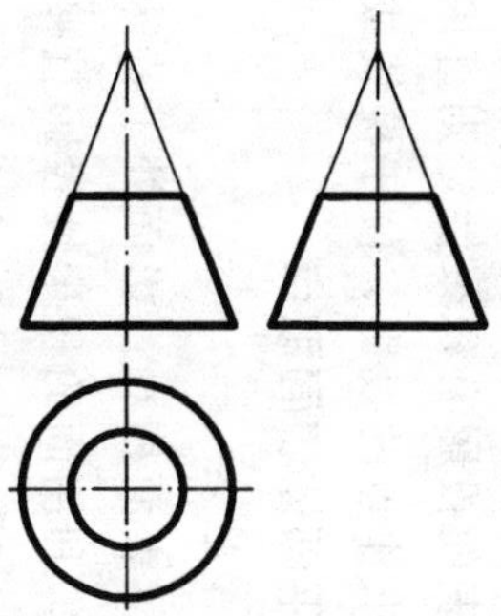	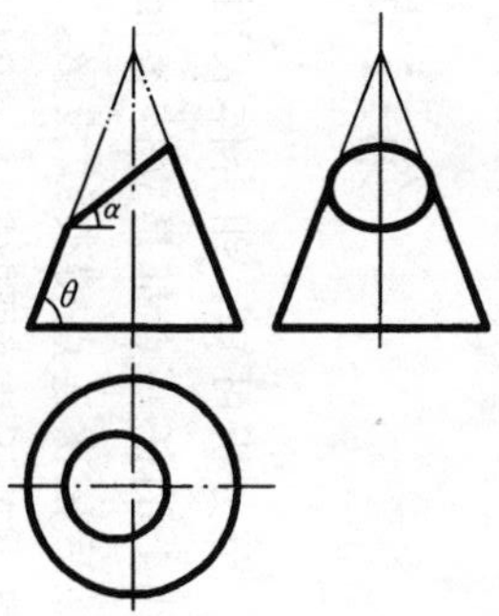	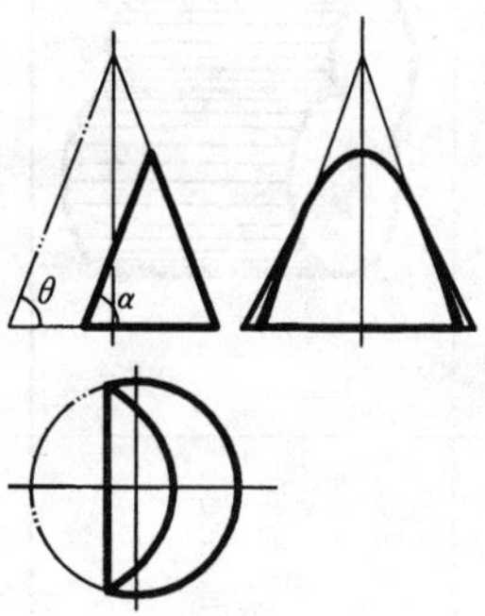	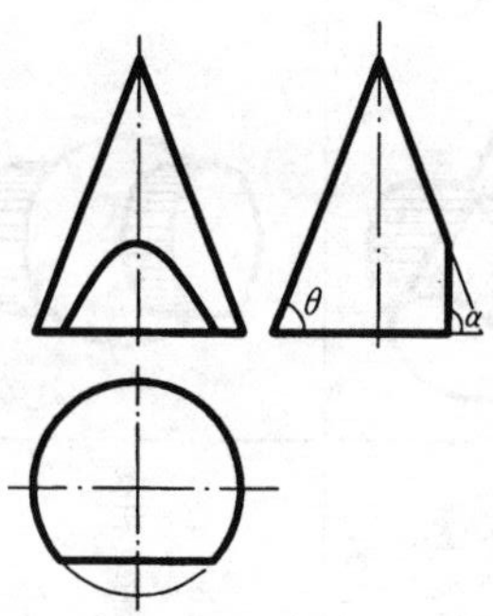	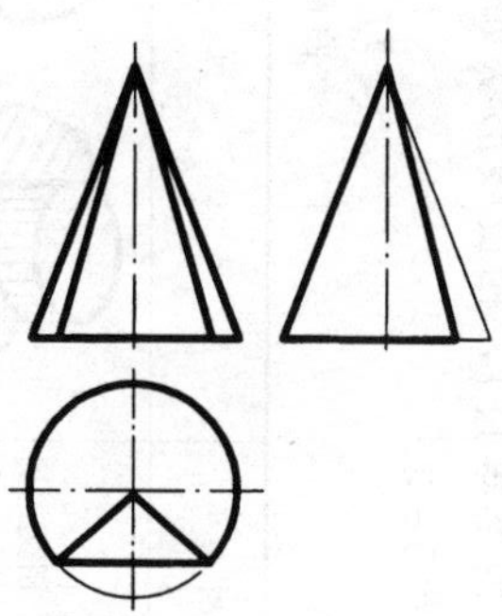

（轴线相交但不垂直），相贯线形状如图 5－5 所示。当相交两形体满足特殊条件时，相贯线形状见表 5－3。

表 5－3　　曲面体相贯线的特殊情况

相交情况	特殊相贯线示例	相贯线特征
等径圆柱相交或公切于一球的两回转体相交		相贯线为平面椭圆曲线
两回转体共轴线相交		相贯线为垂直于该轴线的圆
两圆柱轴线平行或两圆锥共顶相交	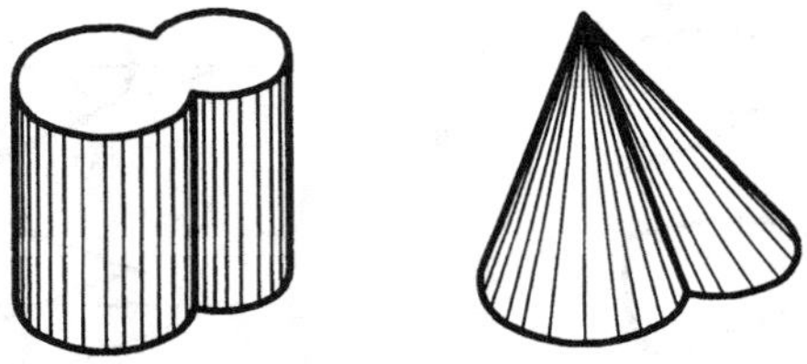	相贯线为直线，是体表面的素线

第二节　体表面取点

由第一节分析可知，组合体表面的交线形状多样，但任何交线都是位于立体表面的共有线，交线上的任一点都是立体表面的点，因此求作交线的投影归结为求作立体表面上点的投影，然后依次连点得交线投影。本节学习立体表面取点的方法。

物体是由若干表面围成的，求作体表面上点的投影应首先判断点处于形体的哪个表面上，若该表面投影有积聚性，则直接求作点的投影；若该表面投影无积聚性，则利用面内的辅助线求作点的投影；位于棱线或轮廓素线上的点可以直接求得投影。

一、平面体表面取点

1. *积聚性法*

当立体表面相对投影面处于特殊位置时，投影积聚为线，即表面上所有点的投影都在该直线上。利用面的积聚性投影直接求得面上点投影的方法称为积聚性法。

【例 5－1】　如图 5－6（a）所示，已知体表面上 K 点的正面投影 k'，求 K 点的水平投影和侧面投影。

分析

由已知视图，该形体为四棱台，共有六个面组成。根据 k' 的位置及可见性，判定 K

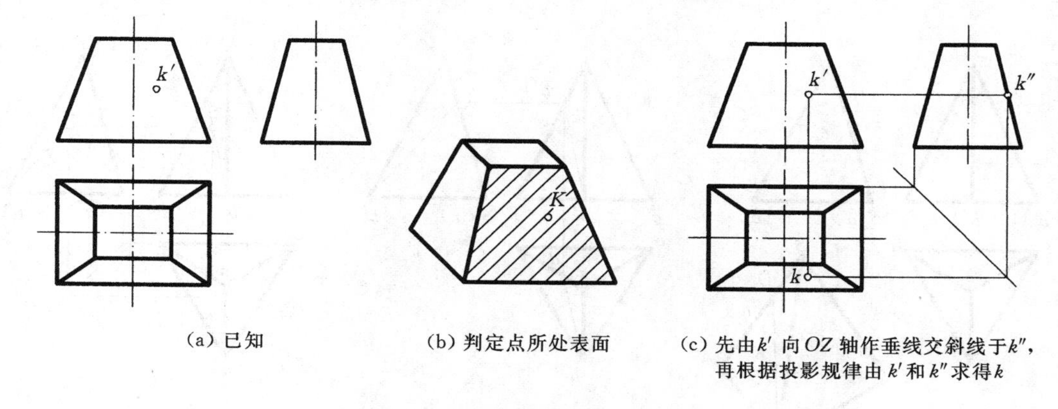

(a) 已知　　(b) 判定点所处表面　　(c) 先由k'向OZ轴作垂线交斜线于k''，再根据投影规律由k'和k''求得k

图 5-6　四棱台表面取点

点位于四棱台的前侧面上，如图 5-6（b）所示。四棱台前侧面为侧垂面，侧面投影积聚为一斜线，K点的侧面投影k''必定积聚于该斜线上。

作图步骤如图 5-6（c）所示。

【例 5-2】　如图 5-7（a）所示，已知体表面上点M的正面投影m'和N的水平投影(n)，补全它们的其他两面投影。

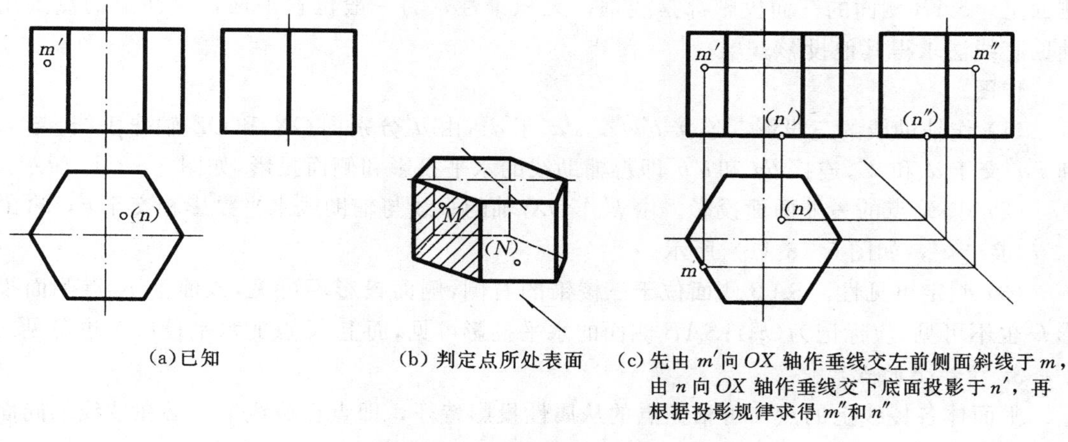

(a)已知　　(b) 判定点所处表面　　(c) 先由m'向OX轴作垂线交左前侧面斜线于m，由n向OX轴作垂线交下底面投影于n'，再根据投影规律求得m''和n''

图 5-7　六棱柱表面取点

分析

由已知视图，该形体为六棱柱，共有八个面组成。由于M的正面投影m'可见，又位于左侧，判断点M在六棱柱的左前方的侧面上；点N的水平投影（n'）为不可见，判断点N在下底面上，如图 5-7（b）所示。六棱柱的侧面和底面投影均有积聚性。故M、N点的投影可利用积聚性直接求出。

作图步骤如图 5-7（c）所示。

2. 辅助直线法

当立体表面为一般位置面时，它的三面投影无积聚性，该面上取点需用辅助直线法完成。

【例 5-3】　如图 5-8（a）所示，已知三棱锥表面上K点的正面投影k'，求K点的

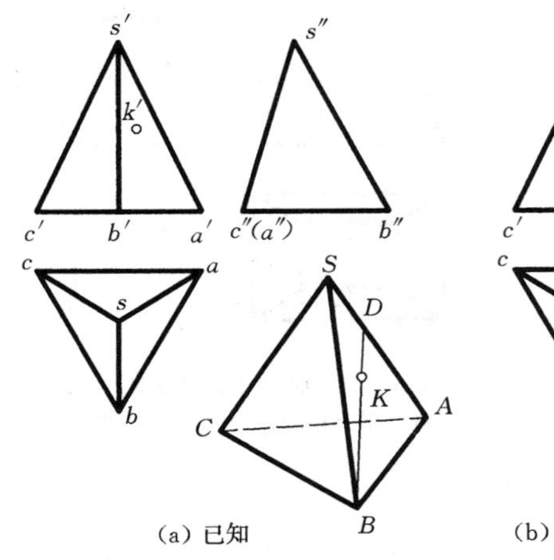

(a) 已知

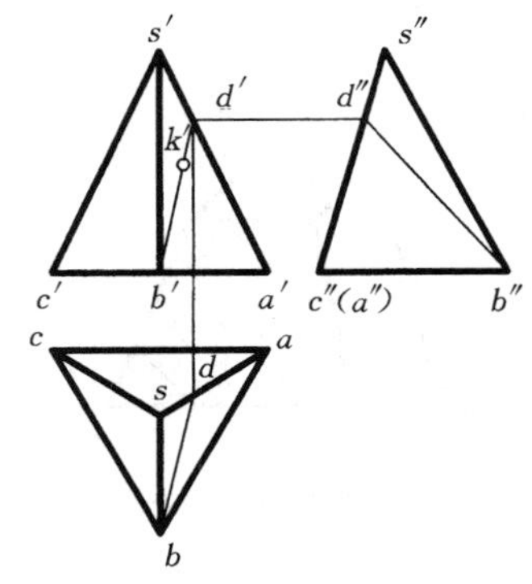

(b) 过 k' 作辅助线 BD 的三面投影

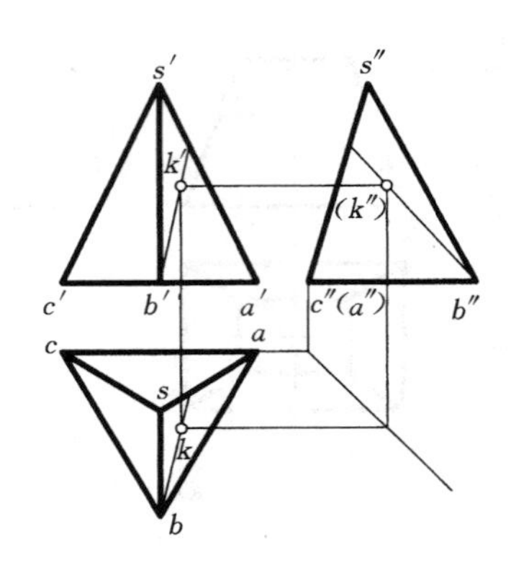

(c) 求点 K 的投影 k、k''

图 5-8 三棱锥表面取点

水平投影和侧面投影。

分析

由已知视图，该形体为三棱锥，共有四个面组成。由于 k' 可见，可判定 K 点在 SAB 侧面上。SAB 侧面的三面投影都是线框，无积聚性，为一般位置平面，该面上的点要用辅助直线法求得其他投影。

作图

(1) 作辅助线的三投影。连接 $b'k'$ 交 $s'a'$ 于 d'，由 d' 分别向 OX 和 OZ 轴作垂线，与 sa 和 $s''a''$ 交于 d 和 d''，连接 bd 和 $b''b''$ 即得辅助线的水平投影和侧面投影，如图 5-8(b)所示。

(2) 求 K 点的另外两面投影。由 k' 作 OX 轴的垂线与辅助线水平投影相交于 k，再由 k、k' 求出 k''，如图 5-8 (c) 所示。

(3) 判定可见性。SAB 侧面位于三棱锥的右侧，侧面投影不可见，该面上 K 点侧面投影 k'' 也不可见，应标记为(k'')；SAB 侧面的水平投影可见，面上 K 点的水平投影 k 也可见。

3. 棱线上的点

平面体各棱线上的点，可根据点的从属性投影特征，即点在棱线上，必在棱线的同面投影上直接求得。

二、曲面体表面取点

曲面体表面上取点和平面体表面上取点的方法相同，有积聚性法和辅助线法两种。

1. 积聚性法

【例 5-4】 如图 5-9 (a) 所示，已知圆柱面上 K 和 A 两点的正面投影 k'、a'，求作 K 和 A 点的水平投影和侧面投影。

分析

圆柱由两底面和圆柱面组成，三个面均有积聚性。由 k'、a' 的位置并且可见，判定 K、A 两点在前半圆柱面上，如图 5-9 (b) 所示。圆柱面的侧面投影积聚为一圆，因此 K、A 两点的侧面投影 k''、a'' 必在该圆周上，可直接求得。再由两面投影求出水平投影 k、a。

作图步骤如图 5-9 (c) 所示。

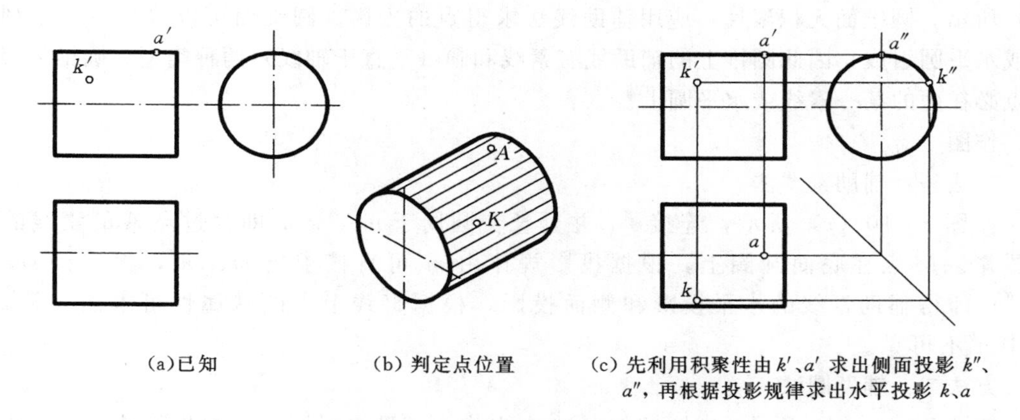

(a)已知　(b) 判定点位置　(c) 先利用积聚性由 k'、a' 求出侧面投影 k''、a''，再根据投影规律求出水平投影 k、a

图 5-9 圆柱体表面取点

2. 辅助线法

【例 5-5】 如图 5-10（a）所示，已知圆锥面上 A 点的正面投影 a'，求 A 点的水平投影和侧面投影。

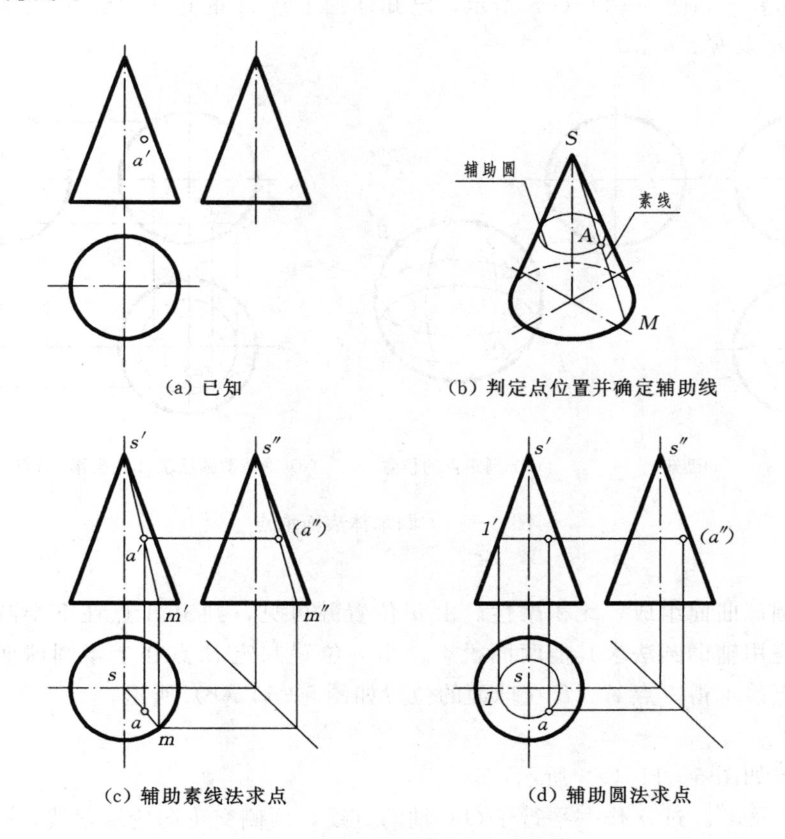

(a) 已知　(b) 判定点位置并确定辅助线

(c) 辅助素线法求点　(d) 辅助圆法求点

图 5-10 圆锥体表面取点

分析

圆锥由底面和圆锥面组成。由 a' 位置并可见，判定 A 点在前半圆锥面上，如图 5-10

(b) 所示。圆锥面无积聚性，应用辅助线法求得点的投影。圆锥面可以看作由一系列素线或水平圆组成，因此圆锥上的辅助线有素线和圆（垂直于轴线）两种类型。圆锥体表面的点必在面的某一素线或水平圆上。

作图

方法一：辅助素线法。

如图 5－10（c）所示，连接 $s'a'$ 并延长交圆周于 m'，$s'm'$ 即为过点 A 的素线的正面投影。M 点在底面圆圈上，根据投影规律由 m' 可直接求出 m、m''，再连接 sm 和 $s''m''$，即得辅助素线的水平投影和侧面投影。根据直线上点的从属性可求出 a 及 a''，其中 a'' 不可见。

方法二：辅助圆法。

如图 5－10（d）所示，在圆锥面上过 A 点作一辅助水平圆。作图步骤是：过 a' 作一水平线交两侧轮廓素线，长度即为辅助圆的直径，以水平投影中心 s 为圆心，上述长度一半 $s1$ 为半径画圆，此圆即为辅助圆的水平投影，根据投影规律可求出辅助圆的侧面投影。同理，由直线上点的从属性可求出 a 及 a''，a'' 不可见。

【例 5－6】　如图 5－11（a）所示，已知球面上点 A 的正面投影 a' 及点 B 的水平投影 b，求 a、a'' 及 b'、b''。

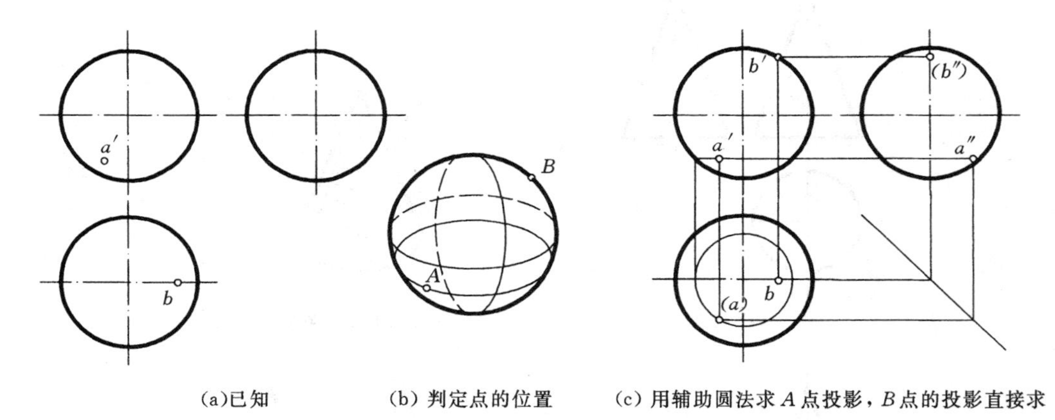

(a)已知　　(b) 判定点的位置　　(c) 用辅助圆法求 A 点投影，B 点的投影直接求

图 5－11　圆球体表面取点

分析

圆球由圆球曲面组成，无积聚性。由 a' 位置并可见，判定 A 点在下半圆球面的非轮廓素线上，应用辅助圆法求其他两面投影；由 b 位置判定 B 点在上半圆球面的正向轮廓素线上，可直接求得。点 A、B 在球面的位置如图 5－11（b）所示。

作图

作图步骤如图 5－11（c）所示：

(1) 求 a 及 a''。过 a' 作一平行于 OX 轴的直线，两侧交正向轮廓素线，长度即为辅助圆的直径。根据“长对正”在俯视图求作辅助圆的水平投影，辅助圆的侧面投影也是一条水平线。由直线上点的从属性可求出 a 及 a''，A 点在左下半球，a'' 可见，a 不可见。

(2) 求 b' 及 b''。正向轮廓素线是前后半球的分界线，B 点的正面投影应在上半圆轮廓

线上，侧面投影在竖向中心线上由 b 作 OX 垂线交轮廓线求出 b'，由 b、b' 求出 b''。B 点在右上半球，b''不可见，b'可见。

应指出的是：曲面轮廓素线上的点均可直接求出。

第三节 切 割 体

切割体是基本体经过切割而形成的形体。截切的基本体在表面产生了截交线，截交线投影是切割体视图绘制与识读的难点。

一、切割体视图的绘制

截切型组合体视图的绘制步骤：

（1）绘制原体的三视图。

（2）求作截交线的三面投影。根据形体与截平面位置不同，判别交线形状特征：若是平面体被截切，交线为平面多边形，求作多边形顶点投影连接即可；若是曲面体被截切，交线一般是曲线，应求全曲线上的特征点（如曲线的最大轮廓线上的点、曲线的最高、最低、最前、最后、最上、最下点）和一般点投影连线可得。因交点均在体表面上，交点的投影求作归结为体表面取点。

（3）擦去切走的棱线，加深完成作图。

【例 5-7】 绘制如图 5-12（a）所示的截切五棱柱的投影。

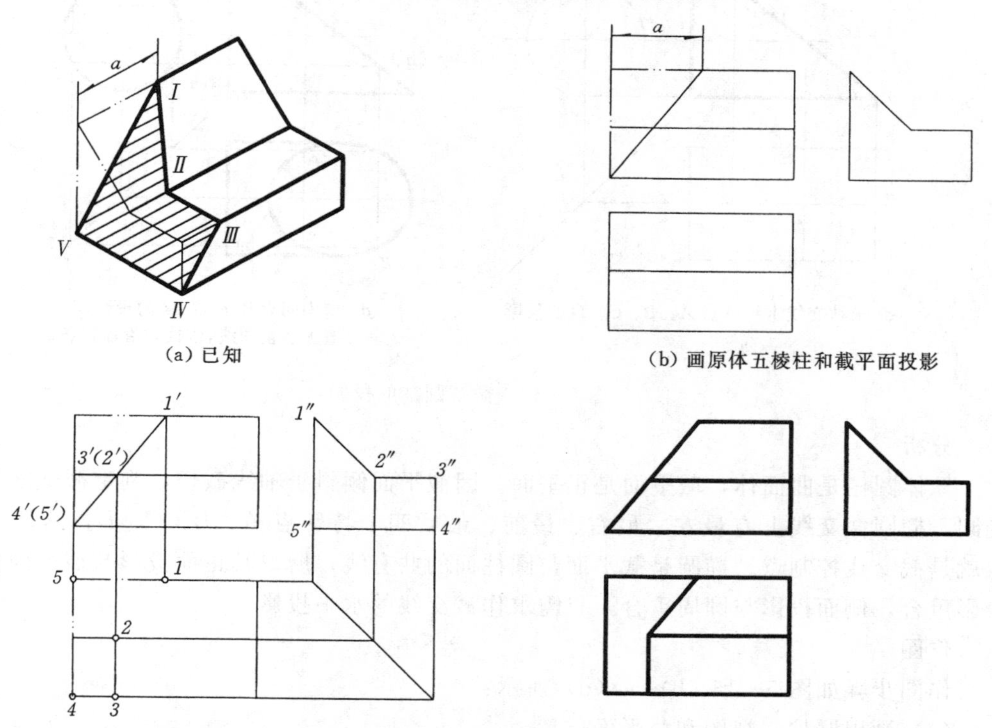

(a) 已知

(b) 画原体五棱柱和截平面投影

(c) 求作截交线各顶点投影：依次在W面和V面中标出五边形各顶点的投影，然后根据投影规律求出五边形各顶点的水平投影

(d) 依次连接截交线水平投影各点，擦去被切掉的图线，加深完成作图

图 5-12 截切五棱柱的投影

分析

原体直五棱柱是平面体，截平面是正垂面被正垂面截切的截交线为平面五边形，五边形的五个顶点（Ⅰ、Ⅱ、Ⅲ、Ⅳ、Ⅴ）在截平面与切断棱线的交点上。截交线的正面投影积聚成一斜直线为已知，其侧面投影与直棱柱左视图五边形顶点重合，水平投影应为类似五边形，利用点在棱线上的“从属性”投影特点求作。

作图步骤如图 5－12（b）～（d）所示。

【例 5－8】　绘制如图 5－13（a）所示的截切圆柱的投影。

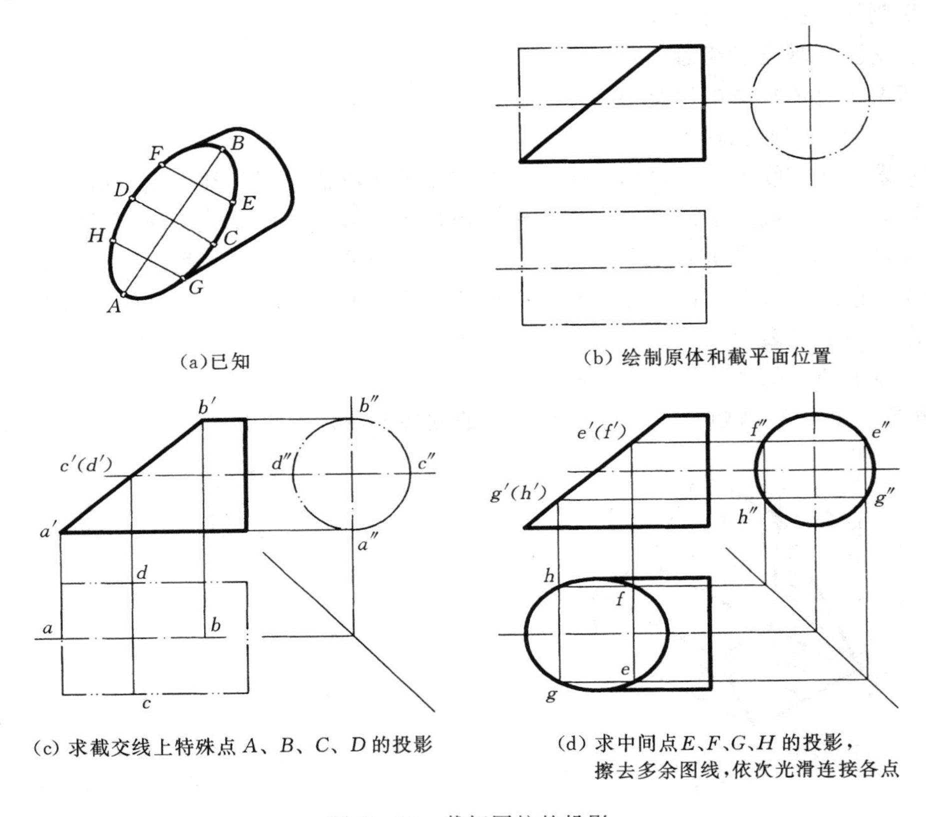

图 5－13　截切圆柱的投影

分析

原体圆柱是曲面体，截平面是正垂面。因截平面倾斜于轴线截切，判定截交线形状为椭圆，椭圆截交线上有最左、最右、最前、最后四个特殊点 A、B、C、D，这四个特殊点就是截交线控制点。椭圆是截平面与圆柱面的共有线，所以其正面投影与截平面的积聚投影重合，侧面投影与圆周重合，只需求作截交线的水平投影。

作图

作图步骤如图 5－13（b）～（d）所示：

（1）画出圆柱三视图和截平面位置。

（2）求作截交线上特殊点。在侧面投影圆上标出 a''、b''、c''、d''，根据“长对正”在正面投影上标出 a'、b'、c'（d'），然后根据投影规律求出水平投影 a、b、c、d。

（3）求作截交线上中间点。中间点可任意取，但为了作图方便，通常是取几个对称点。首先在侧面投影上标出 e''、f''、g''、h''，再根据“长对正”在正面投影上标出 e'（f'）、g'（h'），然后按照投影规律求出水平投影 e、f、g、h。

（4）依次光滑连接各点，形成一个椭圆。

（5）擦去被切掉的图线，加深全图。

【例 5－9】　绘制图 5－14（a）所示截切正四棱锥的投影。

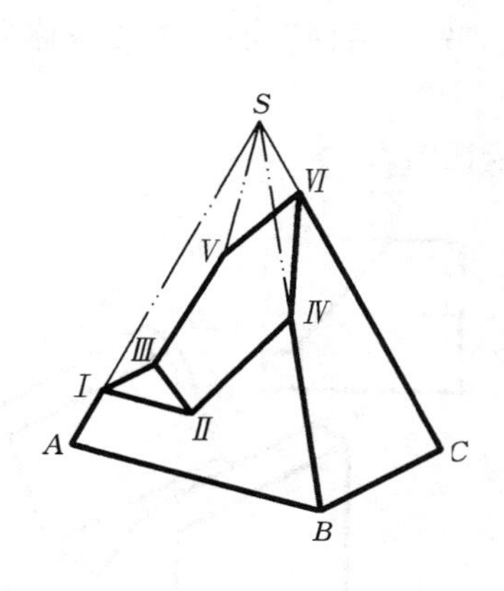

(a) 已知

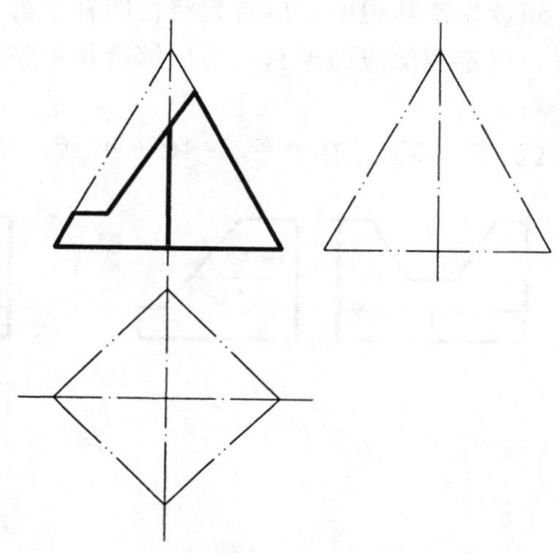

(b) 绘制原体四棱锥三视图和截平面投影

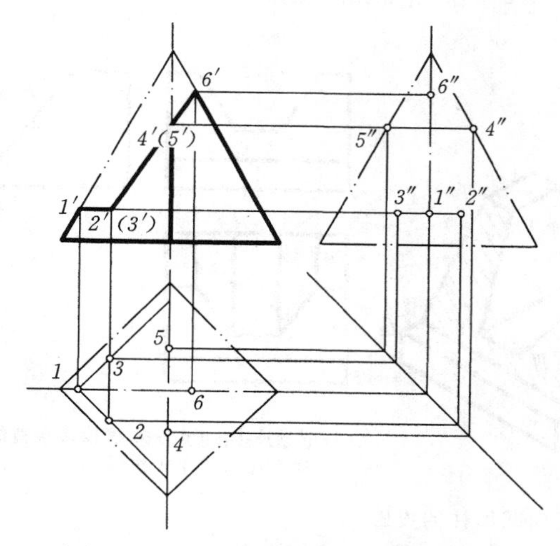

(c) 先在 V 面积聚性投影中标出多边形交点Ⅰ、Ⅱ、Ⅲ、Ⅳ、Ⅴ、Ⅵ投影，其中点Ⅰ、Ⅳ、Ⅴ、Ⅵ在棱线上，根据“点在线上”规律作出 H 面、W 面投影；点Ⅱ、Ⅲ在四棱锥表面上，利用辅助线法求得点的 H 面、W 面投影

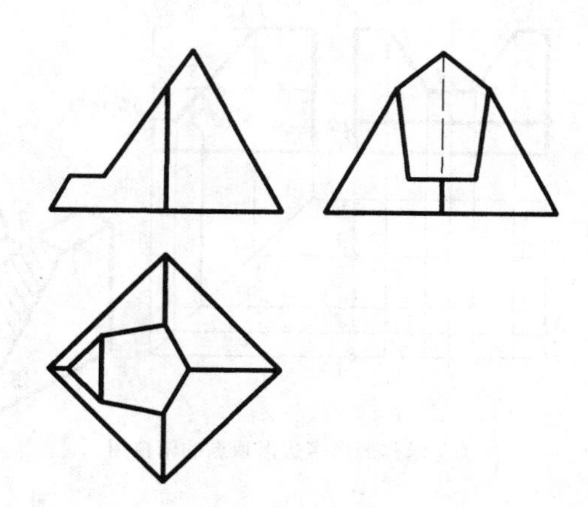

(d) 依次连接同一表面上的各交点Ⅰ—Ⅱ—Ⅳ—Ⅵ—Ⅴ—Ⅲ—Ⅰ，得截交线投影。连接截平面转折点Ⅱ—Ⅲ，得截平面交线，擦掉切去的棱线，加深完成作图

图 5－14　截切四棱锥的投影

分析

原体四棱锥是平面体，被两相交平面截切的截交线为两个平面多边形。其中水平面与

四棱锥的截交线是与底面平行的类似四边形的一部分，顶点在截平面与棱线的交点（Ⅰ）和相邻两截平面的交点（Ⅱ、Ⅲ）；正垂面与四棱锥的截交线多边形交点在切断的棱线上（Ⅳ、Ⅴ、Ⅵ）和两截平面的交点（Ⅱ、Ⅲ），是五边形。

作图步骤如图 5－14（b）～（d）所示。作图时应注意，不可见的棱线画成虚线。

二、切割体视图识读

识读切割体视图，应首先将视图补全为基本体投影，想象原体形状，再分析截切面的位置，确定截交线的形状，最后综合得到整体形状。这种“先体后面”的读图方法称为线面分析法。

【例 5－10】 补出图 5－15（a）所示切角凹形柱的俯视图。

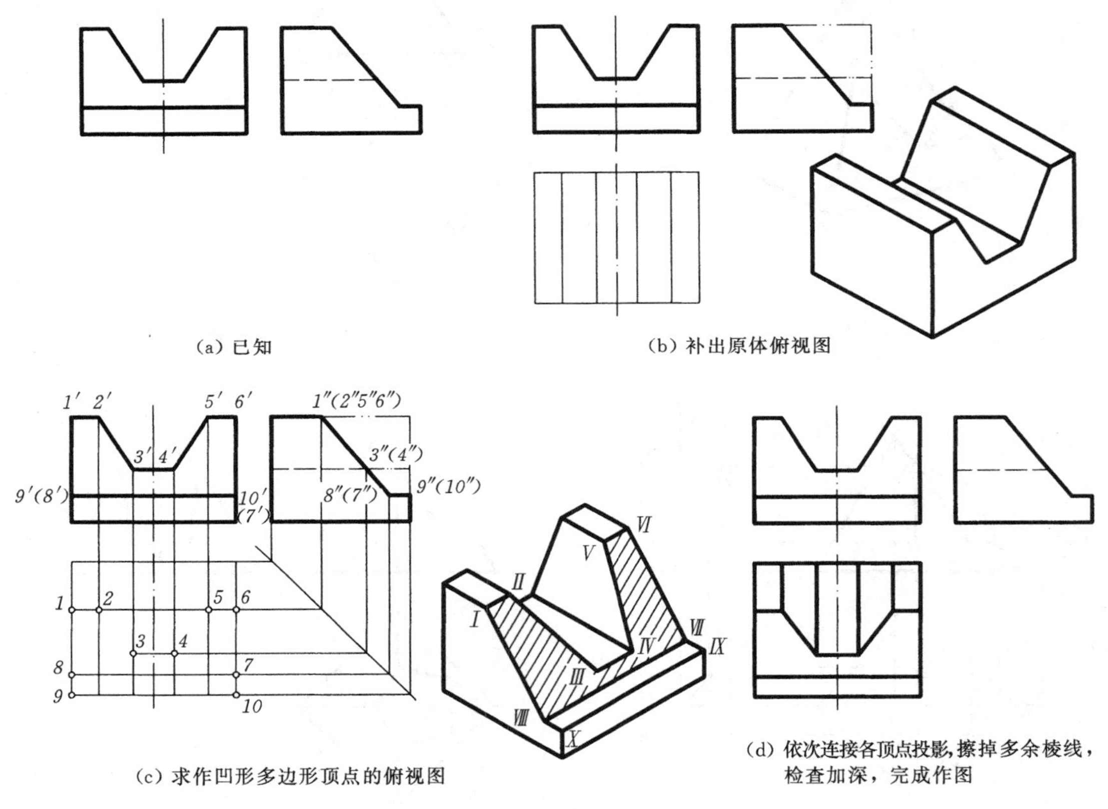

(a) 已知　(b) 补出原体俯视图

(c) 求作凹形多边形顶点的俯视图　(d) 依次连接各顶点投影，擦掉多余棱线，检查加深，完成作图

图 5－15 补全切角凹形柱的投影

分析

由已知视图可知：原体为凹形柱体，无截切时，俯视图为矩形框。凹形柱体是平面体，被侧垂面、水平面两平面截切，截交线均为平面多边形。其中侧垂面与凹形柱的截交线是凹形多边形，求作多边形顶点连线可得截交线水平投影；水平面与凹形柱的截交线是矩形，水平投影反映空间实形，由投影规律对应可得水平投影。

作图步骤如图 5－15（b）～（d）所示。

【例 5－11】 补全图 5－16（a）所示切槽圆柱的三视图。

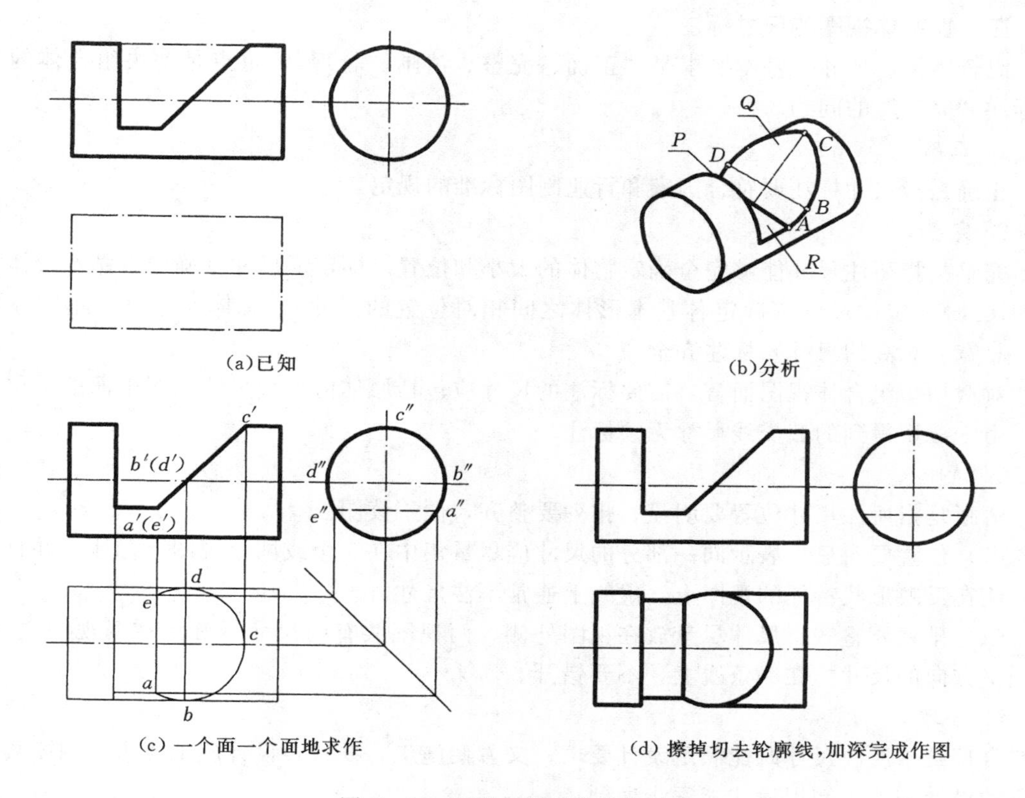

(a)已知

(b)分析

(c) 一个面一个面地求作

(d) 擦掉切去轮廓线，加深完成作图

图 5-16 圆柱切槽截交线的画法

分析

由已知视图可知：原体为圆柱体，无截切时，俯视图为矩形框。圆柱被三个面截切，如图 5-16（b）所示，*P* 为侧平面，*R* 为水平面，*Q* 为正垂面。截平面 *P* 垂直轴线截切，截交线为大半圆；截平面 *R* 平行轴线截切，截交线为矩形；截平面 *Q* 倾斜于轴线截切，截交线为大半椭圆，椭圆上有五个特殊点 *A*、*B*、*C*、*D*、*E*。三条截交线的正面投影均与截平面的积聚投影重合；侧面投影中，圆和椭圆截交线的投影与圆周重合，矩形截交线为一条虚线，需画出；水平投影中，矩形反映实形，圆积聚为一条直线，椭圆为类似形，需求作。切口交线应一个面一个面地求作。

作图

如图 5-16（c）所示：

（1）求作 *R* 面截交线的矩形投影。由正投影补出侧面投影一条虚线，然后根据宽相等投影关系求出水平投影矩形。

（2）求作 *P* 面截交线的侧平面投影。由正投影和侧面投影根据投影规律求出水平投影一直线。

（3）求作 *Q* 面截交线的椭圆投影。从正投影和侧面投影入手求作特殊点的水平投影，然后依次光滑连接各点。

擦去被切掉图线，加深全图，如图 5-16（d）所示。

三、切割体视图的尺寸标注

组合体标注尺寸的基本要求是“正确、完整、清晰、合理”，重点是解决组合体的尺寸标注“完整”的问题。

1. 正确

正确是指尺寸标注要符合国家和行业制图标准的规定。

2. 完整

完整是指所注尺寸能够完全确定物体的大小和位置。即定形尺寸（确定各基本形体大小的尺寸）、定位尺寸（确定各基本形体之间相对位置的尺寸）、总体尺寸（确定物体总长、总宽、总高的尺寸）标注齐全。

对截切型组合体视图而言，需要标注的尺寸应包括原体的定型尺寸和截平面的定位尺寸。由于截切得到的截交线尺寸无须标注。

3. 清晰

清晰是指所注尺寸位置要明显、排列要整齐，便于读图。

（1）位置要明显。表示同一部分的尺寸应尽量集中在一个或两个视图上标注，并且尽量标注在反映形状特征的视图上，虚线上通常不注尺寸。

（2）排列要整齐。尺寸尽量放在视图外侧，两视图共有的尺寸最好注在两视图之间；在同一方向的尺寸排在一条线上，不要错开。

4. 合理

合理是指所注尺寸既能满足设计要求，又方便施工。要符合设计施工要求，则要具备一定的设计和施工知识后才能逐步做到。

【例 5－12】　标注图 5－17 所示切割体的尺寸。

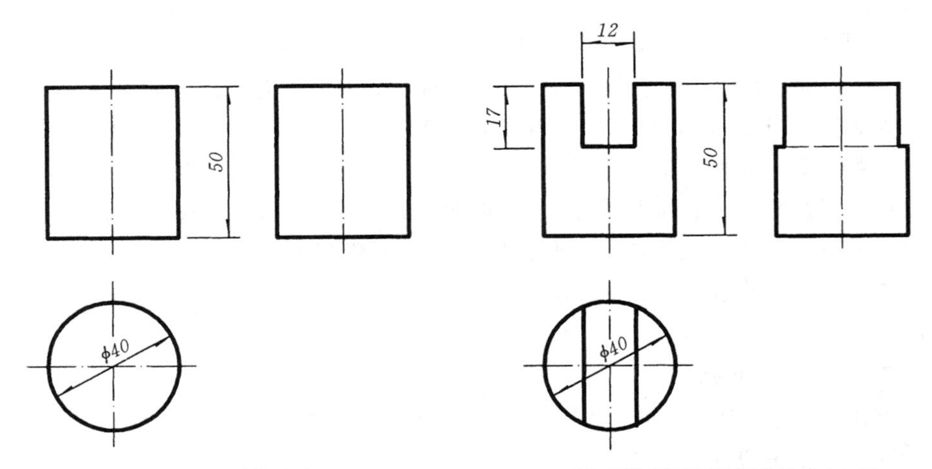

(a) 先标注原体尺寸，应标注在各特征视图上

(b) 标注截平面的定位尺寸 17、12，应标注在反映缺口特征的主视图上

图 5－17　切割体尺寸标注

分析

该组合体是切割式组合体，原体是圆柱，用三个截平面（一个水平面，两个侧平面）

在圆柱上方切一个矩形缺口。

标注步骤如图 5-17 (a)、(b) 所示：先标注原体圆柱尺寸 ϕ40、50，再标注截平面定位 17、12。这四个尺寸就确定了该组合体的大小，注意截交线的形状（如左视图中矩形及俯视图中小半圆形）不需标注尺寸，其可由主俯视图按投影规律画出。

第四节 叠 加 体

叠加体是若干基本体经过叠加而形成的形体。叠加的基本体在表面产生相贯线，相贯线投影求作是叠加体视图绘制与识读的难点。

一、叠加体视图绘制

叠加型组合体视图绘制步骤：

（1）分别绘制各基本体的三视图。

（2）求作相贯线。根据相交形体的不同，定性判别相贯线形状特征：若是两平面体相交，交线为封闭的空间折线，转折点在参与相交的棱线上，求作转折点投影连线可得相贯线；若是平面体与曲面体相交，交线一般是若干平面曲线围成的空间图形，应先求出各曲线的分界点，再分段求出各曲线投影；若是曲面体与曲面体相交，交线一般是封闭的空间曲线，应通过求得曲线上一系列的特殊点和一般点连线得到相贯线。因交点均在体表面上，交点的投影求作归结为体表面取点。

需要注意以下两点：①连点原则是：只有位于两个立体的同一表面上的两点才能连接；②判定可见性原则是：如果参与相交的两个表面均可见，相贯线为可见，如果两表面中有一个面不可见，相贯线就不可见。

（3）擦去多余图线，加深完成作图。

【例 5-13】 绘制图 5-18 (a) 所示两相交直五棱柱的投影。

分析

该组合体由两直五棱柱叠加而成，两者均为平面体，其交线为空间折线，转折点在参与相交棱线上。其中，小直五棱柱有五条侧棱参与相交，分别与大直五棱柱的两棱面相交得五个交点 A、B、C、D、E；大直五棱柱有一条侧棱参与相交，与小直五棱柱的两棱面相交得两个交点 F、G。因为参与相交的棱面均有积聚性，可利用积聚性法求各交点的投影。

作图

如图 5-18 (b)、(c)、(d) 所示：

（1）绘制两直五棱柱的三视图。

（2）求作交点投影。标出棱线上交点正面投影 a'、b'、c'、d'、e'、f'、g' 与侧面投影 a''、b''、c''、(d'')、(e'')、f''、(g'')，根据投影规律求出水平投影 (a)、b、c、d、(e)、f、g。

（3）判定可见性，顺次连接各点得到相贯线。

（4）擦去多余图线，检查加深，完成作图。

【例 5-14】 绘制图 5-19 (a) 涵洞进出口段的投影。

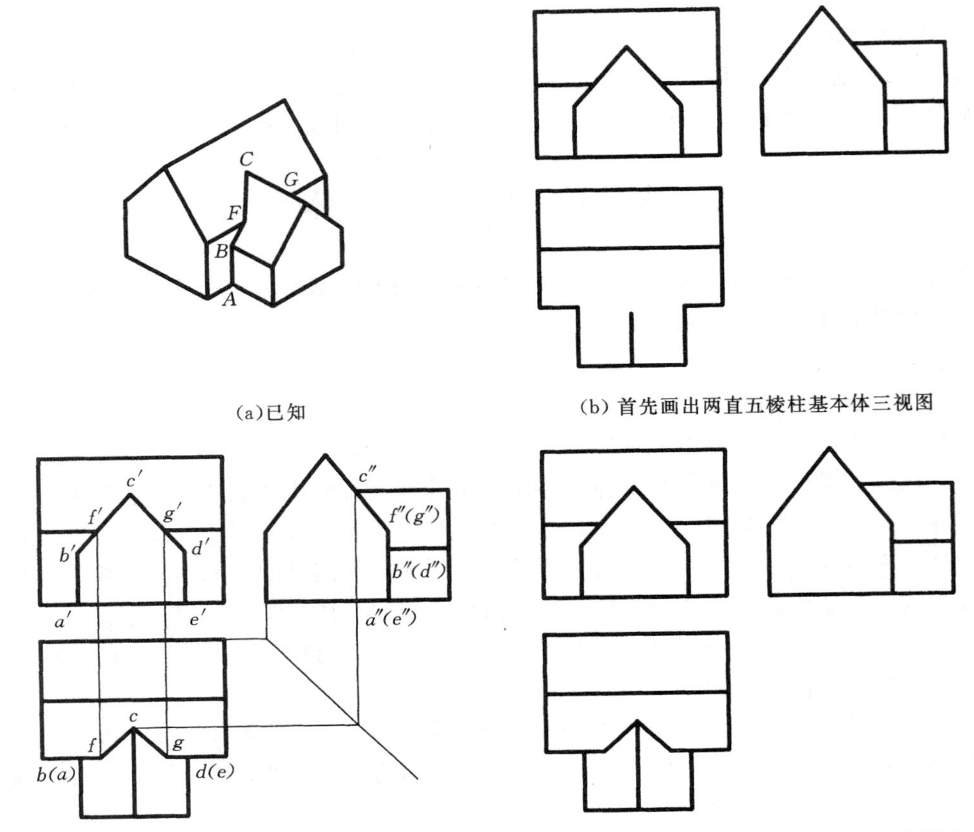

(a)已知

(b) 首先画出两直五棱柱基本体三视图

(c) 在V面和W面上标出相贯线各交点的投影，根据点在棱线的投影规律求出各交点的水平投影，判定可见性，连接得相贯线投影

(d) 补全棱线到贯穿点，检查加深，完成作图

图 5-18　两直五棱柱相交的投影

分析

该组合体由一梯形柱和一U形组合柱体叠加而成，属平面体与曲面体相交，其交线由三段组成：端墙斜平面与洞身平面段的交线AB、ED（E、D是A、B的后方对称点）是直线段，与洞身上部曲面段（半圆柱面）的交线BCD是平面曲线（1/2椭圆）段，整个交线上共有五个特殊点A、B、C、D、E。相贯线的正面投影与梯形柱斜面的积聚投影重合，侧面投影与U形组合柱体的投影重合，水平投影需求作。

作图

作图步骤如图 5-19（b）～（d）所示：

（1）绘制两柱体的三视图。

（2）求作相贯线上特殊点投影。标出交线的特殊点正面投影a'、b'、c'、（d'）、（e'）与侧面投影a''、b''、c''、d''、e''，然后根据投影规律求出水平投影a、b、c、d、e。

（3）判定可见性连接各点得相贯线。

（4）擦去多余图线，检查加深，完成作图。

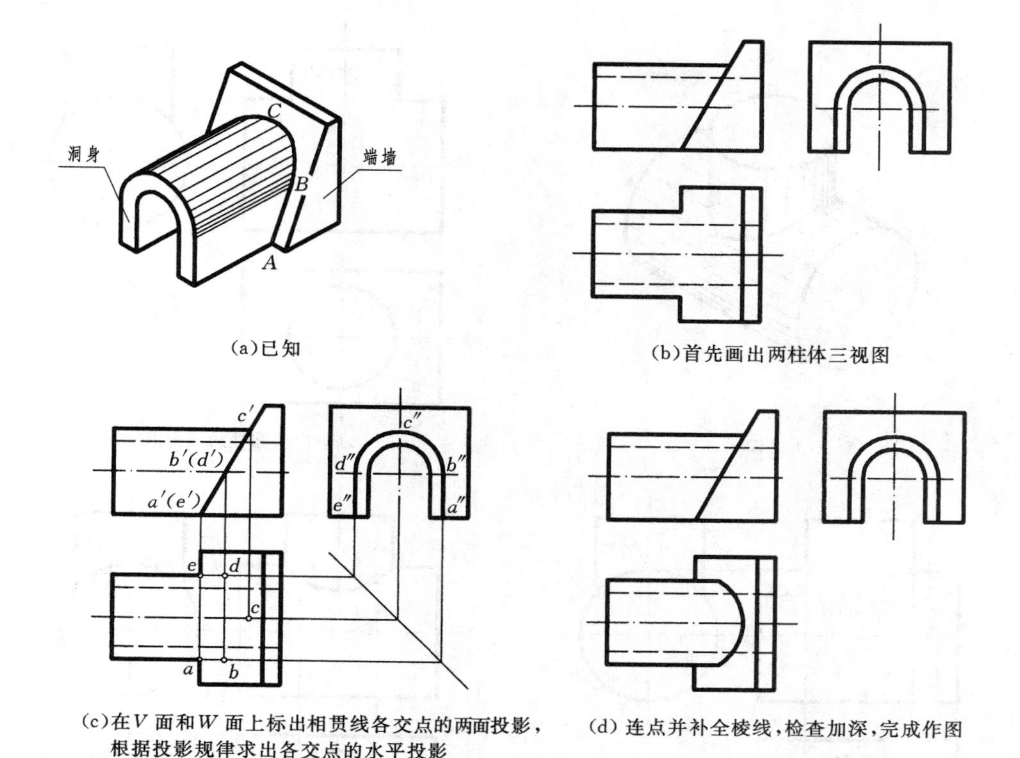

(a)已知

(b)首先画出两柱体三视图

(c)在V面和W面上标出相贯线各交点的两面投影，根据投影规律求出各交点的水平投影

(d)连点并补全棱线，检查加深，完成作图

图 5-19　涵洞进出口段的投影

【例 5-15】　求作图 5-20（a）所示为两不等直径圆柱正交的投影。

分析

该组合体为两不等直径的圆柱相交而成，相贯线是一条前后、左右对称的空间曲线。如图 5-20（a）所示，相贯线上有四个特殊点 A、B、C、D（D 点是 C 点的后方对称点）。因为相贯线是两圆柱表面的共有线，所以相贯线的水平投影与小圆重合，侧面投影与大圆上部（大、小圆柱的公共部分）重合，相贯线的正面投影需求作。相贯线前后对称，正面投影前半部分与后半部分重影，前半部分为可见，后半部分为不可见。

作图

作图步骤如图 5-20（b）～（d）所示：

（1）首先绘制两圆柱体的三视图。

（2）标出相贯线上特殊点水平投影 a、b、c、d 和侧面投影 a''、b''、c''、d''，然后根据投影规律求出正面投影 a'、b'、c'（d'）；再求一对中间点 E、F 的正面投影 e'、f'。

（3）判定可见性连接各点得相贯线。

（4）擦去多余图线，检查加深，完成作图。

二、叠加体视图识读

识读叠加体视图时，应首先将视图按封闭线框分解为若干基本体，想象每部分基本体形状，再按照各部分的相对位置，综合得到整体形状。这种“先分后合”的读图方法称为

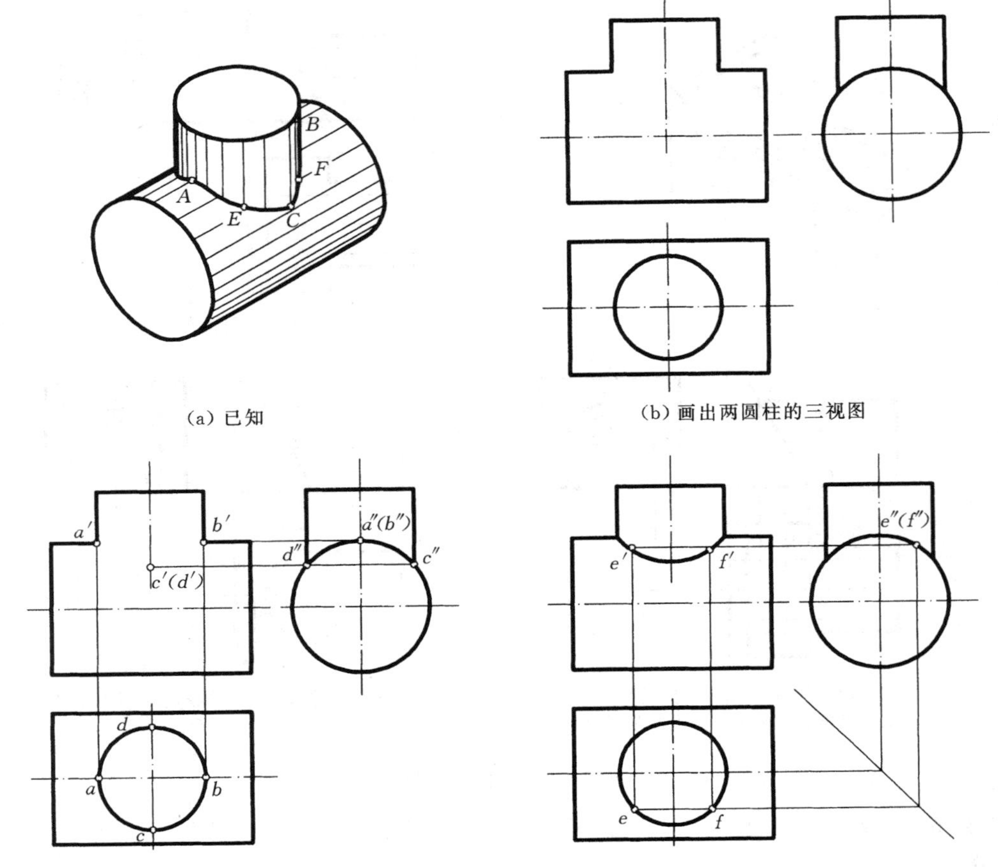

(a) 已知

(b) 画出两圆柱的三视图

(c) 在 H 面和 W 面上标出特殊点 A、B、C、D 投影，根据投影规律求得正面投影 a'、b'、c'、d'

(d) 在 H 面和 W 面上标出中间点 E、F 的投影、根据投影规律求得正面投影 e'、f'，然后依次光滑连接各点

图 5－20　两不等直径圆柱正交的投影绘制

形体分析法。

【例 5－16】　读图 5－21（a）所示涵洞进口段的三视图，想象其空间形状。

分析

如图 5－21（b）所示，由主视图的封闭线框将涵洞进口段分解为 A、B、C 三部分，线框相邻可判定各部分为叠加关系。按投影规律找全各部分三面投影，可知其空间形状分别为凹形柱、挖取 U 形孔的半四棱台、切角的四棱柱，分别对应涵洞进口的基础、端墙、帽石，如图 5－21（c）所示。按照三部分的相对位置组合的整体形状如图 5－21（d）所示。

【例 5－17】　补绘图 5－22（a）所示桥台的俯视图。

分析

补绘俯视图，首先应读懂视图的形状。由主视图的封闭线框将桥台分解为 A、B、C、D 四部分，分别对应桥台的基础、挡土墙、台身、台帽，结合左视图判定各部分间为叠加关系，形状分别是 L 形柱、凹形柱、四棱柱、长方体与半四棱台的组合形体如图 5－22（b）所示。

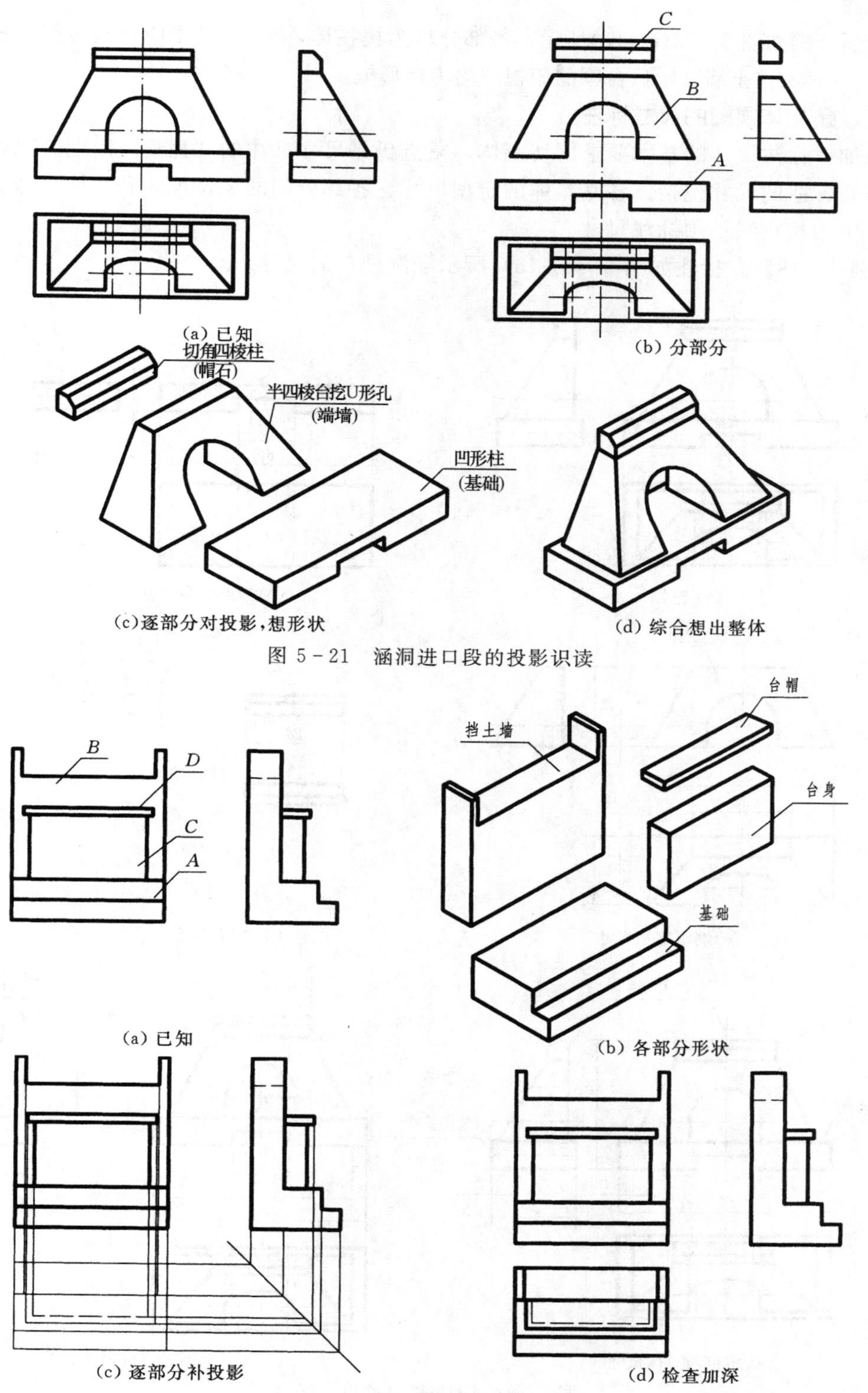

图 5-21 涵洞进口段的投影识读

图 5-22 补绘桥台的俯视图

作图

绘图步骤如图 5-22(c)、(d)所示。各部分均为棱柱体，第三面投影应分别按照其投影特征绘出。基础、挡土墙、台身、台帽的俯视图均为矩形框。

三、叠加体视图的尺寸标注

叠加体标注尺寸的基本要求同切割体，重点仍是尺寸标注的“完整”问题。对叠加体而言需要标注的尺寸包括：各基本体的定型尺寸、各部分间的定位尺寸和总体尺寸。由于相交产生的相贯线不须标注尺寸。

【例 5-18】　标注如图 5-23 (a) 所示涵洞进口的尺寸。

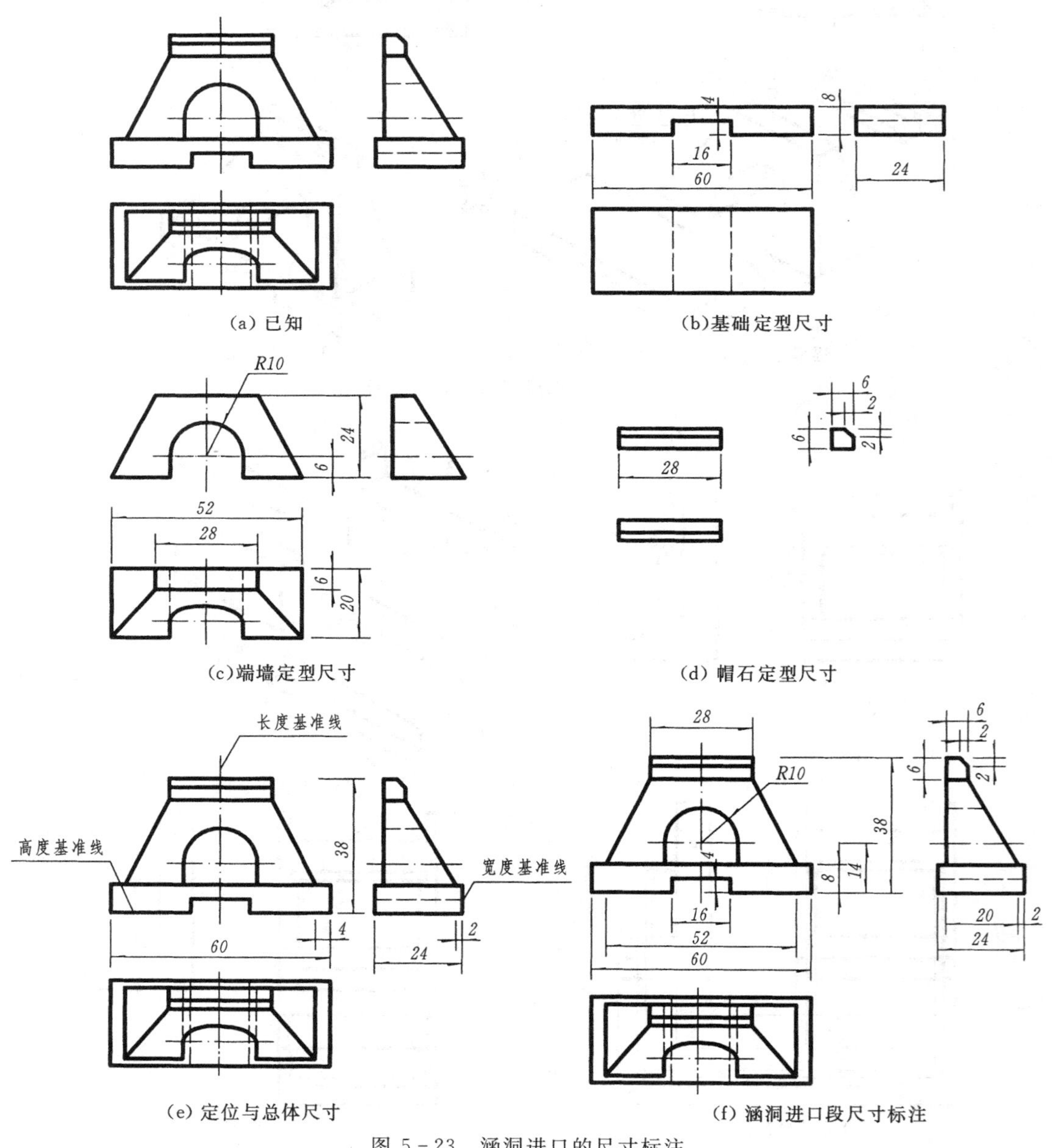

图 5-23　涵洞进口的尺寸标注

分析

该物体由基础、端墙墙身、帽石三部分组成。

首先应依次标出各部分的定型尺寸和定位尺寸，然后标全总体尺寸，去掉重复尺寸即可。

基础是凹形柱，定型尺寸有五个，如图 5 - 23（b）所示；端墙墙身是挖去 U 形孔的半四棱台，定型尺寸为两底面、棱长尺寸和 U 形孔直径尺寸共七个，尺寸标注位置应尽量在特征视图上，如图 5 - 23（c）所示；帽石为横放五棱柱，定形尺寸为五边形底面、棱长尺寸共五个，如图 5 - 23（d）所示。然后选取基准线标注各部分定位尺寸，如端墙的宽度定位尺寸 2 等，如图 5 - 23（e）所示，再标注总体长、宽、高尺寸，剔除重复尺寸完成标注，如图 5 - 23（f）所示。

第五节 综 合 体

综合体是若干基本体经过叠加、切割多种方式组合形成的形体。综合型组合体视图绘制一般是先画出叠加部分的投影，再根据截平面位置绘制切割部分的投影，其中交线求作仍然是图样绘制和识读中的难点，绘图步骤同前所述，本节主要学习综合体视图的识读。综合体视图识读方法有形体分析法和线面分析法。形体分析法是以基本体为读图单元，而线面分析法是以物体表面为读图单元，一般是解决读图中的难点部分。

【例 5 - 19】 如图 5 - 24（a）所示，根据桥台的三视图，想象其空间形状。

分析

（1）形体分析。按照封闭线框将主视图分为三部分：Ⅰ为基础，Ⅱ为台身，Ⅲ为台帽。其中台身部分按照俯视图形状又划分为前墙 A，侧墙 B、C 三部分。

（2）找投影，想形状。结合俯视图可知，基础为凹形柱体，台帽为四棱柱体；前墙与两侧墙投影较为复杂，需要运用线面分析法确定空间形状。在投影中标出 P、Q、R、S、T、U 面的可见投影，对应找到其他两面投影（注意：找各面对应的投影时，应优先考虑找类似多边形投影），可以判定：P 面为水平面，Q 面为侧平面，R 面为正垂面，S 面为侧垂面，T 面为正垂面，U 面为水平面。两两交线为斜线，如图 5 - 24（b）所示。

（3）综合想象。按照投影的相对位置，形体的整体形状如图 5 - 24（c）所示。

【例 5 - 20】 如图 5 - 25（a）所示，已知挡土斜翼墙的两面视图，补绘其左视图。

分析

（1）先进行形体分析，按照封闭线框将主视图分为两部分：Ⅰ为基础，Ⅱ为挡土墙墙身。结合俯视图可知，墙身包括前墙 E（斜降式墙），后墙 F（等高式）两部分。

（2）按照三视图的投影规律，结合俯视图可知：基础为多边形柱体。墙身投影较为复杂，需运用线面分析法识读。在正面投影中标出前墙的表面 A、B、C、D 面的投影，对应找到水平投影（注意：找各面对应的投影时，应优先考虑找类似多边形投影），可以判定：A 面为铅垂面，B 面为一般位置面，C 面为一般位置平面，D 面为铅垂面；后

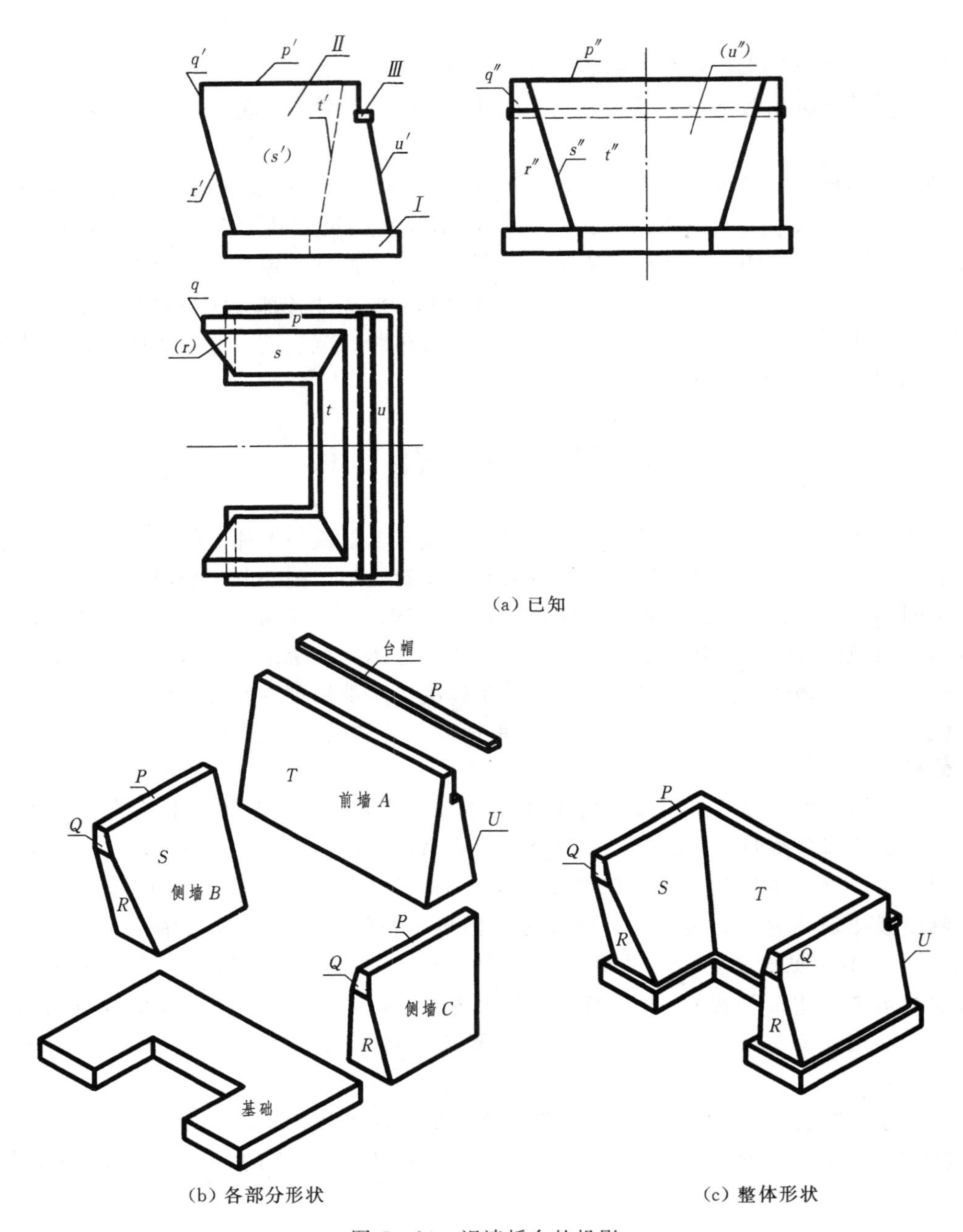

(a) 已知

(b) 各部分形状

(c) 整体形状

图 5-24 识读桥台的投影

墙为梯形柱体。两墙体交线为斜线，如图 5-25（b）所示。

作图

如图 5-25（c）～（f）所示：

（1）画基础：基础为棱柱体，侧面投影为矩形框。

（2）画前墙：因墙体表面多为斜面，投影为类似形，通过求作顶点投影再连棱线的方法即可求得。

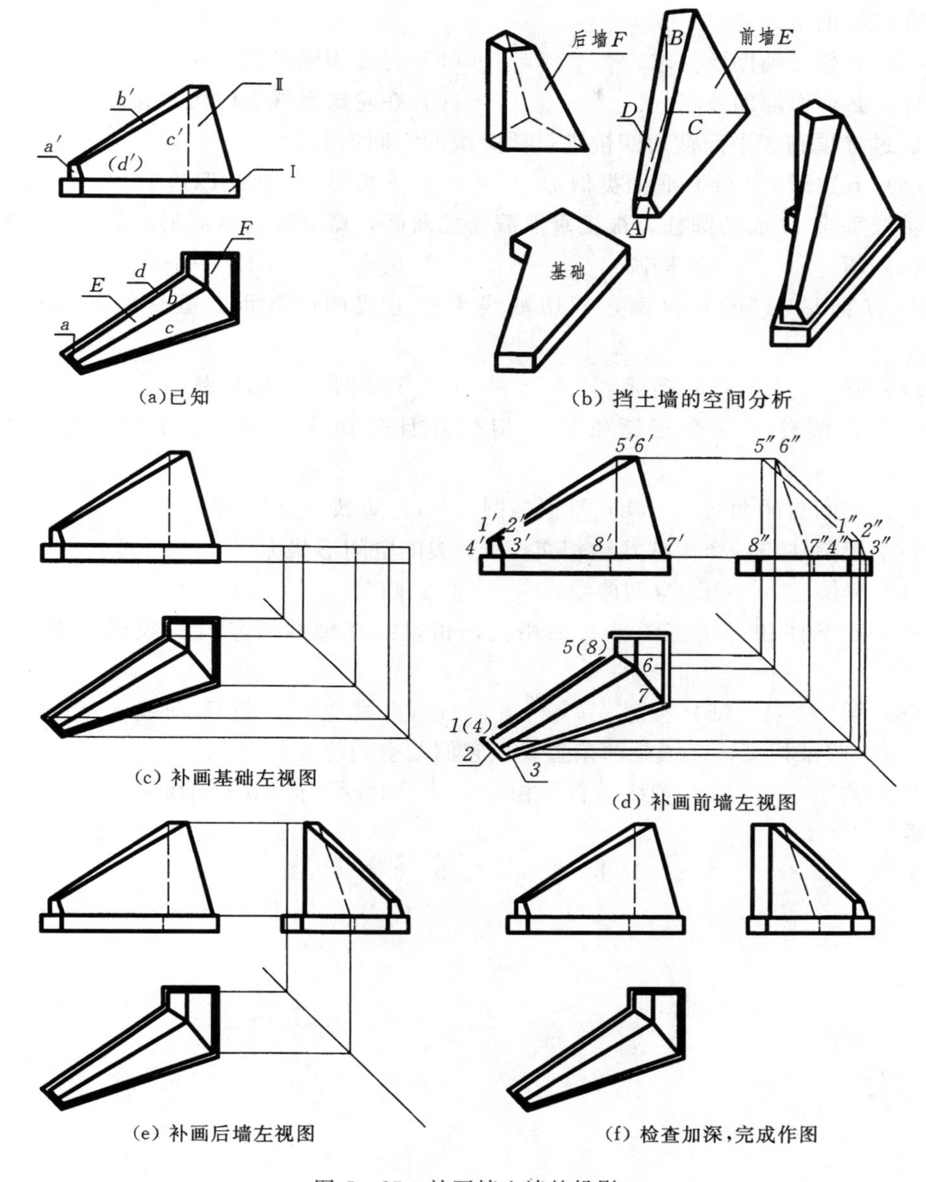

(a)已知　(b) 挡土墙的空间分析

(c) 补画基础左视图　(d) 补画前墙左视图

(e) 补画后墙左视图　(f) 检查加深，完成作图

图 5-25　补画挡土墙的投影

(3) 画后墙：后墙为棱柱体，投影为矩形框。

复 习 思 考 题

1. 在体表面取点，首先应（　　）。

(a) 判定点所在的面　(b) 作出辅助直线

(c) 作出辅助圆线　(d) 直接求

2. 不能用积聚性法取点的面是（　　）。

(a) 圆锥面　(b) 特殊位置平面　(c) 圆柱面　(d) 特殊位置平面和圆柱面

3. 在圆锥面上取点（　　）。

(a) 只能用辅助圆法求　　(b) 只能用辅助直线法求

(c) 必须作辅助线求　　(d) 在轮廓素线上时可直接求

4. 通过锥顶和底平面截切四棱锥，截交线的空间形状为（　　）。

(a) 五边形　(b) 底面类似形　(c) 三角形　(d) 四边形

5. 轴线垂直 H 面的圆柱，被正垂面截切柱曲面，截交线的空间形状为（　　）。

(a) 圆　(b) 椭圆　(c) 矩形　(d) 一条直线

6. 与 H 面呈 45°的正垂面，截切轴线为铅垂线的圆柱面，截交线的侧面投影是（　　）。

(a) 圆　(b) 椭圆　(c) 1/2 圆　(d) 抛物线

7. 一个正圆柱与一个正圆锥轴线相交并且公切于一球，相贯线的空间形状为（　　）。

(a) 空间封闭曲线　(b) 平面椭圆　(c) 直线　(d) 圆

8. 一个正圆柱与一个圆球共轴相交，相贯线的空间形状为（　　）。

(a) 椭圆　(b) 空间曲线　(c) 圆　(d) 直线

9. 一个正圆柱和一个正圆锥共轴相交，相贯线在轴线所平行的投影面上的投影为（　　）。

(a) 圆　(b) 椭圆　(c) 直线　(d) 双曲线

10. 两个圆锥相交，交线是两条直线，它们的空间位置是（　　）。

(a) 共顶　(b) 轴线垂直不相交　(c) 轴线平行　(d) 轴线交叉

答案

1. a　2. a　3. d　4. c　5. b　6. a　7. b　8. c　9. c　10. a

第六章　剖面图、断面图

工程中的形体通常采用三视图来表达，但当形体内部的结构复杂时，视图中必然出现大量的虚线，不便于读图和标注尺寸。为了能清晰表示物体的内部结构，工程上通常采用剖切的方法，用剖面图或断面图来表达。

第一节　剖　面　图

一、剖面图的基本知识

1. 剖面图的概念

如图 6-1 所示形体，直接绘制三视图，左视图中必然出现大量虚线，为了表达踏步轮廓，假想用剖切面剖开物体，将处在观察者和剖切平面之间的部分移去，而将剩下的部分向垂直于剖切平面的方向（*W* 面）投影得到的投影图，称为剖面图。

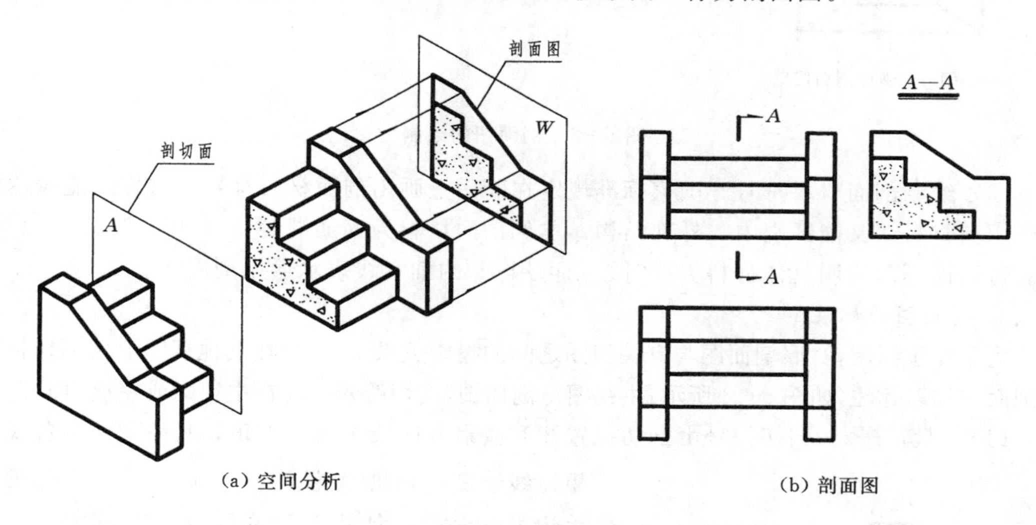

图 6-1　剖面图的概念

2. 剖面图的绘制

以图 6-2 所示混凝土杯形基础投影为例，说明剖面图的绘制步骤。

（1）确定剖切位置。为了表达物体内部结构的真实形状，剖切面的位置一般应平行于投影面，且与物体内部结构的对称面或轴线重合。图 6-2（a）中剖切面是通过基础前、后对称平面的正平面。

（2）绘制剖面图轮廓线。确定移走部分和投影方向，通常是移走剖切面前半部分，将后半部分向正立投影面投影。绘图时先画剖切面与物体接触部分的轮廓线（即断面），再画剖切面后可见轮廓线，如图 6-2（b）、（c）所示。在剖面图中凡剖切面切到的断面轮廓以及剖切面后的可见轮廓线，均用粗实线画出。

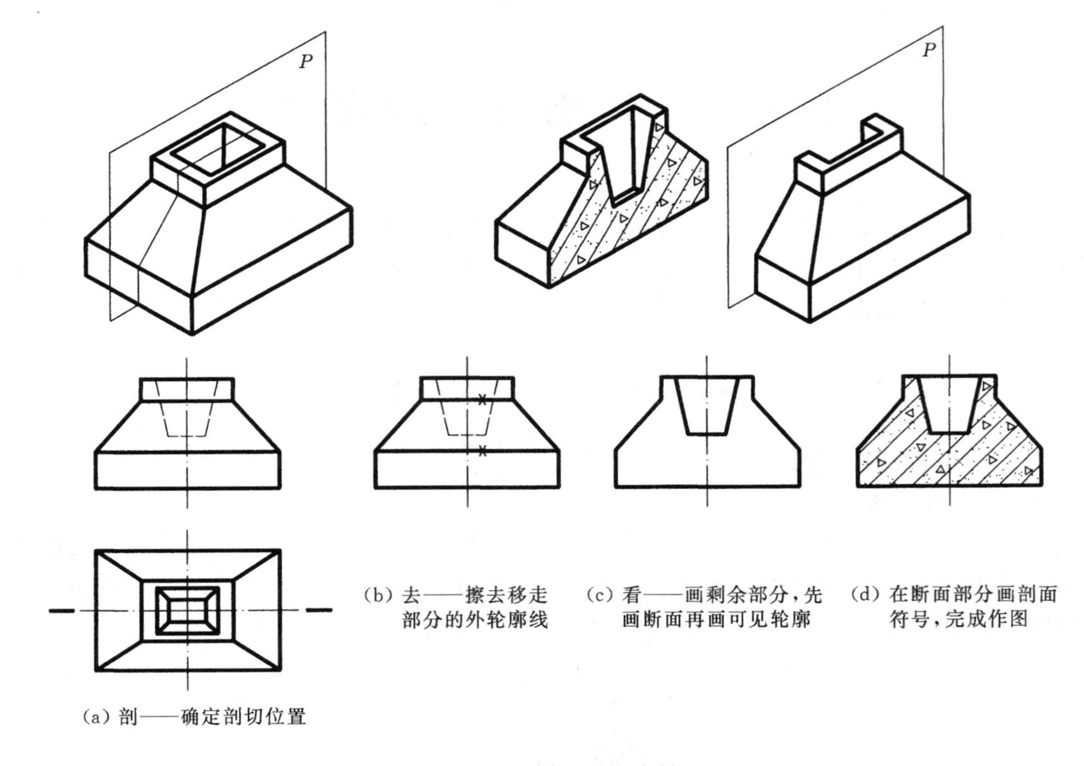

图 6-2　剖面图的绘制

（3）绘制剖面材料符号。国家标准规定在断面上画出剖面材料符号，这样既能表达物体所用的材料，又能区别内、外部结构。本例剖面材料为钢筋混凝土，如图 6-2（d）所示。若断面不需注明具体材料类型时，则可用 45°的细实线表示通用剖面线。

3. 剖面图的标注

为了便于读图，对照剖面图与有关视图之间的投影关系，一般应在其他视图上用剖切符号对剖面图加以标注，如图 6-3 所示，主视图是剖面图，剖切符号应注在主视图或左视图上。

（1）剖切符号。剖切符号由剖切位置线和投射方向线组成一直角，其中剖切位置线用粗短线绘制，长度宜为 5～10mm，投射方向线用单边箭头表示，剖切符号不宜与轮廓线接触。

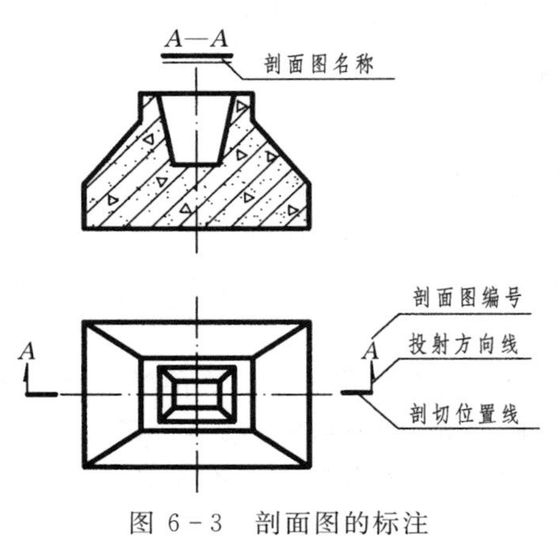

图 6-3　剖面图的标注

（2）剖切符号的编号。宜采用英文字母或阿拉伯数字表示，若有多个剖面图，应按顺序由左至右，由上至下连续编号，编号应写在剖视方向线的端部，并一律水平书写。

（3）剖面图的名称。以剖切符号的编号来命名，剖面图的名称应标注在剖面图上方居中，用中间加一条 5～10mm 长的细实线的两个相同字母或数字表示，如“A—A”、“1—1”。图名底部应绘制与图名等长的粗、细实线，两线净间距为 1～2mm。

4. 绘制剖面图应注意的问题

（1）明确剖切是假想的。剖面图是假想把物体剖切开后所画的图形，目的是表达内部结构，而并非真正切走物体。因此除剖面图外，其余视图仍应完整画出，剖面图与基本视图在剖切位置处应符合投影规律。

（2）不能漏线。剖面图不仅应该画出与剖切面接触的断面形状，而且还要画出剖切面后的可见轮廓线。对初学者而言，往往容易漏画剖切面后的可见轮廓线，如图 6－4 所示。

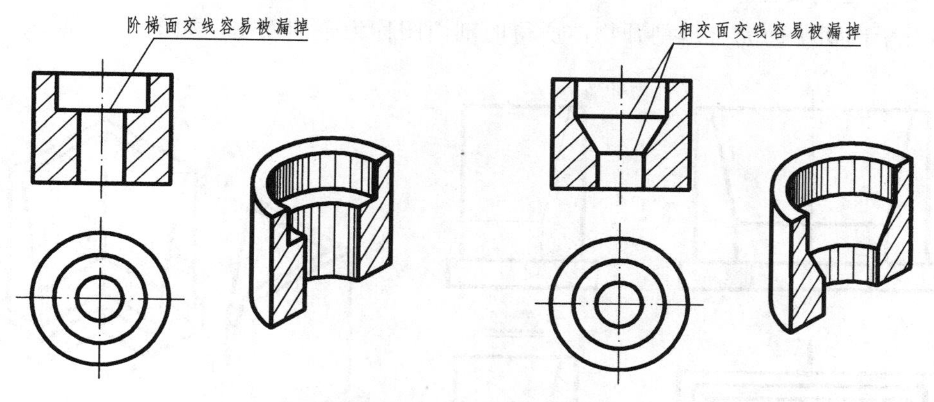

图 6－4 剖面图中容易漏掉的图线

（3）合理省略虚线。用剖面图配合其他视图表示物体时，图上的虚线一般省略不画。但如果省略虚线影响视图的清晰时，则应画出虚线，如图 6－5 所示，形体底座的水平投影若省略不画则形体表达不准确。

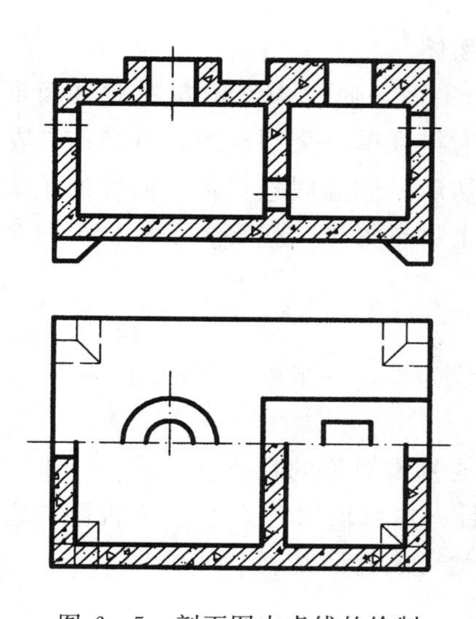

图 6－5 剖面图中虚线的绘制

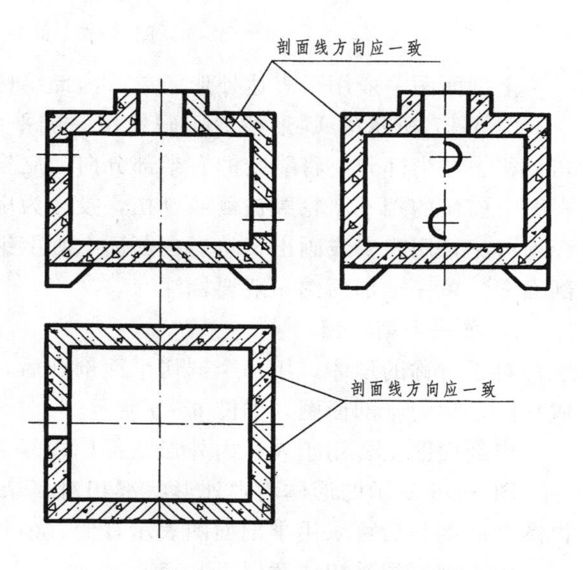

图 6－6 剖面图中的剖面材料错误画法示例

（4）正确绘制剖面材料符号。画剖面材料符号时，应注意同一物体在各剖面图上的材料符号要一致，即斜线方向一致、间距相等，否则认为是不同材料，如图 6－6 所示。

二、剖面图的分类

按照剖切面数量的不同，剖面图可以分为两类：

单一剖面图：用一个剖切面剖切物体得到的剖面图。

复合剖面图：用两个或两个以上剖切面剖切物体得到的剖面图。

(一) 单一剖面图

单一剖面图又可分为单一全剖面、单一半剖面、局部剖面。

1. 单一全剖面图

用一个剖切平面完全地剖开物体所得的剖面图称为全剖面图，如图 6-7 所示。

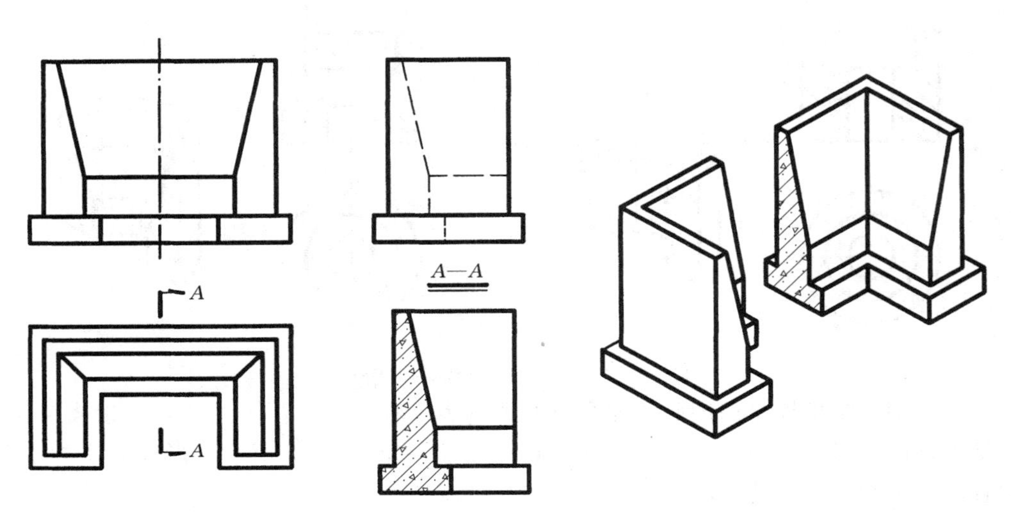

图 6-7　单一全剖面图

全剖面图一般用于表达外形简单、内部结构复杂的物体。

图 6-7 所示的 U 形桥台，假想用一侧平面为剖切平面，通过构件的左右对称面剖切，移去左半部分，将剩余的右半部分向侧立投影面投射得到单一全剖面图。剖切前，左视图中前墙的挡土墙轮廓被侧墙遮挡，投影为虚线。剖切后，侧墙假想移走，前墙的轮廓线均可见，用粗实线画出，然后在断面上画上钢筋混凝土材料符号，就得到了桥台单一全剖面图。单一全剖面图一般要标注。

2. 单一半剖面图

对于对称的形体，用一个剖切平面剖开后，以对称线为界，一半画成剖面图，一半画成视图，称为半剖面图，如图 6-8 所示。

半剖面图主要用于表达内外形状都比较复杂的对称或基本对称的物体。

图 6-8 所示的形体，内外形状都相对复杂，因前后、左右均对称，所以主视图、左视图全部剖开后可采用半剖面图表示，使其内外部形状均可表达清楚。

画半剖面图时应注意以下几点：

(1) 在半剖面图中，半个剖面图和半个视图的分界线必须用细点划线。

(2) 由于所表达的物体是对称的，所以在半个视图中应省略表示内部形状的虚线。

(3) 剖面部分习惯上画在物体的右边或前面。一般左右对称形体，左侧视图右侧剖面

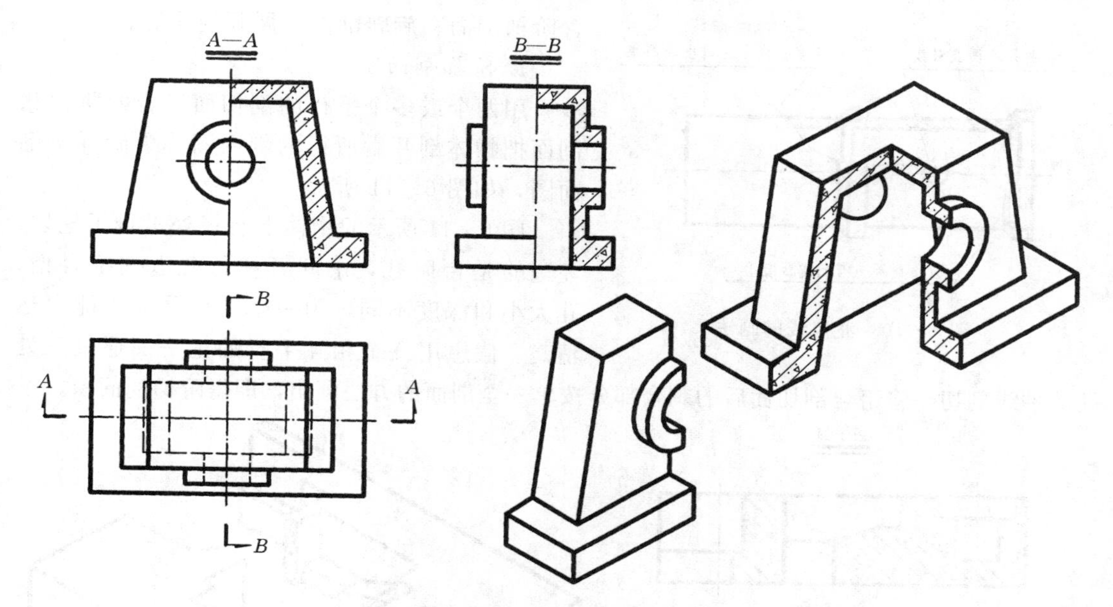

图 6-8 单一半剖面图

图；前后对称形体，前面剖面图后面视图。

(4) 半剖面图的标注方法与全剖面图相同。

3. 局部剖面图

用单一剖切面局部地剖开物体，向基本投影面投影所得的剖面图称为局部剖面图，如图 6-9 所示。

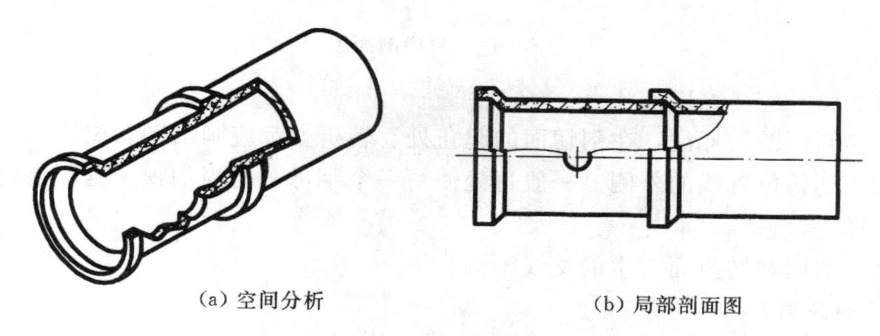

(a) 空间分析　　(b) 局部剖面图

图 6-9 局部剖面图

局部剖面图一般用于形体内部局部复杂的物体。

图 6-9 是一混凝土管道，整体结构较为简单，仅接头处局部形状复杂，为了表达清晰，主视图采用了局部剖面图，以波浪线为界，在剖开的接头部分画出管道的内部结构和剖面材料符号，其余部分仍画外形视图。

画局部剖面图时应注意：波浪线不能与图形轮廓线重合，不能超出轮廓线，不能画在空心处，如图 6-10 所示。

局部剖面图的剖切位置根据需要选在被剖切孔洞的对称面上，一般不需进行标注。

(二) 复合剖面图

用两个或多个剖切面组合的剖切面剖开物体的方法称为复合剖面图。复合剖面主要包

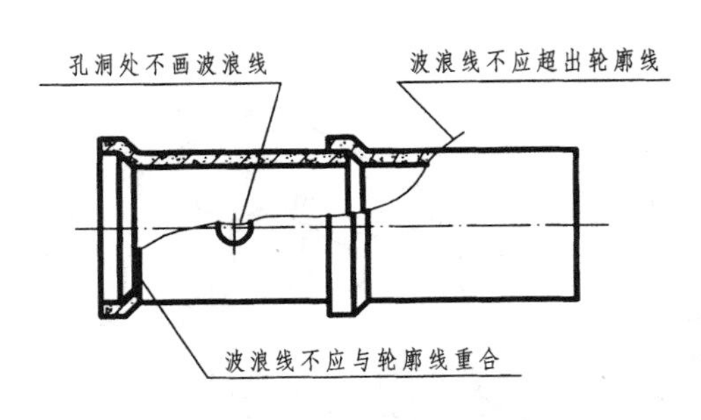

图 6-10　波浪线的画法

含阶梯剖面、旋转剖面、展开剖面等。

1. 阶梯剖面图

用两个或多个平行的剖切面组合的阶梯状剖面把物体剖开后所得的剖面图称为阶梯全剖面图，如图 6-11 所示。

图 6-11 所示的物体上有三处进行了挖切，左边的是台阶孔，中间开槽，右边挖组合槽，孔大小和深度不同，用一个剖切平面不能表达清楚。假想用三个相互平行的正平面通过三处孔的轴线剖切，将组合剖切面后的剩余部分按单一全剖面的方法画出，即得阶梯剖面图。

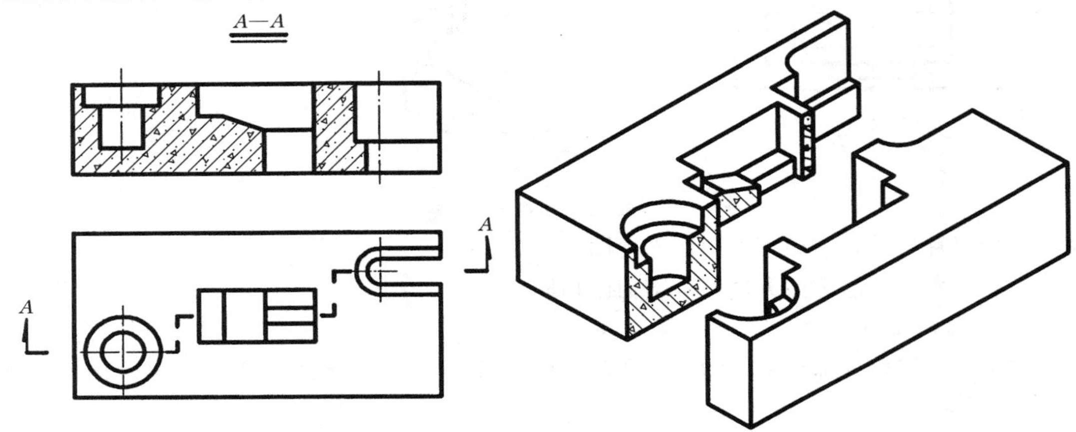

图 6-11　阶梯剖面图

画阶梯剖面图应注意以下几点：

（1）阶梯剖面图的标注，在剖切面的起止处、转折处都应画出剖切位置线，投射方向线仅画在起止剖切位置线的外侧。一般每处注写一个字母，但当剖视位置明显时，转折处允许省略字母。

（2）由剖切面和转折面产生的交线不画。

2. 旋转剖面图

用两个或多个相交的剖切面将物体全部剖开，将倾斜断面旋转到与投影面平行的位置后投影所得的剖面图称为旋转剖面图，如图 6-12 所示。

如图 6-12 所示集水井的两个进水管的轴线斜交，假想用两个相交平面沿着两个进水管的轴线把集水井剖切开，然后将倾斜断面旋转到与正立投影面平行的位置进行投射，即得旋转剖面图。

画旋转剖面图应注意以下几点：

（1）剖切平面的交线应与物体上的公共回转轴线重合，应先剖切后旋转。

（2）旋转剖面图的标注规定与阶梯剖面图的标注相同。

三、剖面图的尺寸标注

剖面图的尺寸注法与组合体的尺寸注法基本相同。但应注意：

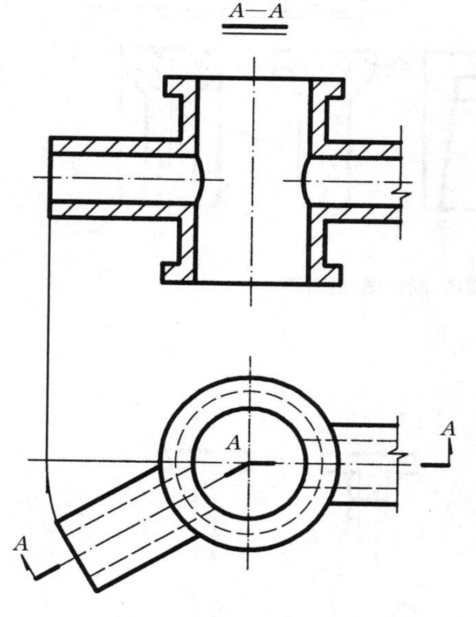

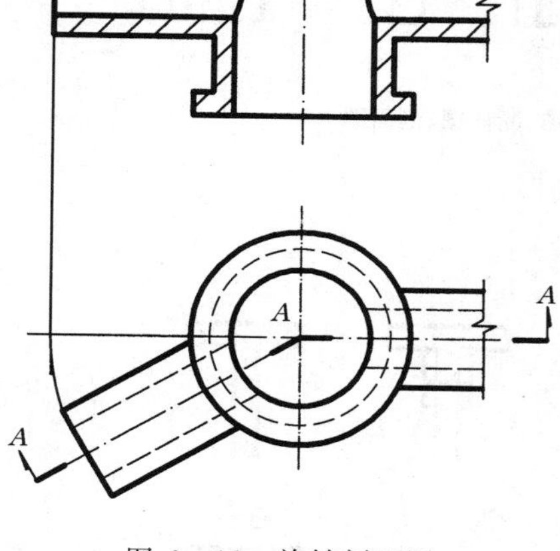

图 6-12　旋转剖面图

图 6-13　剖面图的尺寸注法

(1) 内部、外形的尺寸尽量分开标注。为了使尺寸清晰，尽量把外形尺寸和内部尺寸分开标注。一般外形尺寸标注在视图部分如 581、363 等，内部尺寸尽量标注在剖面图部分如孔深 209 等，如图 6-13 所示。

(2) 半剖面图和局部剖面图上内部结构尺寸的注法。半剖面图和局部剖面图上，由于对称视图上省略了虚线，注写内部尺寸时，只需画出一端的尺寸界限和尺寸起止符号，尺寸线要稍超过对称线，尺寸数字应注写整个结构的尺寸，如图 6-13 中的 200、97 表示杯状孔的上下底面长度尺寸。

第二节　断　面　图

一、断面图的概念

假想用剖切面将物体的某处切断，仅画出剖切面与物体接触的断面及剖面材料符号的图形称为断面图。对同一剖切位置，实质上断面图就是剖面图的一部分，如图 6-14 所示。

断面图主要用来表达形状变化的建筑物某处断面的形状，如 T 梁断面、箱梁断面以及挡土墙断面等。为了表示截断面的真实形状，剖切平面一般应垂直于物体结构的主要轮廓线。

二、断面图的分类与画法

根据断面图的配置位置不同，可分为移出断面图和重合断面图。

1. 移出断面图

绘制在基本视图之外的断面称为移出断面。移出断面的轮廓线应用粗实线绘制。移出断面尽量按投影关系配置，或放在图纸的其他适当位置。当图形对称时可省略投射方向线，但编号应写在剖切后的投射方向一侧，如图 6-15 所示的鱼腹式变截面梁断面。

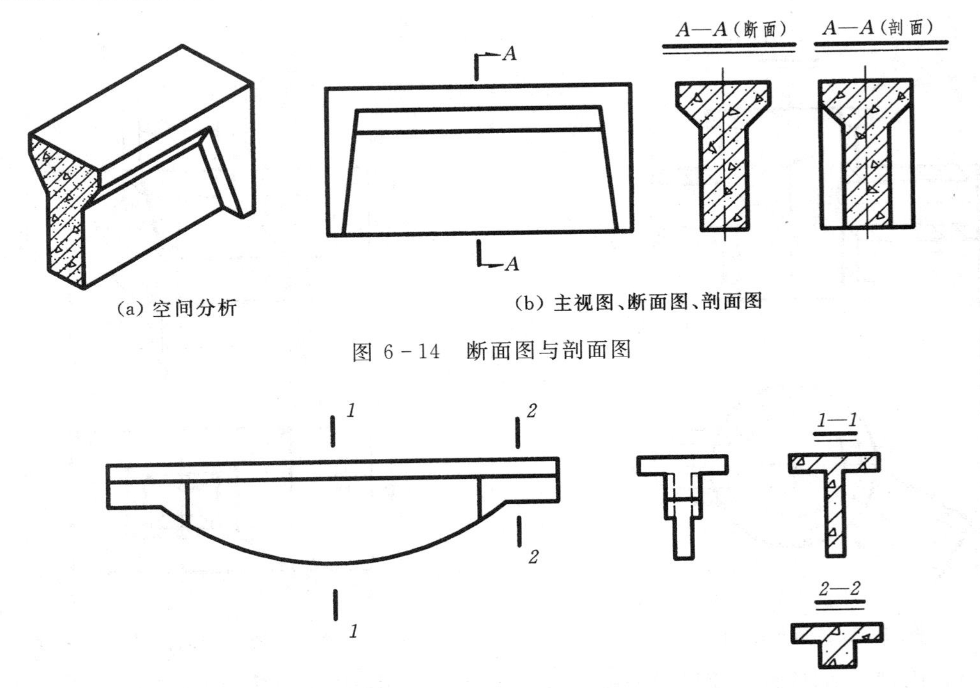

（a）空间分析

（b）主视图、断面图、剖面图

图 6－14　断面图与剖面图

图 6－15　移出断面图

2. 重合断面图

绘制在基本视图内部的断面称为重合断面图。重合断面图的轮廓线应用细实线绘制。对称的重合断面图可省略标注，如图 6－16（a）所示。不对称的重合断面图应标注剖切位置线，用粗实线表示，字母标注在投射方向的一侧，如图 6－16（b）所示，投射方向是从左向右。

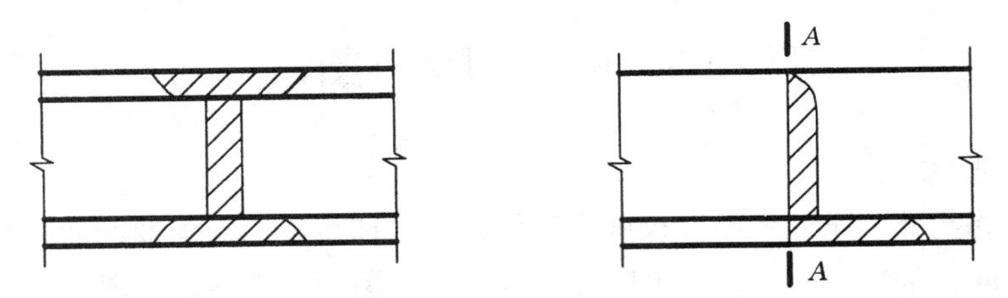

（a）重合断面图对称，可不标注

（b）重合断面图不对称，字母标注在投射方向一侧

图 6－16　重合断面图

第三节　剖面图与断面图的规定画法

一、规定画法

1. 不剖画法

对于构件支撑板、薄壁和实心的轴、柱、梁、杆等，当剖切平面平行其轴线或中心线时，这些结构按不剖绘制，用粗实线将它与相邻部分分开，如图 6－17 中 *B—B* 断面图中的

支撑板为薄壁结构采用了不剖画法。

2. 剖面图与断面图中的分缝线

在绘制剖面图和断面图时，为了清晰表达建筑物中各种材料和各种结构的分缝（如伸缩缝、沉陷缝），无论它们是否在同一平面内，在不同材料和结构分缝处要用粗实线画出分界线，如图 6-18 所示。

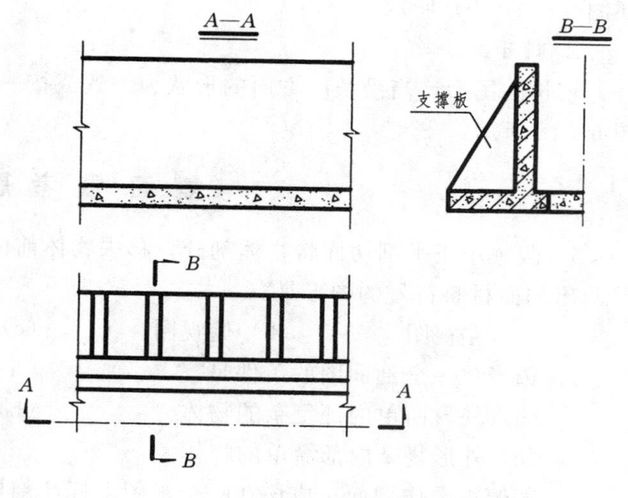

图 6-17　不剖画法

二、简化画法

1. 对称图形的简化画法

当图形对称时，可以只画对称的一半，但须在对称线上加注对称符号，如图 16-19（a）所示涵洞平面图。对称符号是细实线，其规定画法

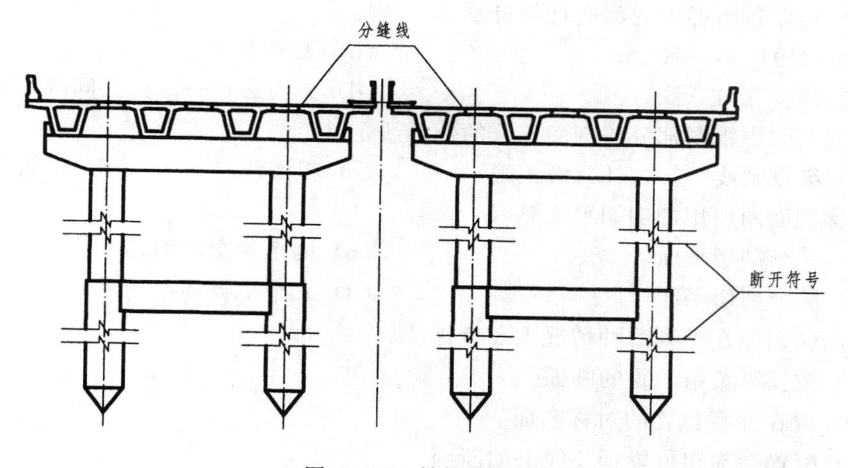

图 6-18　结构分缝线

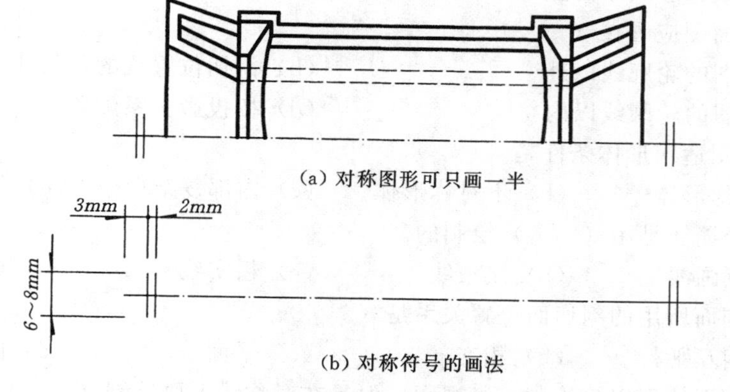

(a) 对称图形可只画一半

(b) 对称符号的画法

图 6-19　对称图形的简化画法

如图 6－19（b）所示。

2. 断开画法

较长的图形，当沿长度方向的形状为一致或按一定的规律变化时，可以断开绘制，如图 6－18 所示。

复习思考题

1. 假想用正平剖切面将物体剖开，移去物体前面的部分，将剩余部分向投影面投射，并画出剖面材料符号的图形是（　　）。

(a) 左视图　(b) 俯视图　(c) 剖面图　(d) 断面图

2. 选择单一全剖面图的条件是（　　）。

(a) 外形简单内部复杂的物体　(b) 非对称物体

(c) 外形复杂内部简单的物体　(d) 对称物体

3. 若俯视图作剖面，应该在哪个视图上标注剖切位置和投射方向（　　）。

(a) 主视图或左视图　(b) 俯视图　(c) 后视图　(d) 任意视图

4. 同一物体各图形中的剖面材料符号（　　）。

(a) 间距可不一致　(b) 无要求

(c) 必须方向一致　(d) 方向必须一致并要间隔相同

5. 半剖面图中视图部分与剖面部分的分界线是（　　）。

(a) 细点画线　(b) 波浪线　(c) 粗实线　(d) 中粗虚线

6. 阶梯剖面图所用的剖切平面是（　　）。

(a) 一个剖切平面　(b) 两个相交的剖切平面

(c) 两个剖切平面　(d) 几个平行的剖切平面

7. 移出断面图在下列哪种情况下要全标注（　　）。

(a) 按投影关系配置的断面

(b) 放在任意位置的对称断面

(c) 配置在剖切位置延长线上的断面

(d) 不按投影关系配置也不配置在剖切位置延长线上的不对称断面

8. 重合断面图应画在（　　）。

(a) 视图的轮廓线以外　(b) 剖切位置线的延长线上

(c) 视图的轮廓线以内　(d) 按投影关系配置

9. 半剖面图适用形体条件是（　　）。

(a) 对称形体　(b) 不对称形体　(c) 内部复杂形体　(d) 外形简单形体

10. 结构分缝线是用（　　）绘制的。

(a) 点画线　(b) 波浪线　(c) 粗实线　(d) 虚线

11. 旋转剖面所用的剖切面位置关系是（　　）。

(a) 相互平行　(b) 相交　(c) 平面　(d) 曲面

12. 对称的形体可以只绘制一半视图，但是在对称线上要绘制（　　）。

(a) 对称符号　(b) 波浪线　(c) 粗实线　(d) 简化符号

13. 局部剖面与视图的分界线是（　　）。

（a）点划线　　（b）波浪线　　（c）粗实线　　（d）虚线

14. 同一剖切位置处的断面图是剖面图的（　　）。

（a）补充内容　　（b）全部　　（c）一部分　　（d）无补充内容

答案

1. c　2. a　3. a　4. d　5. a　6. d　7. d　8. c　9. a　10. c　11. b　12. a　13. b　14. c

第七章 建筑物中的常见曲面

在建筑形体中，为了改善建筑物的受力状况，使水流平顺，增强建筑物的外形美观性，建筑物表面往往做成规则的曲面。例如拱桥的拱圈、过水的桥墩墩头、涵洞的进出口连接面、护坡、路面的弯道过渡段等。本章主要介绍道路桥梁工程中常见曲面的形成和图示方法，为专业形体的识读奠定基础。

第一节 曲 面 的 分 类

建筑物表面的曲面是由一条动线在一定约束条件下运动而形成的规则表面。运动的线称为母线，母线在曲面上的任意位置时称为素线。约束条件可以是点、直线或平面，分别称为定点、导线或导平面。不同的母线或不同的约束条件，即可形成不同类型的曲面。常见曲面包括柱面、锥面、扭曲面、同坡曲面等。绘制曲面的投影图，应先用粗实线画出曲面的最外投影轮廓，再用细实线画出曲面上的素线。

一、柱面

1. 形成

直母线沿着曲导线移动，并始终平行另一直导线所形成的曲面称为柱面。柱面上所有素线相互平行。如图 7-1（a）所示柱面，是直母线 AA_1，沿曲导线 AB 运动并始终平行于直导线 MN 而形成。

制图标准规定，在柱面的无积聚投影中均应用细实线绘制若干素线。绘制素线的原理——理论上，可等分其空间导线 AB，过等分点按投影对应关系在相应的视图中画出素线，如图 7-1（c）所示。在实际绘图时，不必严格等分导线，可按越靠近轮廓素线越稠密，越靠近轴线越稀疏的规律，控制素线的疏密。

2. 分类

根据柱面正截面（垂直于轴线的截面）的形状和底面与轴线的相对位置不同，常见柱面包括正圆柱面（正截面为圆，轴线垂直于底面）、正椭圆柱面、斜椭圆柱面，各面的投影特征见表 7-1。

二、锥面

1. 形成

直母线沿着曲导线移动，并始终通过一定点所形成的曲面称为锥面，如图 7-2 所示。

2. 分类

根据锥面正截面（垂直于轴线的截面）的形状和底面与轴线的相对位置不同，常见锥面包括正圆锥面、正椭圆锥面、斜椭圆锥面，各面的投影特征见表 7-2。

三、扭曲面

1. 形成

直母线沿着一对异面的导线运动，并始终平行于一个导平面所形成的曲面称为扭曲面。

2. 分类

根据导线形状的不同，扭曲面包括扭平面、扭锥面、扭柱面，各面的投影特征见表7－3。

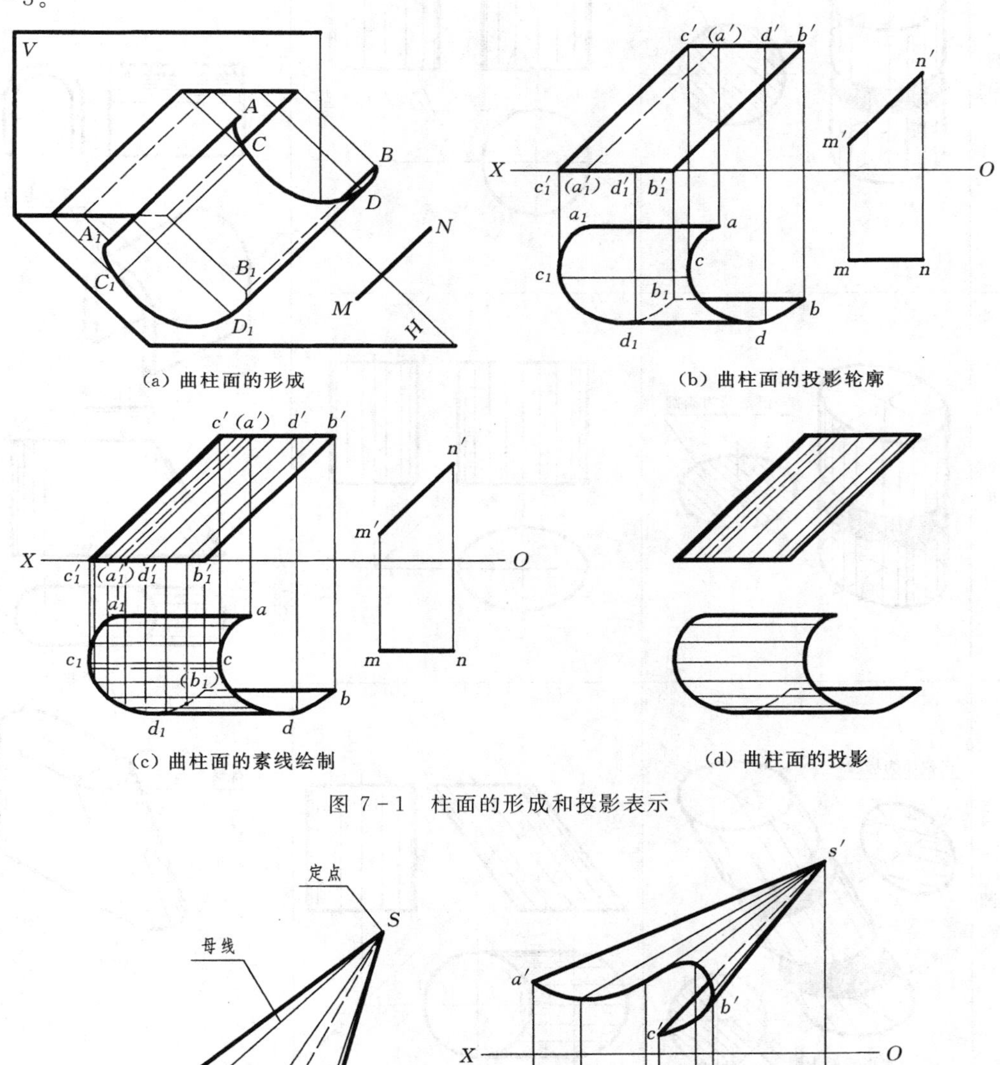

(a) 曲柱面的形成　(b) 曲柱面的投影轮廓

(c) 曲柱面的素线绘制　(d) 曲柱面的投影

图 7－1　柱面的形成和投影表示

(a) 形成　(b) 投影图

图 7－2　锥面的形成和投影表示

表 7－1　　**常　见　柱　面**

柱面类型	直　观　图	投　影　图	工　程　应　用
正圆柱面	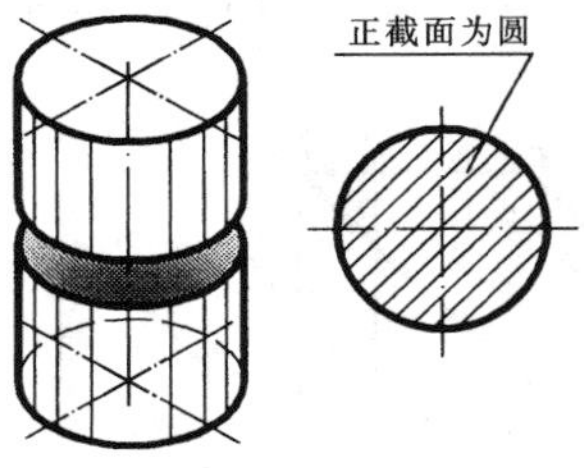 正截面为圆	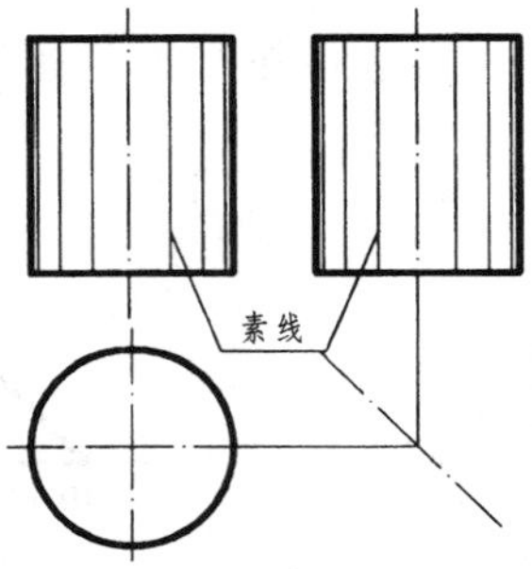 素线	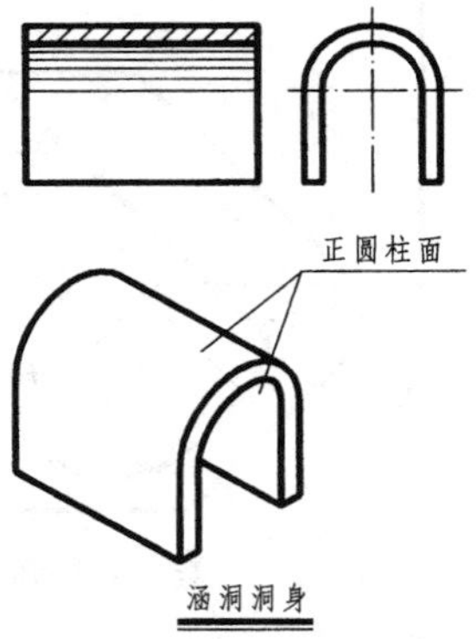 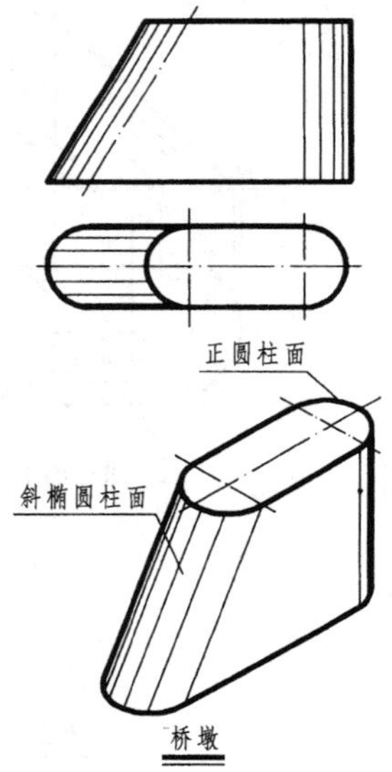 正圆柱面 涵洞洞身
正椭圆柱面	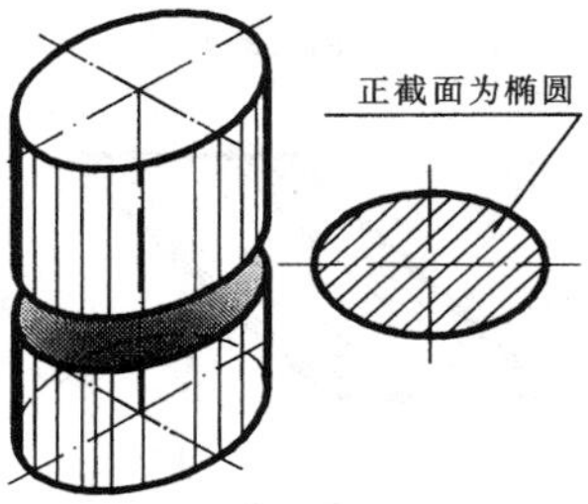 正截面为椭圆	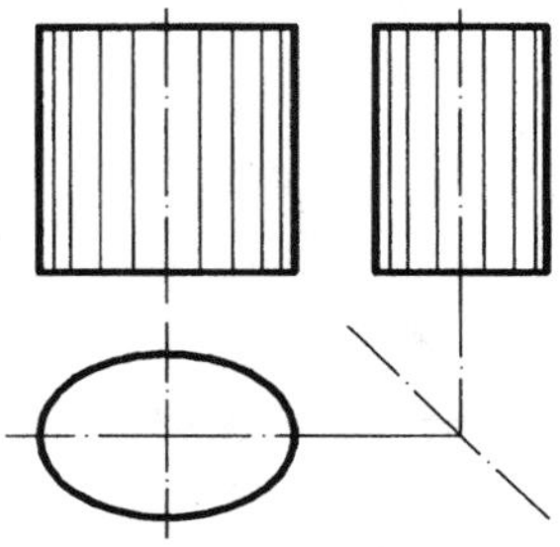	
斜椭圆柱面	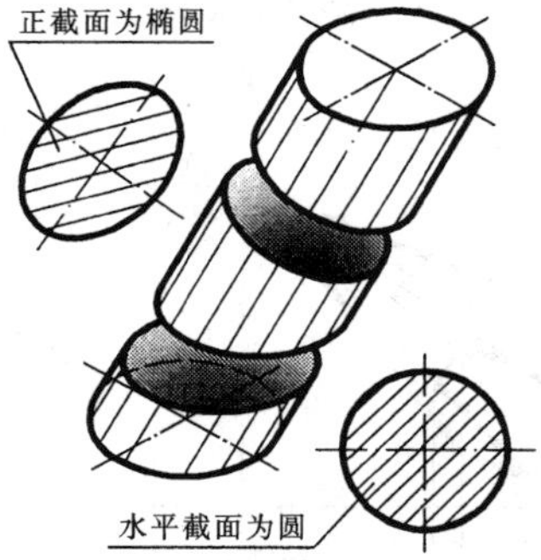 正截面为椭圆 水平截面为圆	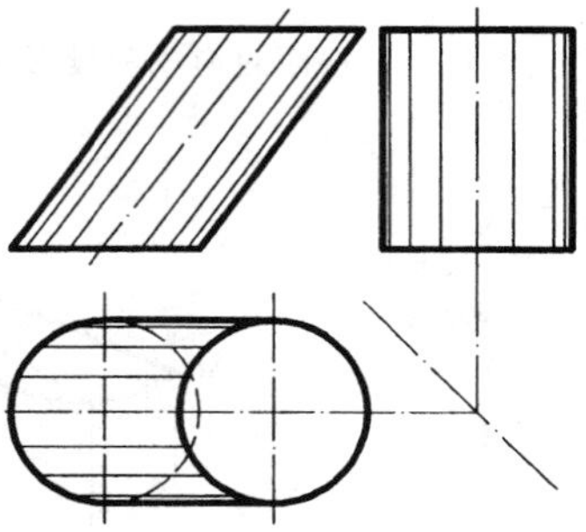	正圆柱面 斜椭圆柱面 桥墩
柱面特征	**柱面**是直母线沿曲导线运动，并始终平行另外一条直导线而形成。按照正截面形状和轴线与底面位置命名。柱面上的素线相互平行且相等，投影中的素线靠近轮廓线较密，靠近轴线较稀		

表 7－2 常 见 锥 面

锥面类型	直 观 图	投 影 图	工 程 应 用
正圆锥面	正截面为圆	素线	1/4正椭圆锥面 锥坡 涵洞入口
正椭圆锥面	正截面为椭圆		
斜椭圆锥面	正截面为椭圆 水平截面为圆		斜椭圆锥面 方圆渐变面
锥面特征	**锥面**是直母线沿曲导线运动，并始终经过定点而形成。按照正截面形状和轴线与底面位置命名。锥面上的素线汇交于一点。投影中的素线靠近轮廓线较密，靠近轴线较稀。锥面的素线也可以用长短相间的示坡线表示		

表 7-3　　扭　曲　面

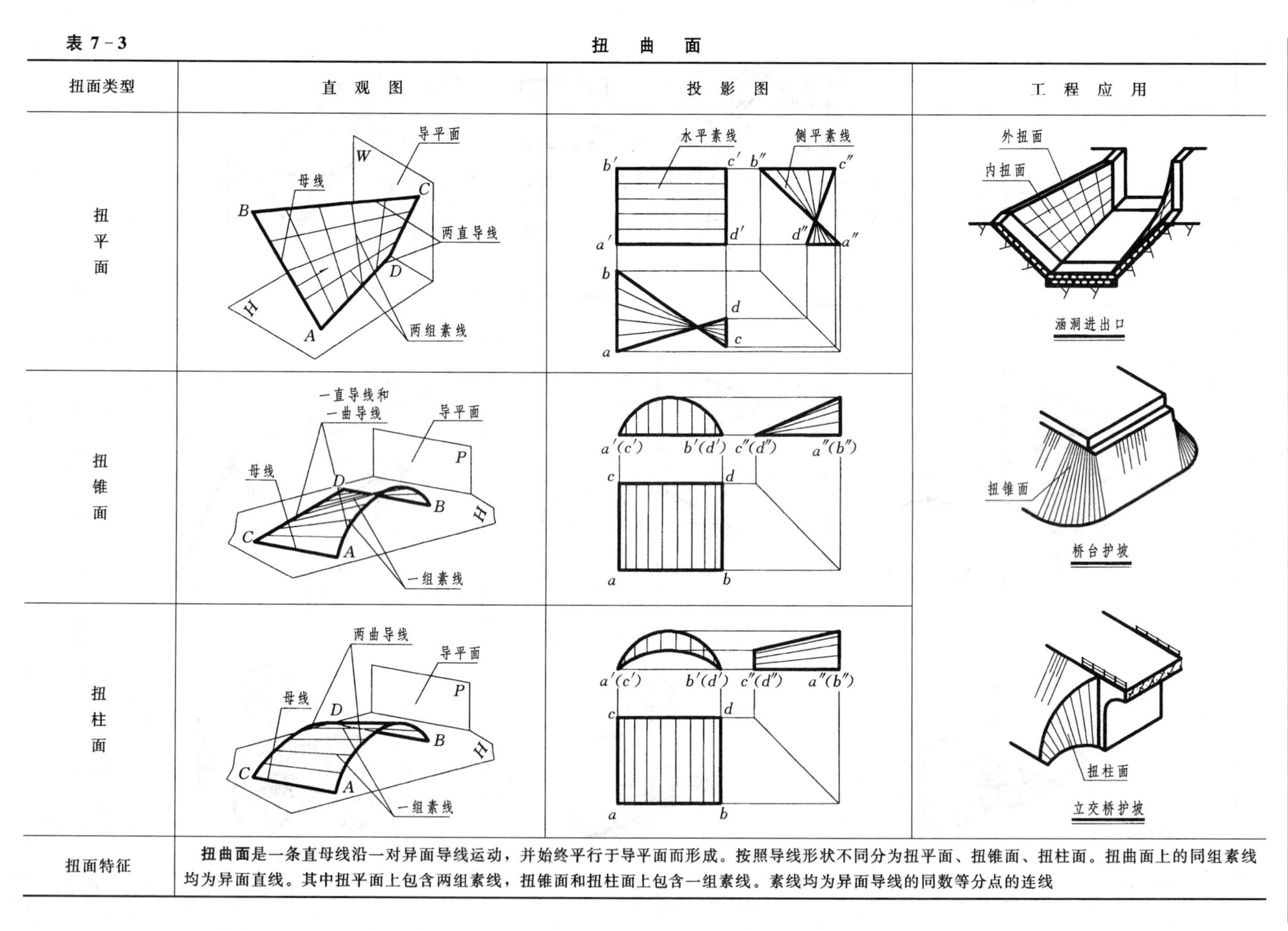

扭面类型	直观图	投影图	工程应用
扭平面			涵洞进出口
扭锥面			桥台护坡
扭柱面			立交桥护坡
扭面特征	**扭曲面**是一条直母线沿一对异面导线运动，并始终平行于导平面而形成。按照导线形状不同分为扭平面、扭锥面、扭柱面。扭曲面上的同组素线均为异面直线。其中扭平面上包含两组素线，扭锥面和扭柱面上包含一组素线。素线均为异面导线的同数等分点的连线		

第二节　曲 面 的 绘 制

绘制曲面的投影图时，首先应用粗实线画出曲面的最外投影轮廓，再用细实线画出曲面上的素线以增强立体感。本节主要介绍工程中常见曲面投影的绘制方法与步骤。

一、方圆渐变面

图 7-3 所示的方圆渐变面是斜椭圆锥面在工程上的应用实例。通常排水涵洞洞身设计成圆形断面，而排水沟往往设计成矩形或梯形断面，在矩形（梯形）断面和圆形断面之间，为了平顺引导水流，常用一个由矩形（梯形）逐渐变化成圆形的过渡段来连接，这个过渡段称为方圆渐变面。

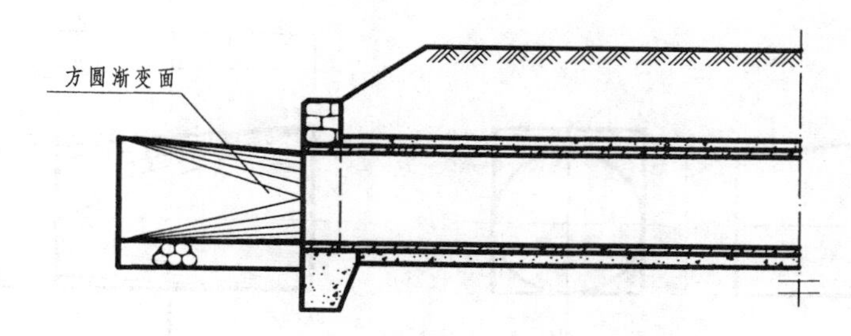

图 7-3　斜椭圆锥面的应用实例

图 7-4（a）为方圆渐变面的立体图。方圆渐变面是由四个三角形平面和四个部分斜椭圆面组成。矩形的四个角就是各斜椭圆锥的锥顶，圆周的四段圆弧就是四个部分斜椭圆锥面的底圆，四个三角形平面与四个部分斜椭圆锥面平滑相切。方圆渐变面一般用三视图和断面图来表示。

绘制方圆渐变面的三视图，应先画出两端的特征面三视图，再画出平面与圆锥曲面的分界线，并在圆锥曲面投影上画出素线。作图步骤如图 7-4（c）、（d）所示。

由图 7-4（b）中方圆渐变面中的Ⅰ—Ⅰ断面的立体图可知，方圆渐变面的横断面是带四个圆角的矩形，其中圆角半径 r_1 和断面轮廓尺寸 b_1、h_1 都随剖切位置的不同而变化。Ⅰ—Ⅰ断面图绘制的步骤是：在主视图和俯视图的剖切位置量 b_1、h_1 尺寸画断面的外轮廓——根据 r_1 定圆心画出四段圆弧，擦掉切去的外角加深得断面图，作图结果如图 7-4（e）所示。

二、扭曲面

1. 扭（平）面过渡段的应用与表示

图 7-5 所示的扭面过渡段是扭曲面在工程中的应用实例。在道路工程的弯道处，为了抵消一部分离心力，增加行车安全，往往将路拱断面过渡为超高断面，这个过渡面就是扭曲面。

扭曲面的投影表示方法是画出四条边线和素线的投影。其中，扭平面上有两组直素线（为了能清楚表示两组素线，制图标准规定：扭面的主视图、俯视图上画水平素线，左视图上画侧平素线）；扭锥面和扭柱面上有一组直素线。素线的绘制方法是等分两导线，连接对应等分点。图 7-6 所示为扭平面的投影绘制步骤。

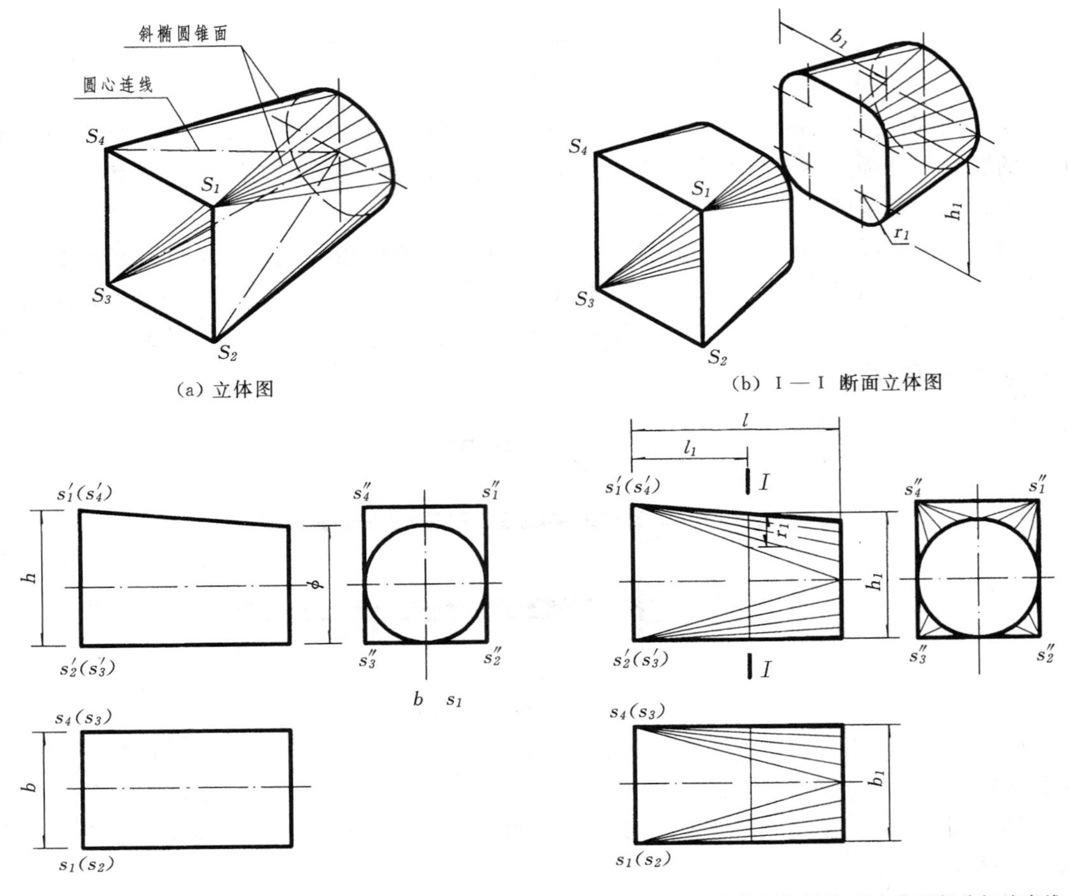

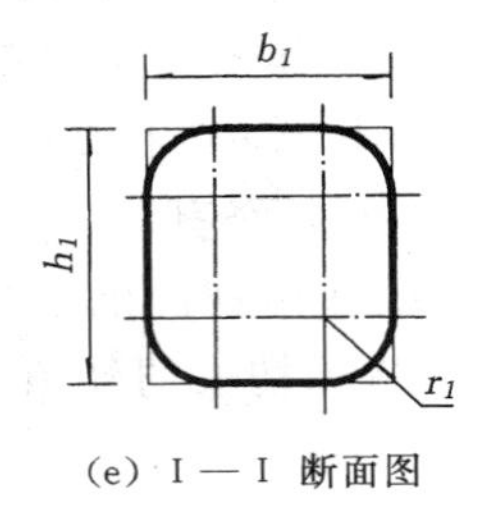

(e) Ⅰ—Ⅰ 断面图

图 7-4　方圆渐变面的投影表示

2. 扭（平）面过渡段的画法

如图 7-7（a）所示，过渡段由扭面翼墙及底板构成。绘制扭面过渡段，应先按形体分析法画出底板梯形柱体，再画扭面翼墙。

扭面翼墙分析：扭面翼墙由梯形端面 $BCGF$、平行四边形端面 $ADHE$、内扭面 AB-CD、外扭面 $EFGH$、顶面 $ABFE$、底面 $CDGH$ 六个面组成，起控制作用的是翼墙两个端面的形状和位置。

扭面翼墙三视图的画法（采用端面法）步骤：先画出扭面翼墙的两端面——连翼墙各

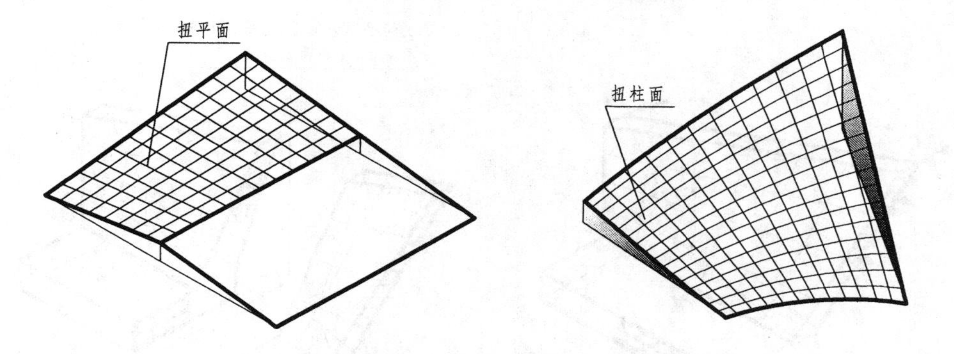

图 7-5　扭曲面应用示例（道路弯道处的超高过渡面）

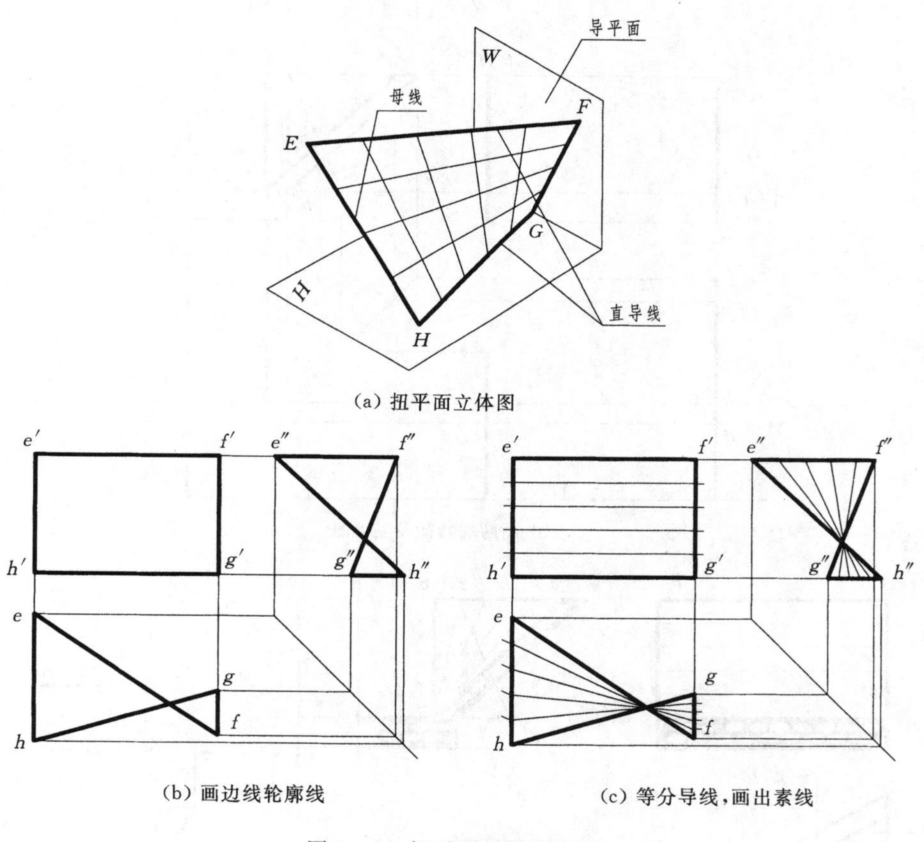

(a) 扭平面立体图

(b) 画边线轮廓线

(c) 等分导线，画出素线

图 7-6　扭平面的投影表示

侧棱——绘制内、外扭面的可见素线（看不见的素线一律不画），如图 7-7（b）、（c）所示。

扭面翼墙的断面分析：图 7-7（d）所示是扭面过渡段 A—A 断面图。该翼墙迎水面和背水面都是扭面，剖切平面 A—A 是侧平面，它与两个扭面的侧平素线平行，因此与两个扭面的交线都是直线，翼墙的断面形状是四边形，底板的断面形状为矩形。

扭面翼墙断面图的画法步骤：先标注剖切位置——沿剖切线量取尺寸 y、z 画底板断

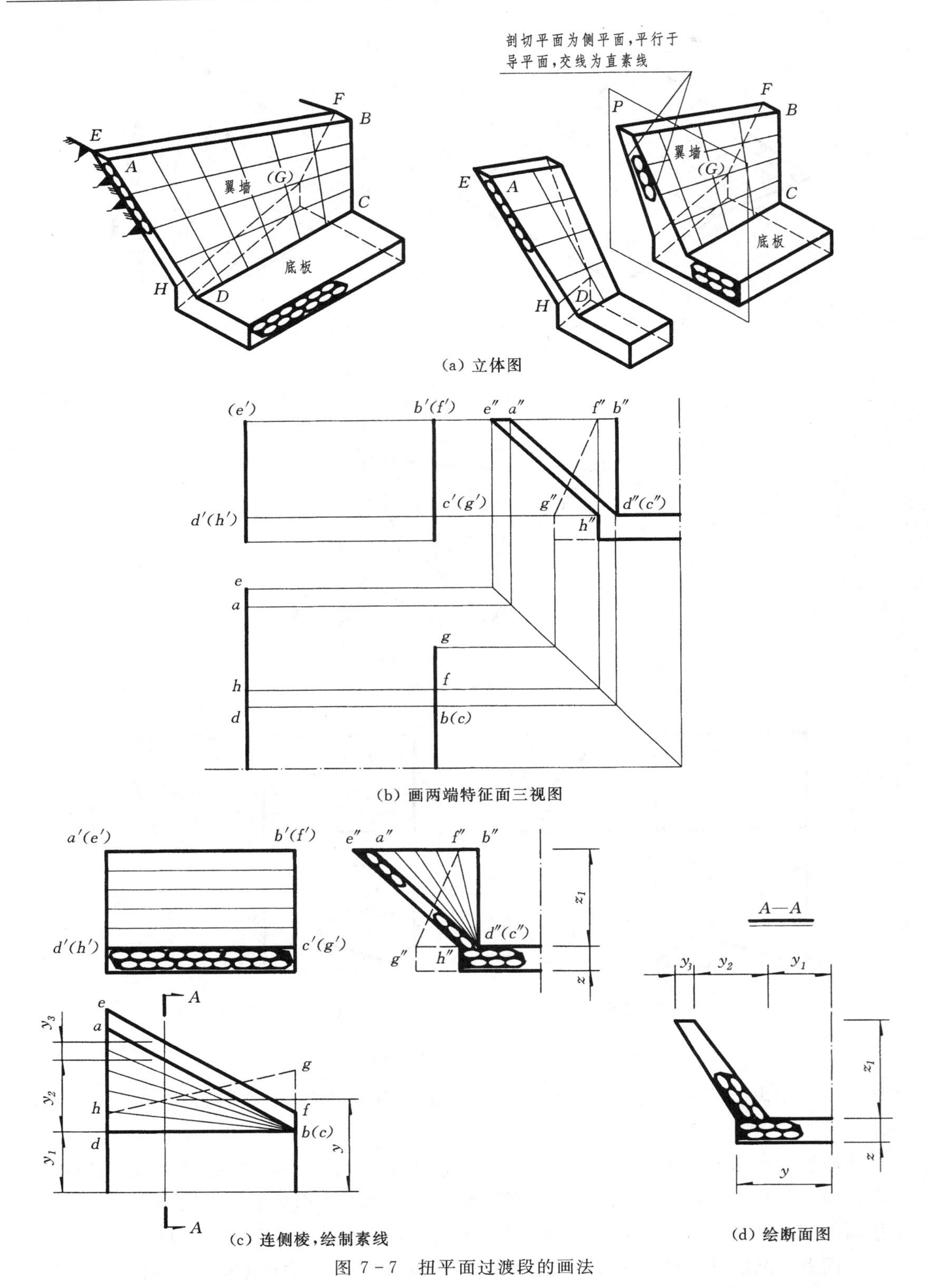

图 7-7　扭平面过渡段的画法

面——沿剖切线量取尺寸 y_1、y_2、y_3、z_1 画翼墙断面——擦去底板、翼墙断面的分界线——画剖面材料符号——注断面名称。

复 习 思 考 题

1. 柱面和锥面是以（　　）。
   （a）正截面（垂直于轴线的截面）的形状命名
   （b）底面与轴线的相对位置命名
   （c）水平截面的形状命名
   （d）正截面的形状和底面与轴线的相对位置命名
2. 正截面为圆，底面与轴线倾斜的锥面是（　　）。
   （a）正圆锥面　（b）正椭圆锥面　（c）斜椭圆锥面　（d）斜圆锥面
3. 绘制柱面素线的原理是（　　）。
   （a）所有视图中素线均按等间距绘制
   （b）先等分其导线，过等分点按投影对应关系在相应的视图中画出素线
   （c）所有视图中素线均按中间间距大，两边间距逐渐变小绘制
   （d）先等分其导线，其他视图中素线随意绘制
4. 实际绘图中柱面上素线的画法是（　　）。
   （a）大致控制从轴线到轮廓素线之间，由稀到密平行轴线画细实线
   （b）大致控制从轴线到轮廓素线之间，由密到稀平行轴线画细实线
   （c）大致控制，按视图中间密两边稀画素线
   （d）大致控制，按视图中间稀两边密画素线
5. 锥面上的素线应该是（　　）。
   （a）都不过锥顶　（b）都通过锥顶　（c）一半通过锥顶　（d）一部分通过锥顶
6. 方圆渐变段长度 1/2 处断面的圆弧半径是（　　）。
   （a）圆的半径　（b）方形的边长　（c）圆半径的 1/2　（d）圆半径的 1/4
7. 扭（平）面上的素线有（　　）。
   （a）一组　（b）两组　（c）三组　（d）四组
8. 扭柱面的导线是（　　）。
   （a）两共面直线　（b）两异面直线　（c）两曲线　（d）一直线与一曲线
9. 扭（平）面翼墙的横断面形状是（　　）。
   （a）矩形　（b）三边形　（c）菱形　（d）梯形
10. 曲面投影中不包括（　　）。
   （a）曲面边线　（b）素线　（c）曲面最外轮廓素线　（d）材料图例

答案

1. d　2. d　3. b　4. a　5. b　6. c　7. b　8. c　9. d　10. d

第八章　标　高　投　影

道路工程是修建在地面上的，它与地面有密切的关系。为了图解有关工程问题，常需绘制地形图。由于地面形状复杂多变，用三视图难以表达清楚，因此人们在工程实践中总结了适合绘制地形面的标高投影图。

第一节　标 高 投 影 概 述

一、标高投影的工程应用

如图 8－1（a）所示，修建在地面上的建筑物与所处地面紧密相连，必然会产生各种

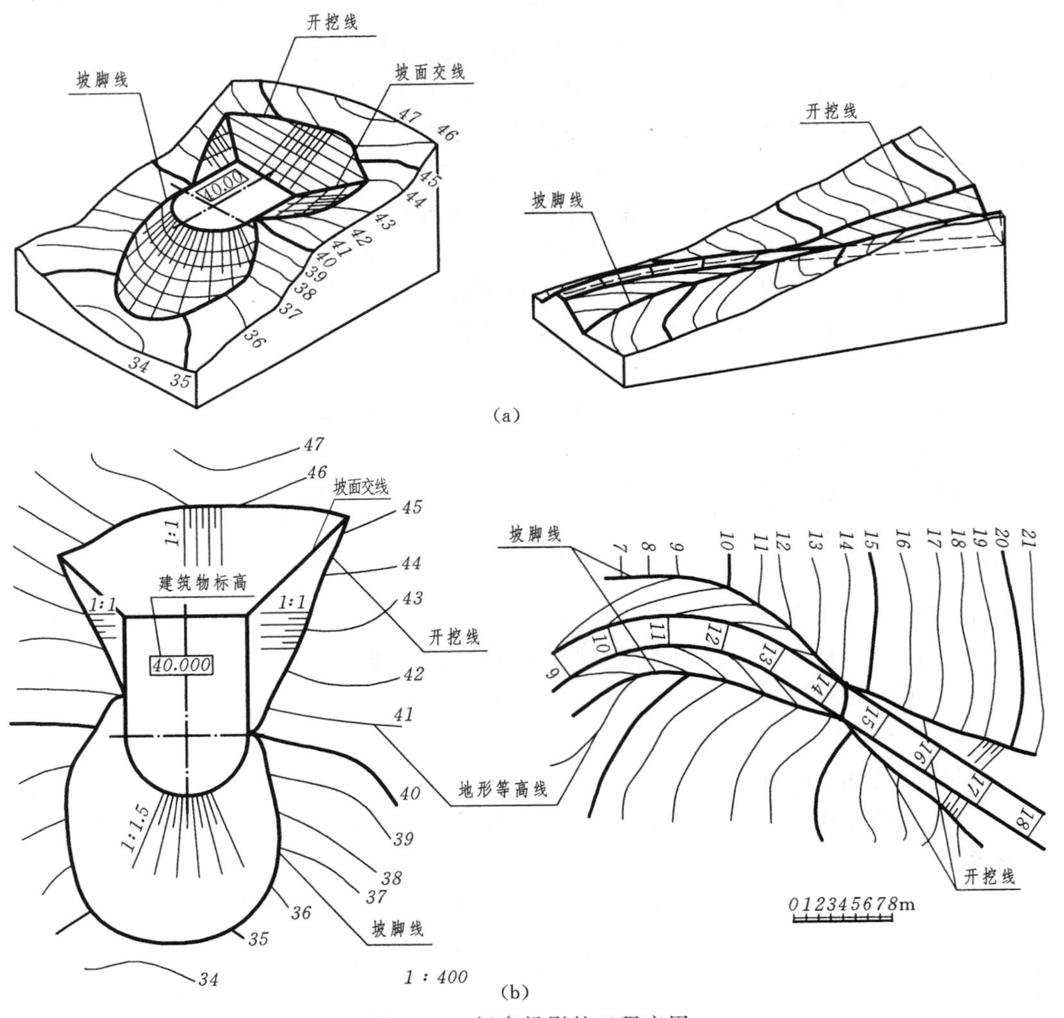

图 8－1　标高投影的工程应用

类型的交线：开挖线（开挖坡面与地面的交线）、坡脚线（填方坡面与地面的交线）、坡面交线（建筑物相邻坡面的交线）。

标高投影图不仅可以准确表达建筑物、地面的空间形状，还可以图解求得两者之间的各类连接交线，而该交线投影是工程施工放样的重要依据，如图 8-1（b）所示。

二、标高投影的形成

标高投影是在物体的水平投影上加注某些特征面、线以及控制点的高程数值和比例的单面正投影，即加注高程数值的水平投影图。如四棱台的标高投影就是取其水平投影，并加注上、下底面的高程和绘图比例（为了形象表示坡面，斜坡面上加绘示坡线）而形成，如图 8-2（a）、（b）所示分别是四棱台的三视图和标高投影图，两种方法均可表达四棱台的空间形状和大小。

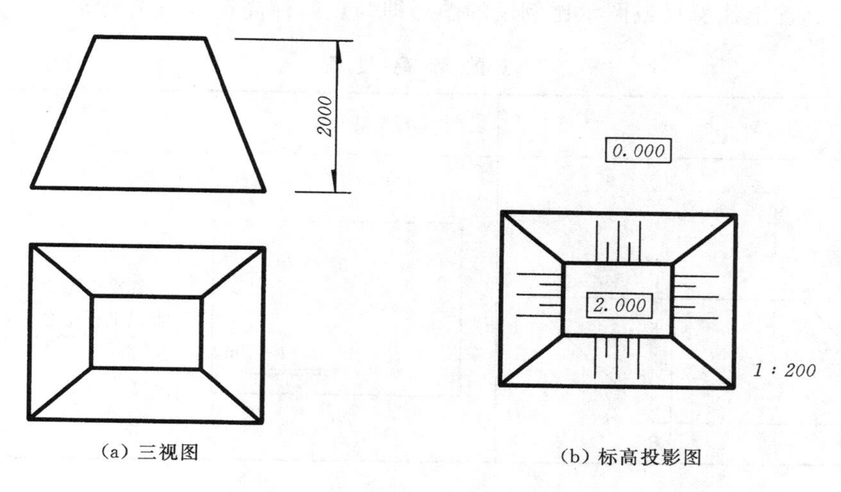

（a）三视图　　（b）标高投影图

图 8-2　标高投影的形成

由图 8-2 可知，标高投影图的三要素是：物体的水平投影、高程数值、比例尺。

其中：高程数值表示以某一水平面为基准面，空间点到基准面的高度距离。高程分为绝对高程和相对高程，以黄海平均海平面为基准面的高程称为绝对高程，以其他水平面为基准面的高程称为相对高程。规定：基准面高程为零，基准面以上的高程为正，“+”号通常省略不写，基准面以下的高程为负。高程常用的单位是米，一般精确到小数点后三位。道路工程和水利工程经常采用绝对标高，而工业民用建筑工程多采用相对高程，如图 8-3 所示。

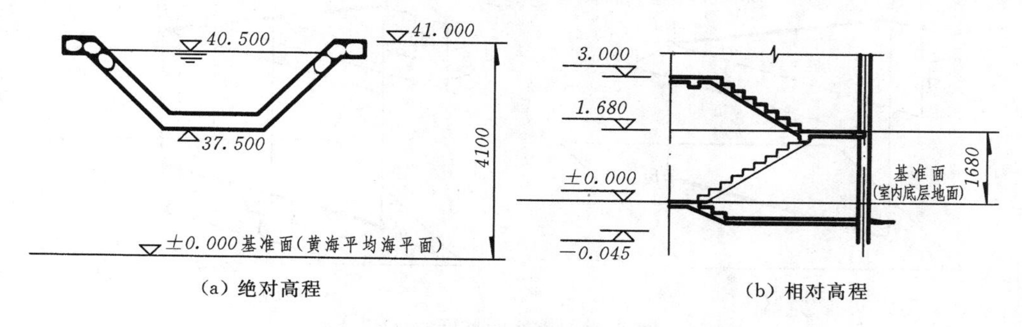

（a）绝对高程　　（b）相对高程

图 8-3　绝对高程和相对高程

比例尺是度量投影中线段大小的依据，常见比例尺表示形式有“1∶100”（即图中1cm表示实际尺寸为100cm）和“0 1 2 3m”（图示比例尺）两种形式。

第二节　点、线、面的标高投影

物体都是由点、线、面组成的，点、线、面的标高投影是图示和图解工程形体标高投影的基础。

一、点的标高投影

以水平投影面 H 为基准面，作出点的水平投影，在该投影的右下角加注点到 H 面的高程数值，并注上比例尺或图示比例尺的图形即为点的标高投影，见表 8-1。

表 8-1　　　点的标高投影

空间形状	标高投影	说明
A, a_5, b_{-3}, B, H	b_{-3}, a_5, 0 1 2m	标高值为正，表示点在基准面以上；反之，在基准面以下

二、直线的标高投影

1. 直线的坡度与平距

直线的坡度就是直线上任意两点的高差与其水平投影的比值，用“i”表示。如图 8-4（a）所示，直线上 A、B 两点的高差为 ΔH，水平投影的长度为 L，直线 AB 对 H 面的倾角为 α，则得：

$$坡度\ i=\frac{高差\ \Delta H}{水平投影距离\ L}=\tan\alpha$$

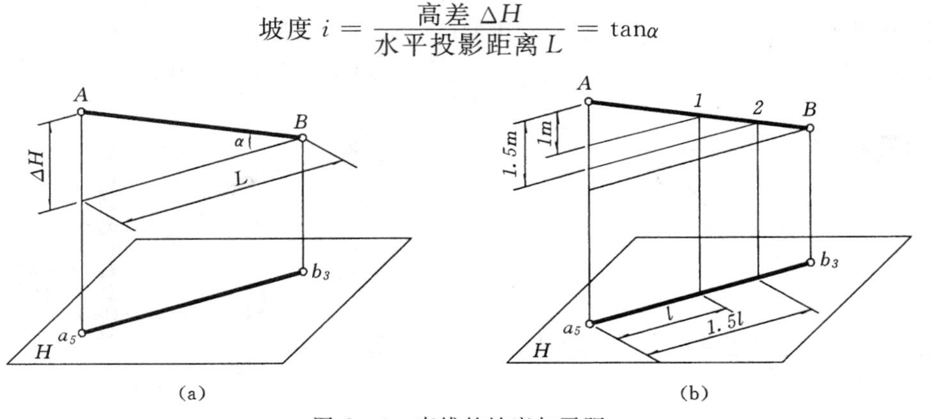

图 8-4　直线的坡度与平距

“i”可以定量描述直线对水平面的倾斜程度，i 值越大，表示坡度越陡，如 1∶2 的直线比 1∶3 的直线要陡。

直线的平距是指直线上高差为 1m 的两点水平投影的距离，用“l”表示。平距与坡度互为倒数。

$$平距\ l=\frac{水平投影距离\ L}{高差\ \Delta H}=\cot\alpha$$

l 值越大，表明该直线越平缓。直线上高差为 1m 的两点水平投影长度即为 $1l$，高差为 2m 的两点的投影长度即为 $2l$，依次类推，如图 8-4（b）所示。

2. 直线的标高投影表示法

直线的标高投影常用直线上点的标高投影和直线的坡度（箭头指向下坡方向）来表示，常见表示方法见表 8-2。

表 8-2　　　　直线的标高投影

	空间形状	标高投影	备注
斜直线	A　1∶2　B　b_3　a_5　H	a_5　b_3　1∶200	用直线上两点表示
		a_5　1∶2　1∶200	用直线上一点和坡度表示，箭头指向下坡方向
水平线	A　B　a_4　b_4　H	4　1∶200	用直线水平投影加高程表示

3. 直线上任意点的标高投影

直线的标高投影确定了直线的空间位置，因此已知直线的标高投影，就可以求出直线上任意高程点的标高投影；反之，已知直线标高投影上某点的位置，即可计算出该点的高程。

【例 8-1】　如图 8-5（a）所示，已知直线 AB 的标高投影 $a_{3.5}b_{8.5}$，求直线上高程为 5m、7m 高程点的标高投影和直线上距 A 点水平距离为 4m 的 K 点的高程。

（1）求整数高程点。

由已知条件可知：$\Delta H_{ab}=H_b-H_a=8.5-3.5=5\text{m}$，$L_{ab}=10\text{m}$，（用图中比例尺量得），则直线坡度 $i=\Delta H_{ab}/L_{ab}=5/10=1∶2$，$l=1/i=2\text{m}$。

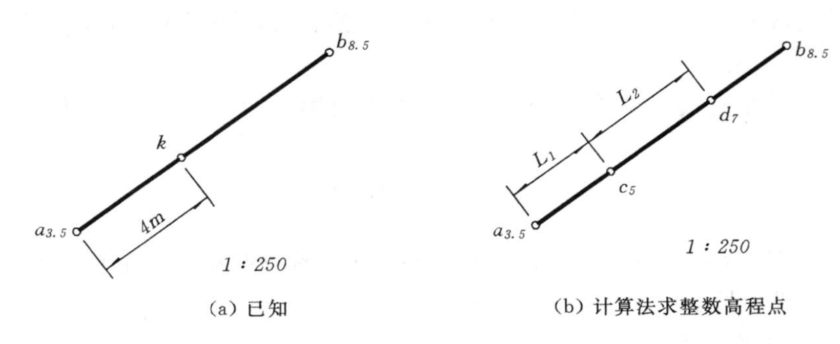

(a) 已知　　(b) 计算法求整数高程点

图 8-5　直线上高程点的求作

因高程为 5m 的点距 A 点的高差 $\Delta H=5-3.5=1.5\text{m}$，则水平投影距离 $L_1=1.5l=1.5\times2=3\text{m}$，高程 7m 的点与 5m 点水平投影距离 $L_2=2l=4\text{m}$，根据比例依次量取 L_1、L_2 即得各点标高投影，如图 8-5（b）所示。

（2）求 K 点的高程。

已知 $L_{ak}=4\text{m}$，$i=1:2$，则 A、K 两点高差 $\Delta H_{ak}=H_k-H_a=L_{ak}i=4\times1/2=2\text{m}$，由此可得 $H_k=\Delta H_{ak}+H_a=2+3.5=5.5\text{m}$，即 K 点的高程为 5.5m。

三、面的标高投影

道路桥梁工程形体中常见表面包括平面、圆锥曲面、同坡曲面和不规则地形面，无论表面形状如何，面内均包含等高线、坡度线等特殊线。面的标高投影常用面内特殊线表示。

1. 各类面内的等高线与坡度线

面内的等高线就是面内的水平线，即该面与一系列水平面的交线，将等高线向 H 面投影并注上相应的高程，即得等高线的标高投影。

面内的坡度线就是面内对水平面的最大斜度线，坡度线的坡度就代表面的坡度。坡度线与 H 面的夹角反映了平面对 H 面的倾角 α。面内的坡度线与等高线空间互相垂直，根据直角投影定理，它们的标高投影也互相垂直。

不同形状的表面内等高线与坡度线的特征总结见表 8-3。

表 8-3　　面内的等高线与坡度线

表面类型	空间形状	标高投影	特征
平面			**平面等高线特征：** (1)直线； (2)相互平行； (3)高差相等时，等高线间的水平投影距离也相等。 **平面坡度线特征：** 坡度线与等高线空间互相垂直，根据直角投影定理，其标高投影也互相垂直

续表

表面类型	空间形状	标高投影	特　征
圆锥曲面	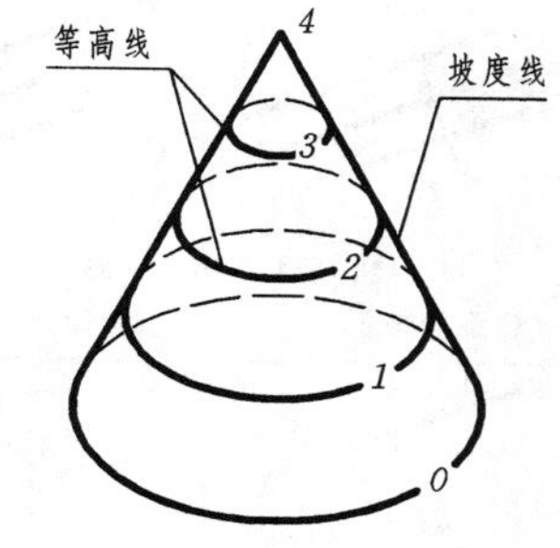 等高线 4 坡度线 3 2 1 0	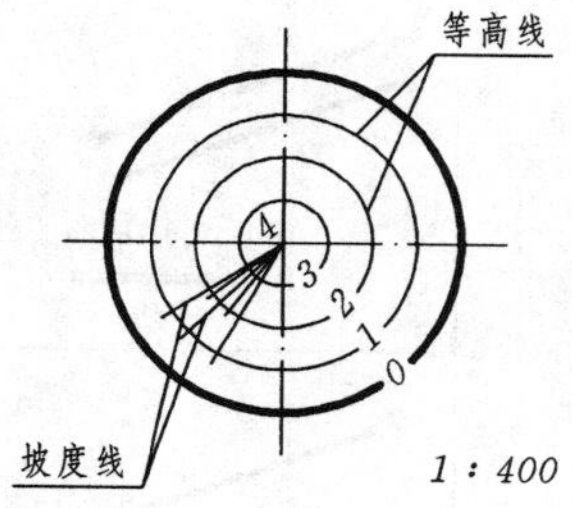 等高线 4 3 2 1 0 坡度线 1∶400	**锥面等高线特征：** （1）等高线是圆，投影是同心圆； （2）高差相等时等高线间的水平投影距离相等。 **锥面坡度线特征：** 圆锥面上的所有素线坡度相等，是锥面上的坡度线，与等高线空间垂直。坡度线投影汇交于锥顶
同坡曲面	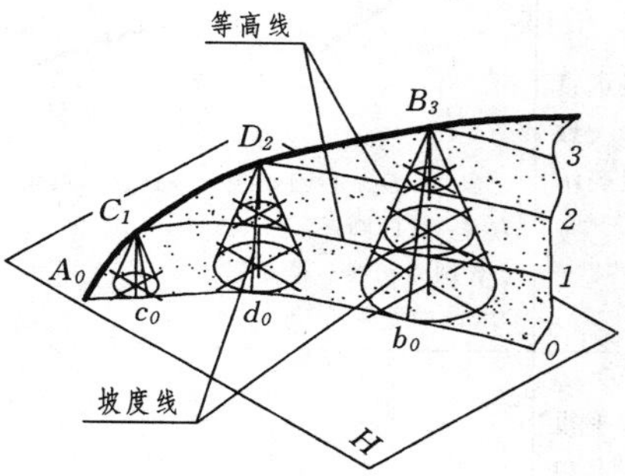 等高线 B_3 D_2 C_1 A_0 3 2 1 0 c_0 d_0 b_0 坡度线 H	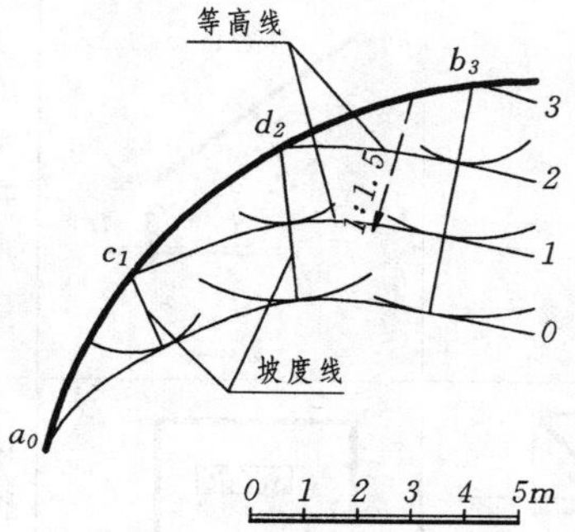 等高线 b_3 d_2 1∶1.5 3 2 1 0 c_1 坡度线 a_0 0 1 2 3 4 5m	**同坡曲面等高线特征：** （1）等高线是光滑的非圆曲线； （2）同坡曲面的等高线与运动的正圆锥面的同高程等高线相切，切点在两面同高程等高线的交点上。 **同坡曲面坡度线特征：** 曲面上各处坡度线方向各不相同，坡度值大小相等
地形面	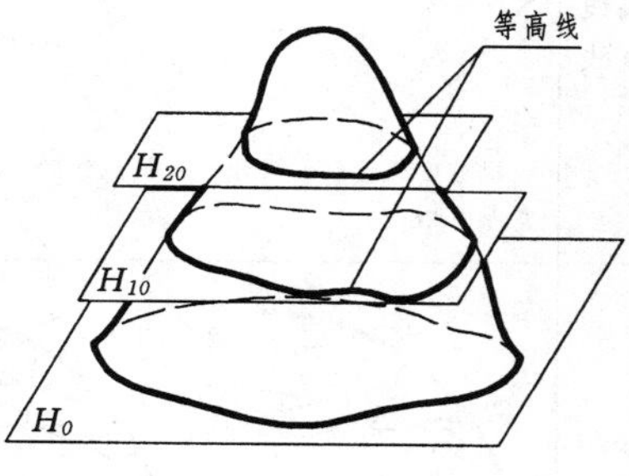 等高线 H_{20} H_{10} H_0	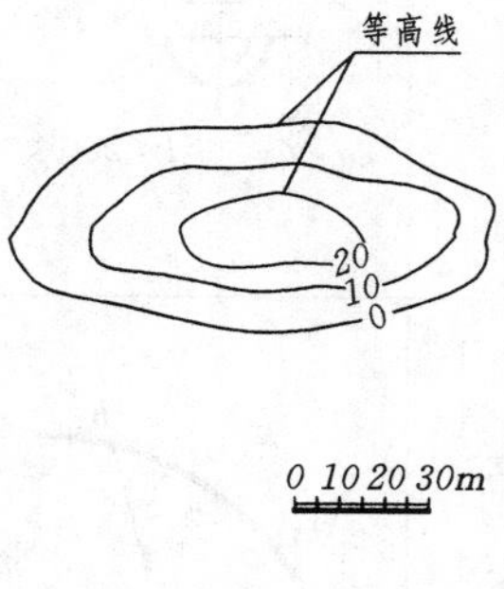 等高线 20 10 0 0 10 20 30m	**地形等高线特征：** （1）等高线是封闭的不规则曲线； （2）一般情况下相邻等高线是包含关系，既不平行，也不相交； （3）等高线的疏密反映坡度的缓急。 **地面坡度线特征：** 曲面上各点坡度线方向、大小各不相同

2. 各类面的标高投影表示和任意等高线的求作

在图示和图解实际工程中的问题时，常见表面的标高投影表示法及面内等高线的求作方法见表 8-4。

表 8-4 **面的标高投影及等高线求作**

表面类型		标高投影表示法		高程为 2m 的等高线求作示例	
斜平面	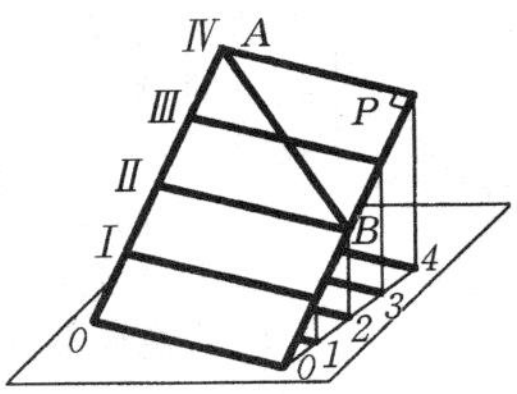	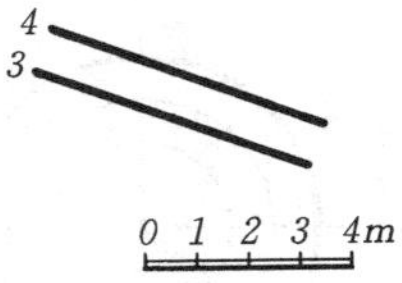	用两条等高线表示	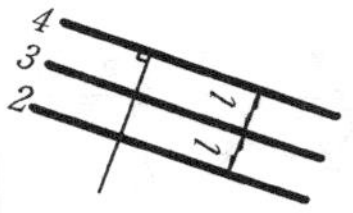 作坡度线，量取平距 l 作平行线	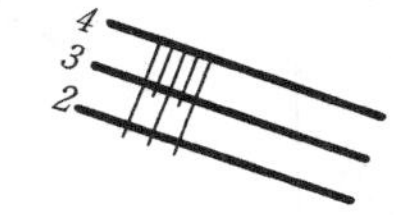 画示坡线（垂直于等高线）
		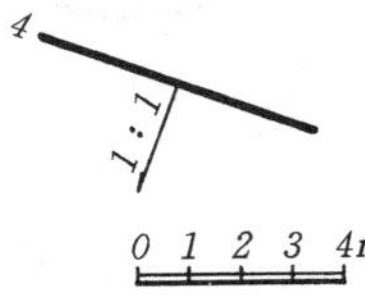	用等高线和坡度线表示	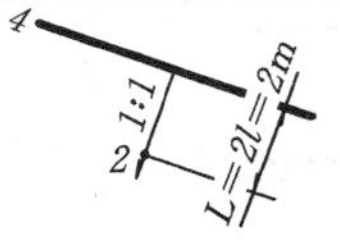 沿坡度线量取 l 求作高程为 2m 的点	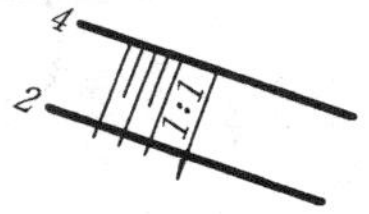 过点作平行线，画出示坡线
		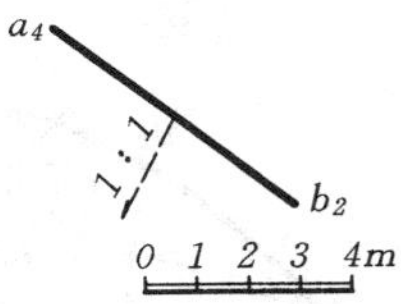	用任意直线和大致坡度表示	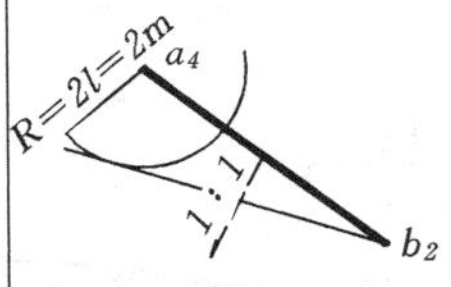 以 a_4 为圆心画半径为 $R=2l$ 的圆弧，过 b_2 点作圆弧切线，得高程为 2m 的等高线	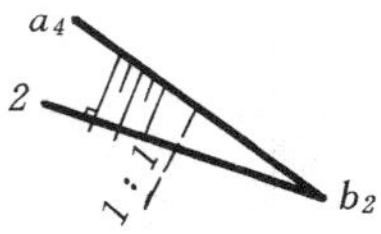 画出示坡线
水平面	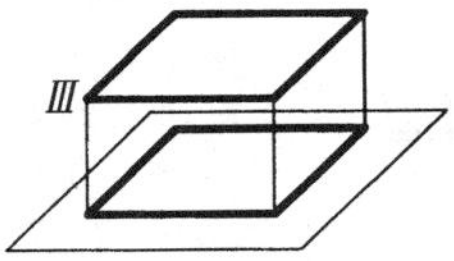	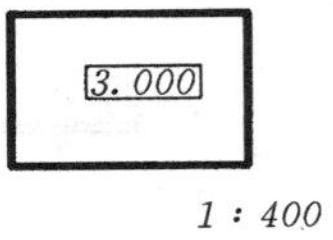	用水平投影和高程数值表示		
圆锥曲面		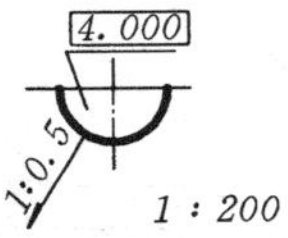	用等高线和坡度线表示	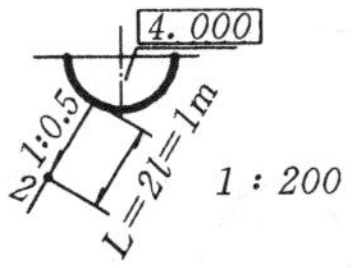 沿坡度线量取 L 求作高程为 2m 的点	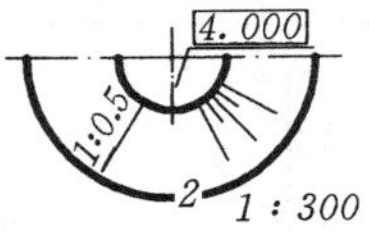 过点作同心圆，并画出示坡线
同坡曲面	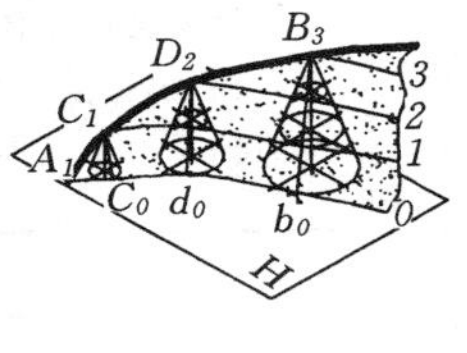	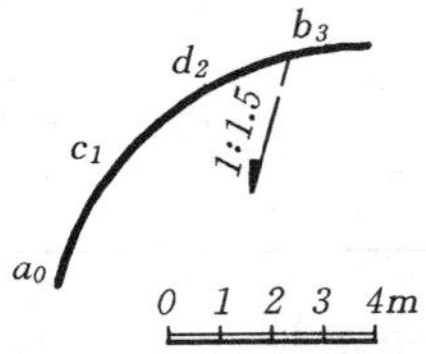	用导线和大致坡度表示	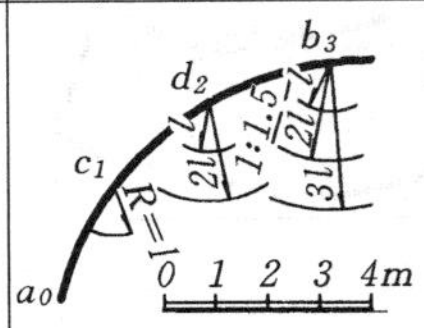 过导线高程点分别以 $1l$、$2l$、$3l$ 为半径画运动圆锥面上各等高线	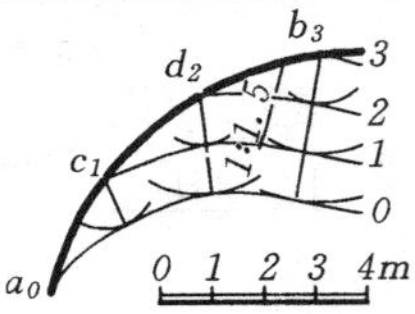 作圆锥面上同高程等高线的切线，即为同坡曲面等高线

续表

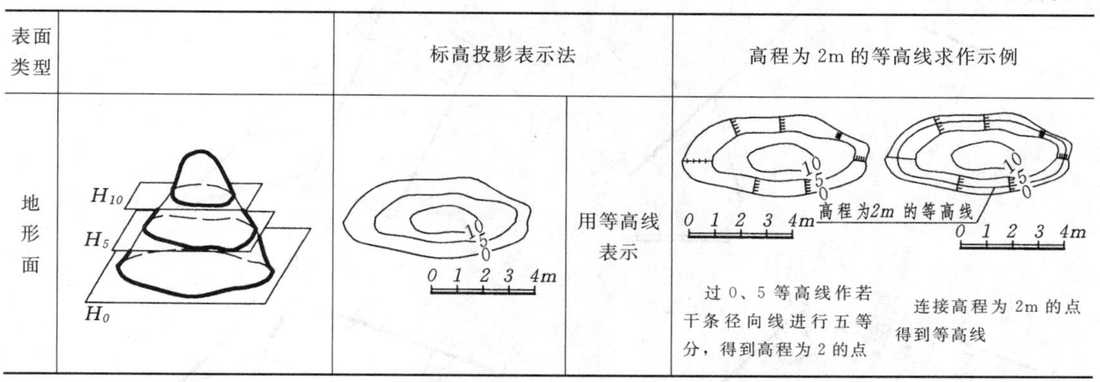

表面类型		标高投影表示法		高程为2m的等高线求作示例
地形面			用等高线表示	过0、5等高线作若干条径向线进行五等分，得到高程为2的点；连接高程为2m的点得到等高线

第三节　地面上建筑物的标高投影（等高线法）

由图8－1的示例可以看出，地面上的建筑物在空间产生多种交线。标高投影图就是图示地面、建筑物投影和图解两者交线的工程图样。图解表面交线常用的方法是等高线法。

一、交线求作（等高线法）

在标高投影的交线作图中，通常选水平面为辅助面，求出水平辅助面与相交两平面的交线得两平面上同高程的等高线，它们的交点即是交线上的一个共有点；同理再求得其他共有点，连接各点可求得交线。通过等高线求得交线投影的方法称等高线法。如图8－6所示，求作两平面P、Q的交线可假想先作出两个水平辅助面H_{25}和H_{20}与P、Q两平面相交，得P、Q平面上两组等高线25和20，连接同高程等高线的交点A、B，即得P、Q两平面的交线AB的标高投影。

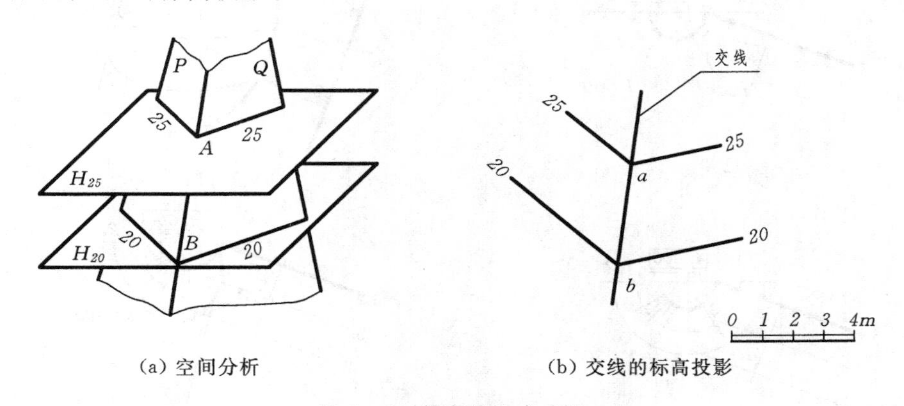

(a) 空间分析　　(b) 交线的标高投影

图8－6　等高线法求交线

【例8－2】　求作图8－7（a）所示的两平面交线。

分析

根据已知条件：相交两表面均为平面，交线为直线，求出两个共有点连接即得交线。空间形状如图8－7（b）所示。

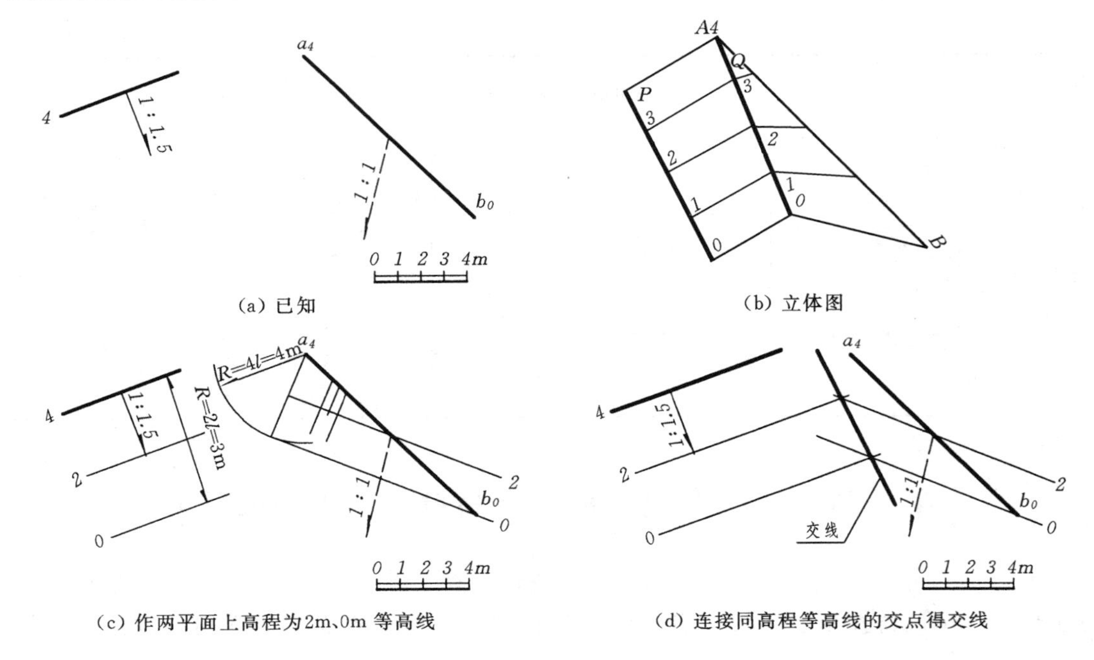

(a) 已知
(b) 立体图
(c) 作两平面上高程为2m、0m 等高线
(d) 连接同高程等高线的交点得交线

图 8-7 两平面的交线

作图

先求两面上的高程为2m、0m的等高线，其中 Q 面的等高线求作见表 8-4，需画图作切线得到。然后连接相交两表面同高程等高线交点可得交线投影。如图 8-7（c）、（d）所示。

【例 8-3】 求作图 8-8（a）所示的两面交线。

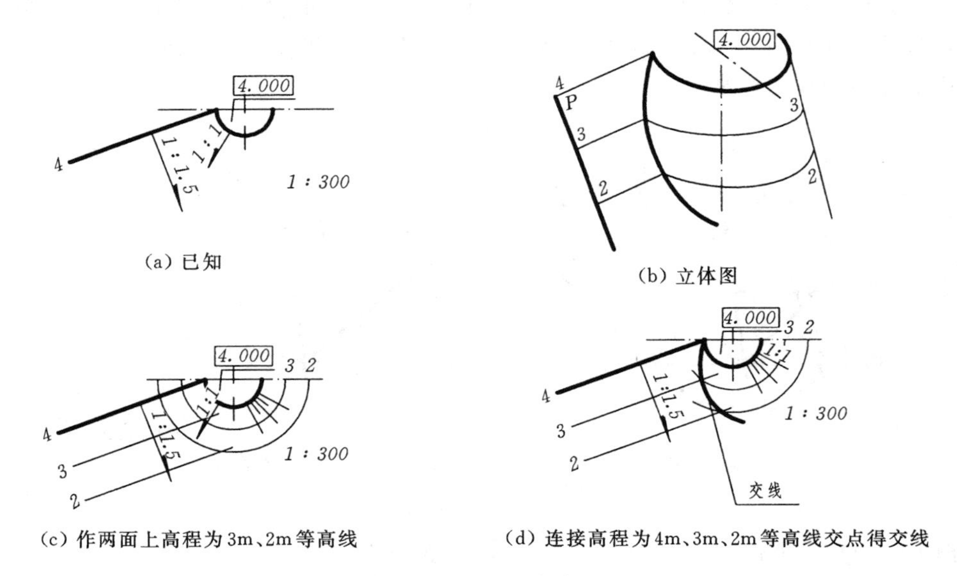

(a) 已知
(b) 立体图
(c) 作两面上高程为3m、2m 等高线
(d) 连接高程为4m、3m、2m 等高线交点得交线

图 8-8 两面的交线

分析

根据已知条件：两表面分别为平面和圆锥曲面，交线为曲线，至少应求出三个共有点

连接可得交线投影。空间形状如图 8－8（b）所示。

作图

先求两面上的高程为 4m、3m、2m 的等高线，其中锥面的等高线为同心圆。然后连接同高程等高线交点可得交线投影。如图 8－8（c）、（d）所示。

二、平地面上建筑物的标高投影（等高线法）

如图 8－9 所示，修建在平地面上的建筑物产生多种交线，完成标高投影图，主要是求作交线投影。交线包括两类：一是建筑物表面与地面的交线，其中填方坡面与地面的交线称坡脚线，挖方坡面与地面的交线称开挖线，因地面简化为水平面，故交线均为等高线；二是建筑物相邻坡面的交线称坡面交线，因相交的坡面可能是平面、曲面，所以坡面交线空间形状可能为直线、曲线，求作时首先应定性判断交线形状。若交线形状为直线，需求出交线上两个共有点；若交线形状为曲线，至少需求出交线上三个共有点连线。求共有点的方法多用等高线法。

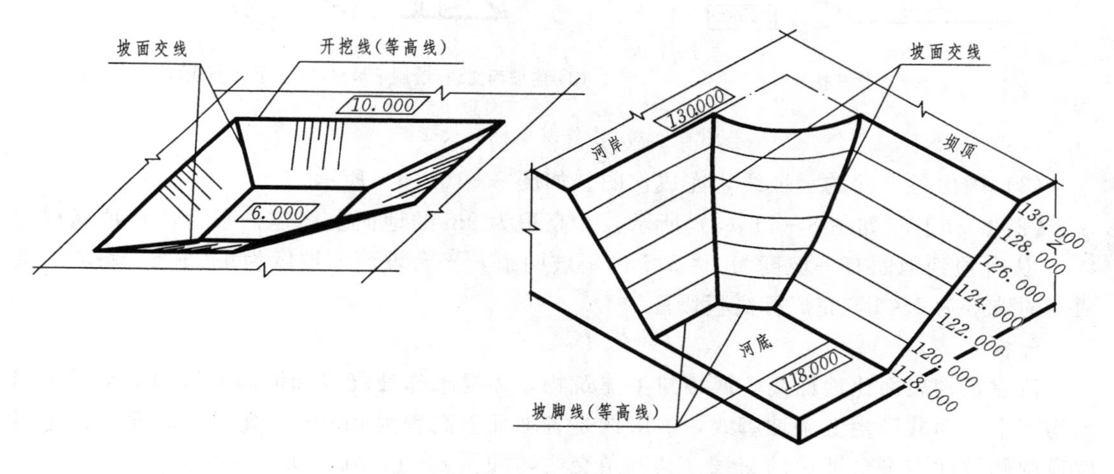

图 8－9 平地面上建筑物交线

【例 8－4】 已知地面高程为 10m，基坑底面高程为 6m，坑底的大小形状和各坡面坡度如图 8－10（a）所示，完成基坑开挖后的标高投影图。

分析

该建筑物表面比地面低，属开挖类建筑物，需要求作开挖线和坡面交线两类交线。开挖线是坡面与地面的交线，建筑物共五个坡面，产生五条开挖线，开挖线是各坡面上高程为 10m 的等高线。相邻五个坡面相交产生五条坡面交线，空间形状如图 8－10（b）所示。

作图

（1）求开挖线。基坑底边线是各坡面上高程为 6m 的等高线，开挖线是各坡面上高程为 10m 的等高线，两等高线间的高差 $\Delta H=4$m，水平距离 $L=\Delta H\times l=4l$，当 $l=2$ 时，$L_1=2\times4=8$m；当 $l=3$ 时，$L_2=3\times4=12$m。根据所求的水平距离按比例沿各坡面坡度线分别量取 $L_1=8$m 和 $L_2=12$m，得各坡面上的 10m 高程点，过各点作基坑底边平行线，即得所求开挖线，如图 8－10（c）所示。

（2）求坡面交线。直接连接相邻两坡面同高程等高线的交点，即得相邻两坡面交线。

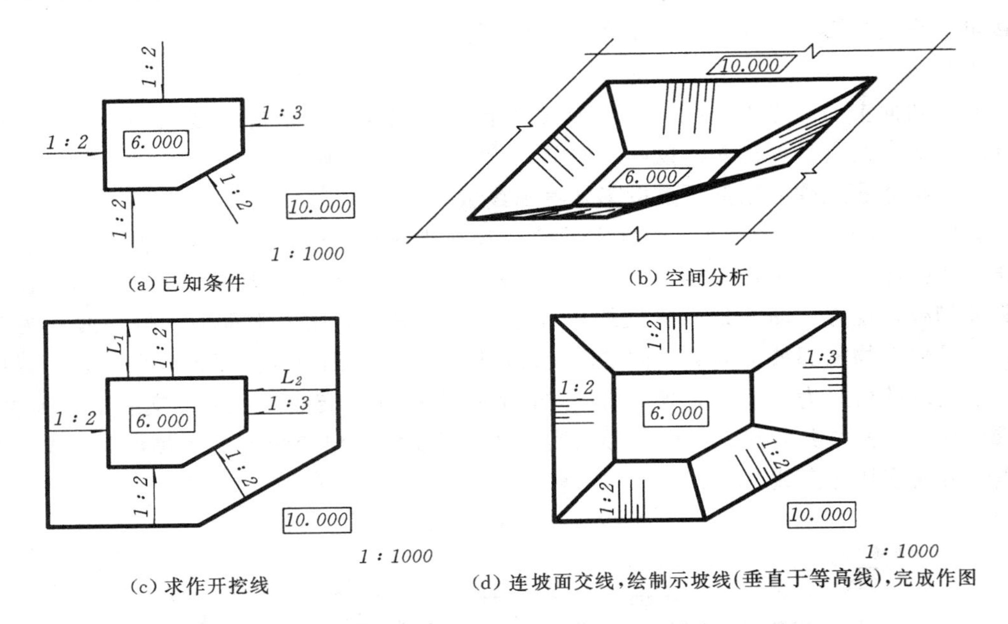

(a) 已知条件　(b) 空间分析

(c) 求作开挖线　(d) 连坡面交线，绘制示坡线(垂直于等高线)，完成作图

图 8-10 求作基坑标高投影图

(3) 画出各坡面的示坡线，完成作图。如图 8-10 (d) 所示。

【例 8-5】 如图 8-11 (a) 所示，在高程为 0m 的地面上修建一平台，台顶高程为 4m，从台顶到地面有一坡度为 1∶3.5 的斜坡引道，平台坡面的坡度为 1∶1.5，斜坡引道两侧的坡度为 1∶1，完成标高投影图。

分析

该建筑物表面比地面高，属填筑型建筑物，需要求作坡脚线和坡面交线两类交线。建筑物五个坡面共产生五条坡脚线，坡脚线是各坡面上高程为 0m 的等高线；坡面交线是斜坡道两侧坡面与平台坡面的交线，共两条交线，如图 8-11 (b) 所示。

作图

(1) 求坡脚线。平台坡面的坡脚线和斜坡道的坡脚线求法是：已知各坡面上高程为 4m 的等高线，坡脚线是各坡面上高程为 0m 的等高线，高差为 4m，由此可求出其水平距离 $L_1=1.5\times4=6$m，$L_2=3.5\times4=14$m，根据所求的水平距离按比例沿各坡面坡度线分别量得各坡面上的 0m 高程点，作坡面上已知等高线的平行线即得。斜坡道两侧坡脚线的求法是：分别以 a_4、b_4 为圆心，以 $R=4l=1\times4=4$m 为半径画圆弧，再由 c_0、d_0 向两圆弧作切线即得斜坡道两侧的坡脚线，如图 8-11 (c) 所示。

(2) 求坡面交线。平台坡面和斜坡道两侧坡面坡脚线的交点 e_0、f_0 是平台坡面和斜坡道两侧坡面的共有点，a_4、b_4 也是平台坡面和斜坡道两侧坡面的共有点，连接 e_0a_4、f_0b_4 即为坡面交线。

(3) 画出各坡面的示坡线，完成作图。如图 8-11 (d) 所示。

【例 8-6】 在土坝与河岸的连接处，常用圆锥面护坡。如图 8-12 (a) 所示三个坡面坡度已知，河底高程为 118m，河岸、土坝、圆锥台顶面高程为 130m，完成其标高投影图。

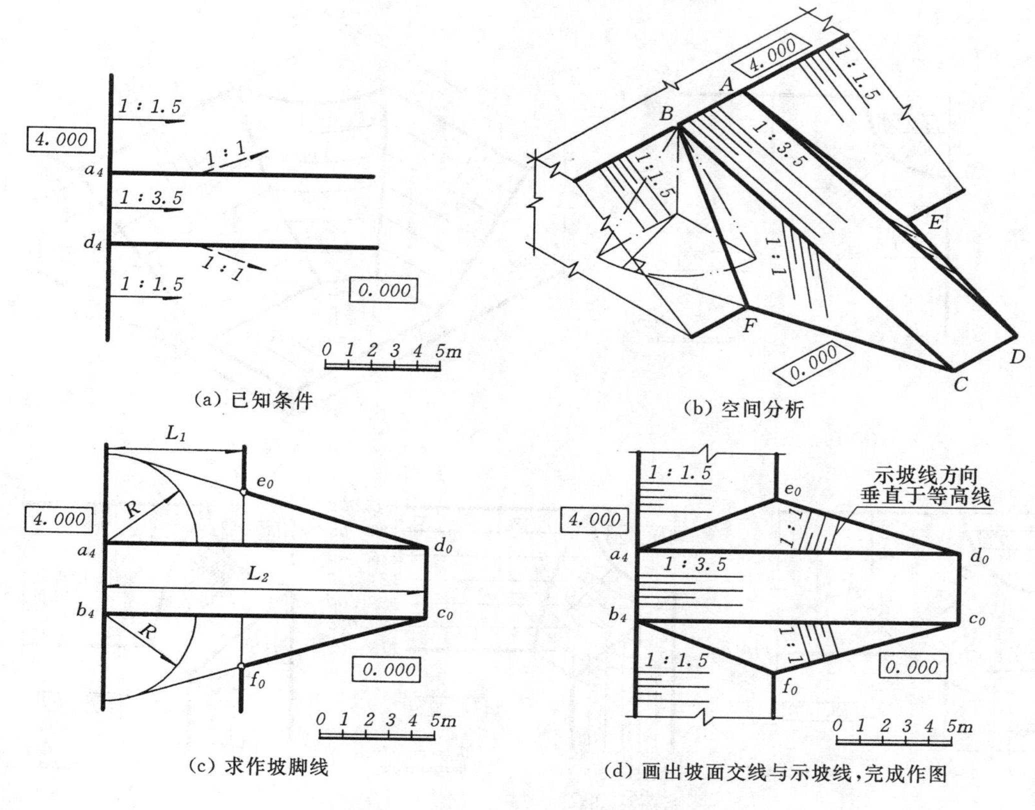

(a) 已知条件　　(b) 空间分析

(c) 求作坡脚线　　(d) 画出坡面交线与示坡线，完成作图

图 8－11　求作平台与斜坡引道的标高投影图

分析

该建筑物属堆筑型建筑物，需要求作坡脚线和坡面交线两类交线。建筑物的三个坡面中两平面、一圆锥面共产生三条坡脚线。因河底是平面，其中两斜面与河底面的交线是直线，圆锥面与河底面的交线是圆曲线；两斜面与圆锥面相交产生两条坡面交线，都是非圆曲线，该曲线可由斜坡面与圆锥面上一系列同高程等高线的交点确定，如图 8－12（b）所示。

作图

（1）求坡脚线。因河底面是水平面，所以坡脚线是各坡面上高程为 118m 的等高线，已知的平台轮廓线是各坡面上高程为 130m 的等高线，各坡面上两等高线间的水平距离分别为：

$$L_1=\Delta H/i=(130-118)/(1/1.5)=18\text{m}$$

$$L_2=\Delta H/i=(130-118)/(1/1)=12\text{m}$$

$$L_3=\Delta H/i=(130-118)/(1/1.2)=14.4\text{m}$$

沿着各坡面上坡度线的方向量取相应的水平距离，即可作出各坡面的坡脚线，其中圆锥面的坡脚线是圆锥台顶圆的同心圆，如图 8－12（c）所示。

（2）求作坡面交线。在各坡面上作出高程为 128m、126m、…的一系列等高线，得相

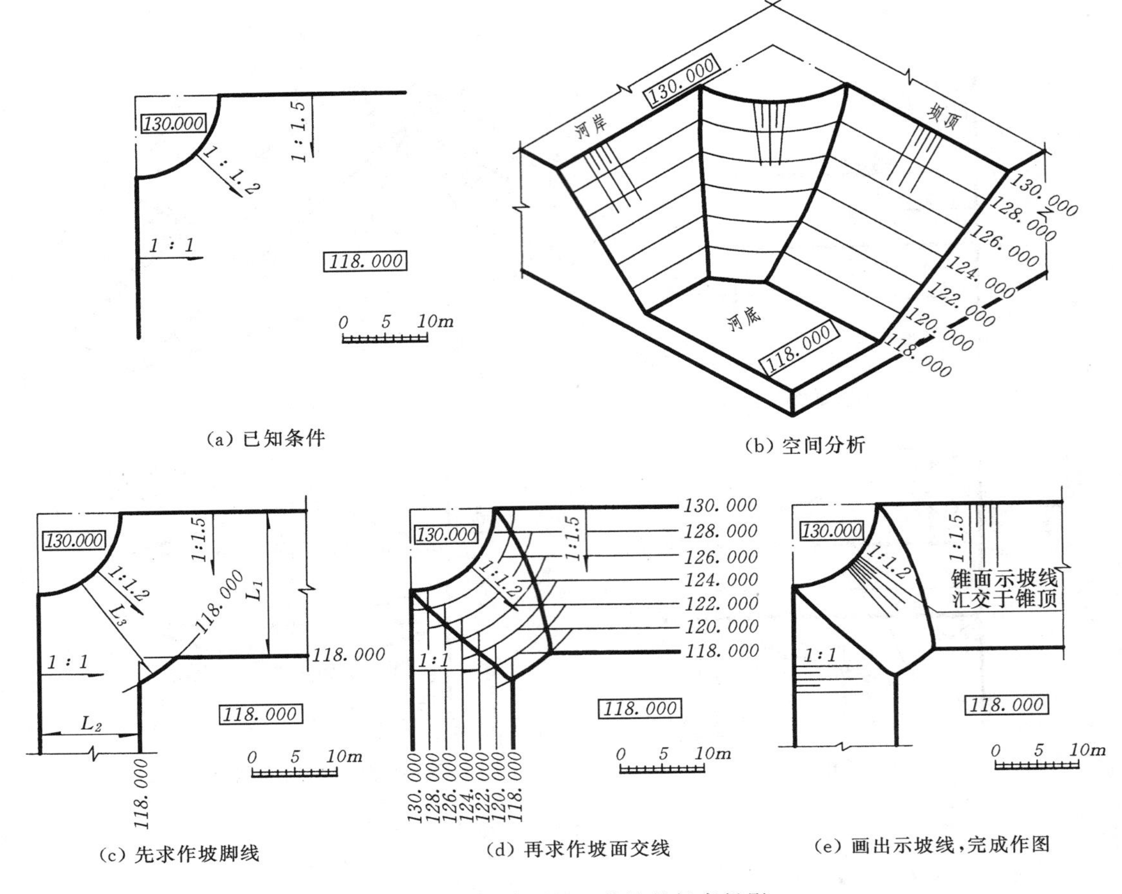

(a) 已知条件

(b) 空间分析

(c) 先求作坡脚线

(d) 再求作坡面交线

(e) 画出示坡线，完成作图

图 8-12　求作圆锥面护坡的标高投影

邻面上同高程等高线的一系列交点，即为坡面交线上的点，依次光滑地连接各点，即得坡面交线，如图 8-12（d）所示。

（3）画出各坡面的示坡线，完成作图。如图 8-12（e）所示。

【例 8-7】　如图 8-13（a）所示，已知圆弧引道顶部高程为 4m，两侧边坡的坡度为 1∶2，地面高程为 0m，两斜面坡度为 1∶3，完成标高投影图。

分析

该建筑物属堆筑型建筑物，需要求作坡脚线和坡面交线两类交线。建筑物有五个坡面，共产生五条坡脚线，其中两斜面、圆弧引道顶面与地面的交线是直线，圆弧引道两侧的同坡曲面与地面的交线是曲线；两斜面与圆弧引道两侧同坡曲面相交产生两条坡面交线，是非圆曲线，如图 8-13（b）所示。

作图

如图 8-13（c）、（d）所示：

（1）求坡脚线。因地面是水平面，各面与地面的交线是各坡面上高程为 0m 的等高线，求坡脚线实际上就是求各坡面上 0m 高程的等高线。

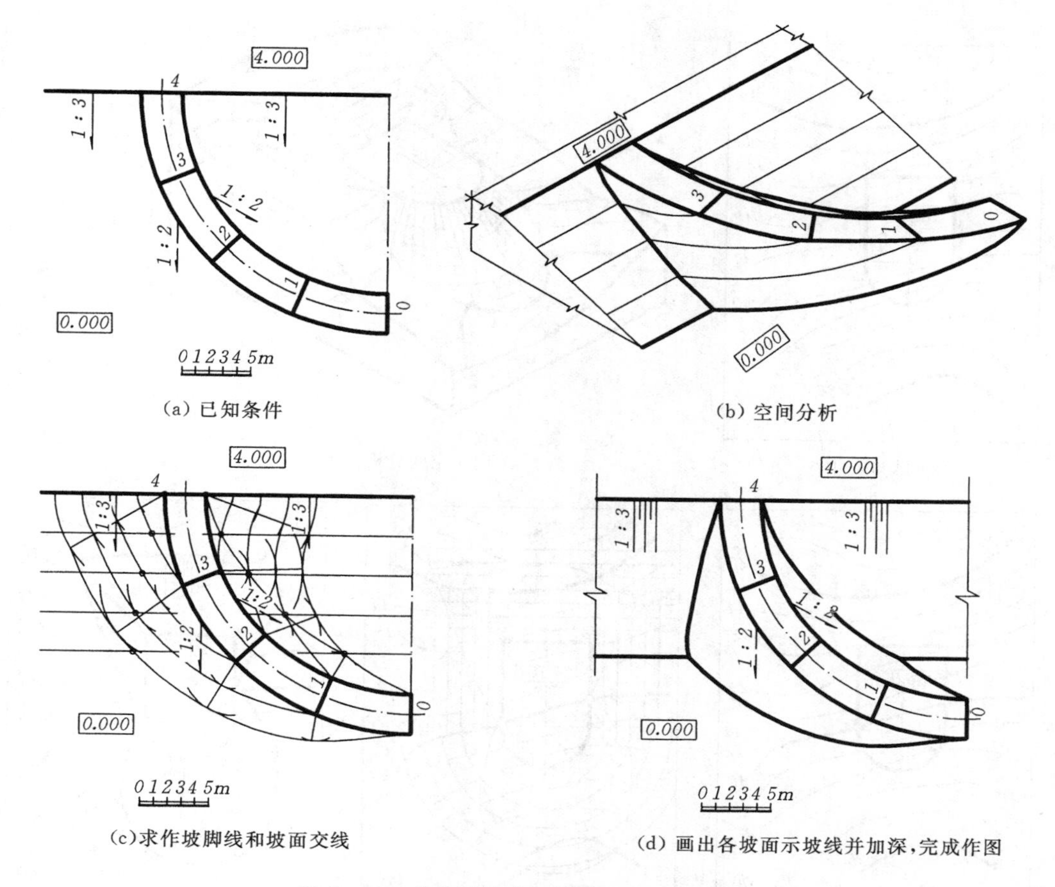

(a) 已知条件　　(b) 空间分析

(c) 求作坡脚线和坡面交线　　(d) 画出各坡面示坡线并加深，完成作图

图 8-13　求作同坡曲面建筑物的标高投影

(2) 求坡面交线。作各坡面上高程为 3m、2m、1m 的等高线，连接相邻两坡面同高程等高线一系列交点，即得坡面交线。

(3) 画出各坡面的示坡线，加深完成作图。

三、自然地面上建筑物的标高投影（等高线法）

如图 8-1 所示，修建在自然地面上的建筑物产生多种交线，完成标高投影图，主要是求作各种交线投影。交线分为两类：一是建筑物表面与地面的交线，其中填方坡面与地面的交线称坡脚线，挖方坡面与地面的交线称开挖线，因地面简化为不规则曲面，故坡脚线（开挖线）均为不规则曲线；二是建筑物相邻坡面的交线称坡面交线。因相交的坡面可能是平面、曲面，所以坡面交线空间形状可能为直线、曲线，求作时首先应定性判断交线形状。若交线形状为直线，需求出交线上两个共有点；若交线形状为曲线，至少需求出交线上三个共有点连线。求共有点的常用方法为等高线法。

【例 8-8】　如图 8-14 (a) 所示，在山坡上修一个高程为 40m 的水平场地，其中挖方边坡坡度为 1∶1，填方边坡坡度为 1∶1.5，完成该平台的标高投影图。

分析

因为所修水平场地高程为 40m，高于原地面的部分需要填方，低于原地面的部分需要

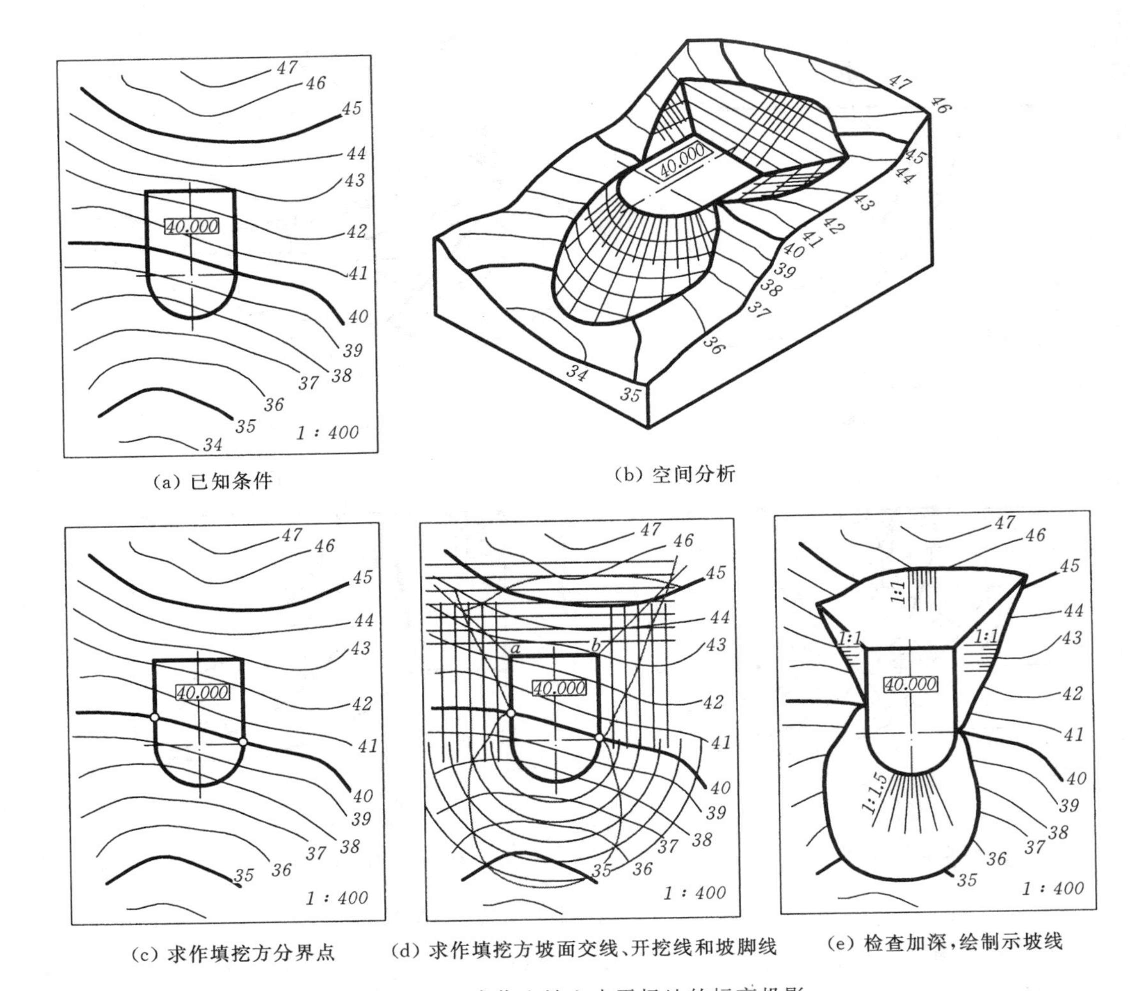

(a) 已知条件　(b) 空间分析

(c) 求作填挖方分界点　(d) 求作填挖方坡面交线、开挖线和坡脚线　(e) 检查加深，绘制示坡线

图 8-14　求作山坡上水平场地的标高投影

挖方。高程为 40m 的地形等高线是填、挖方的分界线，它与水平场地边线的交点是填、挖方边界线的分界点。挖方部分包括三个斜坡面，填方部分是一个圆锥面和两个与它相切的平面，因地面为不规则表面，所以三条开挖线和三条坡脚线均为不规则曲线。挖方部分三个坡面两两相交产生两条坡面交线，填方部分的坡面与圆锥面相切无坡面交线，如图 8-14 (b)所示。

作图

如图 8-14 (c)、(d) 所示。

(1) 求坡面交线。因为挖方部分三个坡面的坡度均为 1∶1，所以过 a、b 两点作 45°斜线即为坡面交线（如相交坡面的坡度不同，应求交线上两个共有点，连线得坡面交线）。

(2) 求开挖线。以坡面交线为界，求出各坡面上高程为 41m、42m、43m、…的等高线，并求出它们与地面上同高程等高线的交点，然后连点得开挖线。

(3) 求坡脚线。先作出填方圆锥面与地面的交线，过圆心任意画一条坡度线以平距 l =1.5m 截取若干点，即得高程为 39m、38m、37m、…的各点，然后以 O 为圆心，过各

高程点作一系列同心圆，即为圆锥面上的等高线，再作出与圆锥面相切的平面上高程为39m、38m的等高线，求出它们与地面上同高程等高线的交点，连点即得坡脚线。

（4）画出倒圆锥面及各坡面上的示坡线，并标注坡度，完成作图。

【例 8－9】　如图 8－15（a）所示，在已知的地形面上，修建一条斜坡道路，已知填方侧的边坡为1∶1.5，挖方侧的边坡为1∶1，完成该斜坡道路的标高投影图。

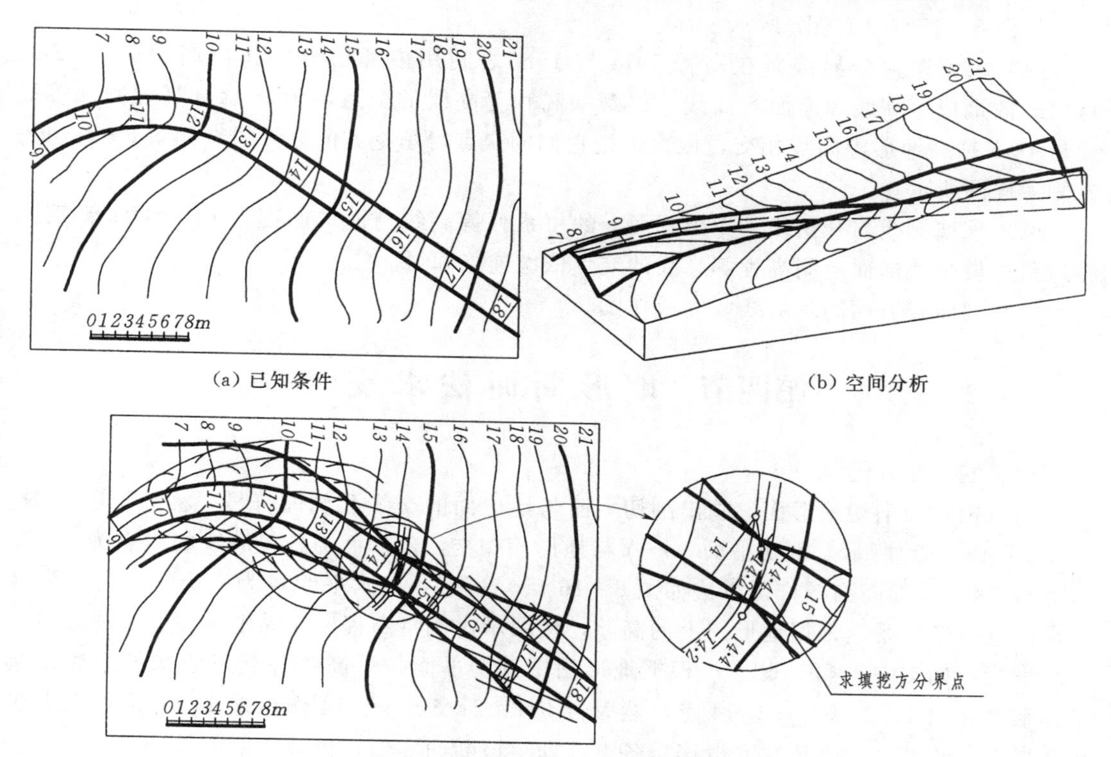

（a）已知条件　　　　（b）空间分析

（c）先求填挖方分界线，然后分别求坡脚线和开挖线

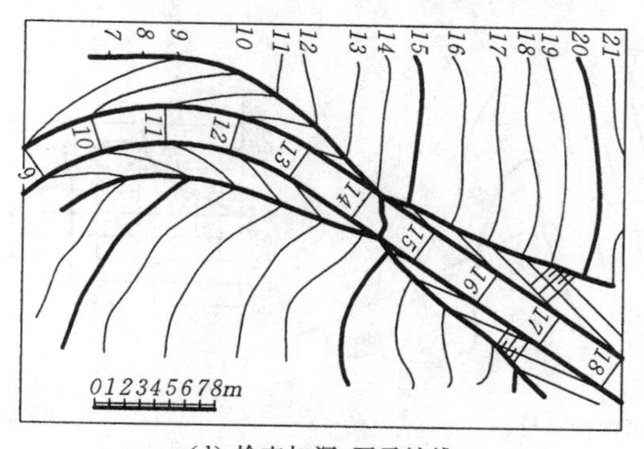

（d）检查加深，画示坡线

图 8－15　求作斜坡道路的标高投影图

分析

从图上地形面与路面的关系可以看出，路面高程为14m的等高线介于地形等高线13m与14m之间，说明该处路面比地形面高需要填方；而路面高程为15m的等高线介于

地形等高线 15m 与 16m 之间，说明该处路面比地形面低需要挖方。因此填挖方分界线一定在路面等高线的 14m 与 15m 之间。道路两侧边坡在路面标高 7m 与 13m 之间为同坡曲面，在路面标高 13m 以上为平面，它们分别与地面相交产生四条开挖线和两条坡脚线。因坡面间光滑连接，所以无坡面交线。空间形状如图 8-15（b）所示。

作图

如图 8-15（c）、（d）所示。

（1）求填挖方分界线。在高程 14m 与 15m 之间用内插法分别作出高程为 14.2m、14.4m 的地形等高线和路面等高线，得两同高程等高线的交点，延长 14m 高程路面等高线与 14m 高程地形等高线相交，依次连接它们的交点得填挖方的分界线，如图 8-15（c）右侧大样图所示。

（2）求坡脚线与开挖线。作出平面上的一系列等高线与同坡曲面上的一系列等高线，将道路边坡与地形面上同高程等高线的交点依次连接即得。

（3）画出各坡面的示坡线，完成作图。

第四节 地形断面法求交线

一、地形断面图

用一铅垂面剖切地形面，画出剖切平面与地形面的交线及剖面符号，称地形断面图。如图 8-16（a）所示，剖切平面 A—A 与地形面相交，剖切面与各等高线的交点为 1、2、3、…、14。地形断面图作图方法如图 8-16（b）所示：以水平距离为横坐标，高程为纵坐标作直角坐标系，根据地形图上的高差，按图示比例将高程标在纵坐标轴上，并画出一组水平线，如图中的 59、60、…根据地形图中剖切平面与等高线各交点的水平距离在横坐标轴上标出 1、2、3、…、14 点，然后自点 1、2、3、…、14 作铅垂线与相应的水平线相交得Ⅰ、Ⅱ、Ⅲ、…依次光滑连接各点，即得该断面实形，再画出剖面符号。

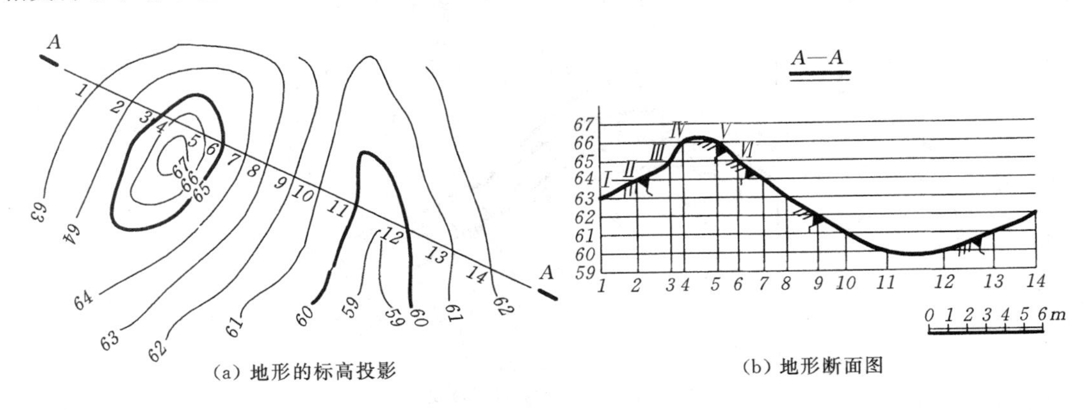

(a) 地形的标高投影 (b) 地形断面图

图 8-16 求作地形断面图

应当注意，在连点过程中，相邻同高程的两点Ⅳ和Ⅴ在断面图中不能连为直线，而应按该段地形的变化趋势光滑相连。

一般地形的高差和水平距离数值相差较大，因此在地形断面图中，纵横坐标比例可以

不同，但这时所作的地形断面图，只反映该处地形起伏变化而不反映地面实形。

二、地形断面法求交线

前面介绍的等高线法求交线是求作建筑物标高投影图的常用方法，但当坡面与地形面等高线接近平行，共有点不易求得或需要统计工程量时应采用地形断面法求交线。

地形断面法是利用地形断面图获得交线上一系列共有点，然后依次光滑连接各点得到交线的方法。剖切面一般是与建筑物中心线垂直的铅垂面。

【例 8-10】　如图 8-17（a）所示，在地形面上修建一条道路，已知路面位置和道路填、挖方的标准断面，用地形断面法完成道路的标高投影图。

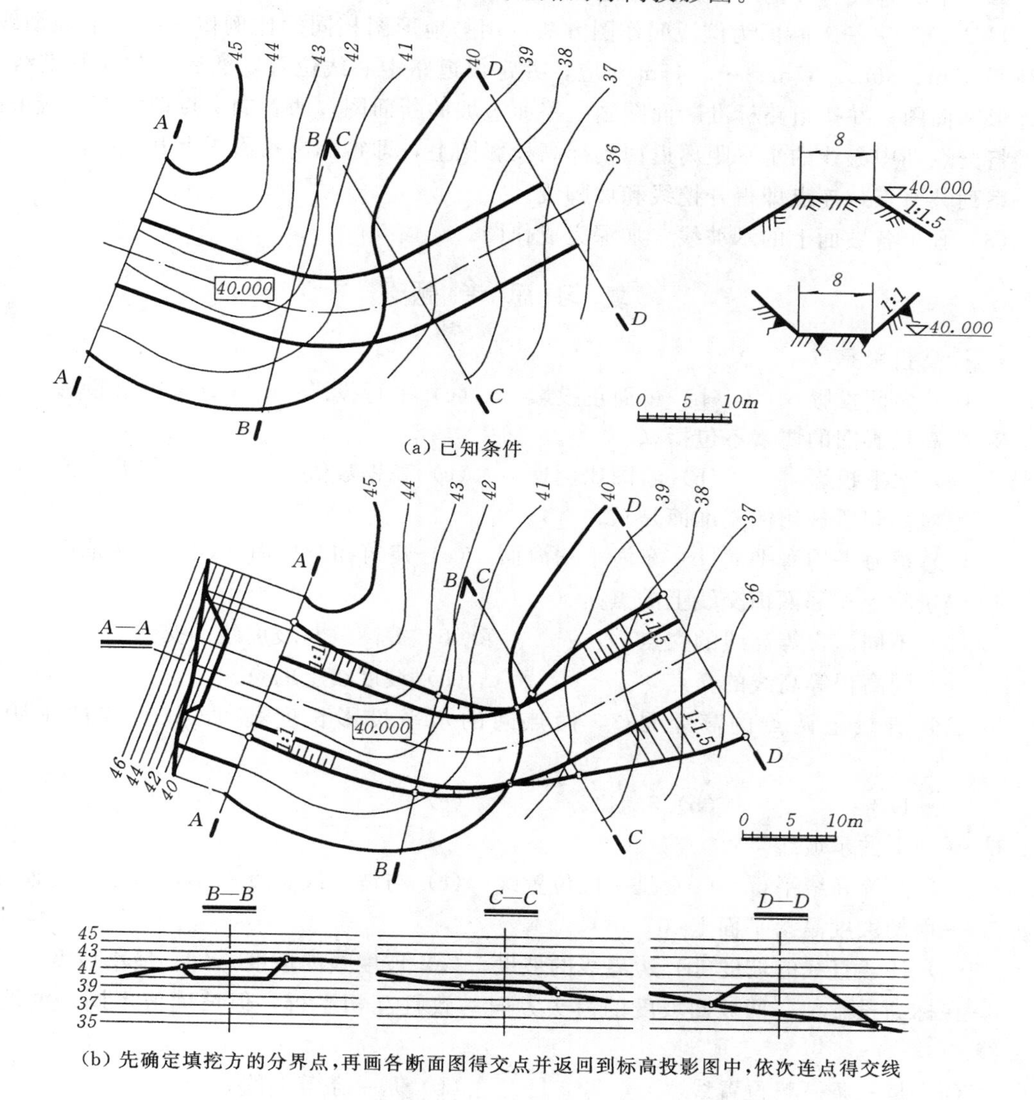

(a) 已知条件

(b) 先确定填挖方的分界点，再画各断面图得交点并返回到标高投影图中，依次连点得交线

图 8-17　用地形断面法求作道路的标高投影图

分析

因路面高程为 40m，所以地面高程高于 40m 的一端要挖方，低于 40m 的一端要填方，

高程为40m的地形等高线是填、挖方的分界线。道路两边的直线段边坡为平面，中间部分的弯道段边坡为圆锥面，两者相切无坡面交线。各坡面与地面的交线均为不规则的曲线。

作图

如图8-17（b）所示。

（1）求填、挖方分界点。高程为40m的地形等高线与路面两边线的交点即为填、挖方的分界点，也是坡脚线和开挖线的分界点。

（2）求坡脚线和开挖线。在道路上每隔一段距离作一剖切面，如*A*—*A*、*B*—*B*、*C*—*C*、*D*—*D*。以*A*—*A*断面为例说明作图方法：用与地形图相同的比例作一组水平辅助线，与高程35m、36m、37m、…、45m对应，并定出道路中心线位置，然后以此为基准线画出地形断面图；并按道路标准断面图画出路面边坡的断面图，两者的交点即为挖方线上的点，将交点到中心线的水平距离返回到标高投影图上，即得标高投影图上开挖线的点，求出一系列共有点，连点即得开挖线和坡脚线。

（3）画出各坡面上的示坡线，加深完成作图。

复 习 思 考 题

1. 标高投影是（　　）。

（a）多面投影　（b）单面正投影　（c）平行投影　（d）中心投影

2. 标高投影图的要素不包括（　　）。

（a）水平投影　（b）绘图比例　（c）高程数值　（d）高差数值

3. 绝对高程所选用的基准面是（　　）。

（a）黄海平均海平面（b）东海平均海面　（c）建筑物开挖面　（d）自然地面

4. 建筑物上相邻两面交线上的点是（　　）。

（a）不同高程等高线的交点　（b）等高线与坡度线的交点

（c）同高程等高线的交点　（d）坡度线上的点

5. 已知直线上两点的高差是3，两点间的水平投影长度是9，该直线的平距为（　　）。

（a）1/3　（b）3　（c）9　（d）1/9

6. 平面上的示坡线（　　）。

（a）与等高线平行　（b）是一般位置线　（c）与坡度线垂直　（d）与等高线垂直

7. 平面的坡度是指平面上（　　）。

（a）任意直线的坡度（b）边界线的坡度　（c）坡度线的坡度　（d）最小坡度

8. 在标高投影中，两坡面坡度的箭头方向一致且互相平行，但坡度值不同，两坡面的交线（　　）。

（a）是一条一般位置线　（b）是一条等高线

（c）与坡度线平行　（d）没有交线

9. 下述标高投影中，表示空间相互平行的一组平面是（　　）。

（a）两平面坡度线投影互相平行

(b) 两平面坡度值相同，坡度线投影平行

(c) 两平面坡度值相同，坡度线投影平行，箭头方向相同

(d) 两平面坡度值相同，坡度线投影平行，箭头方向相反

10. 正圆锥面上等高线与素线的相对位置关系是（　）。

(a) 平行　(b) 相交　(c) 交叉　(d) 垂直相交

11. 等高线法求交线时选取的辅助面是（　）。

(a) 铅垂面　(b) 正垂面　(c) 水平面　(d) 正平面

12. 地形断面法求交线时选取的辅助面是（　）。

(a) 铅垂面　(b) 正垂面　(c) 水平面　(d) 正平面

答案

1. b　2. d　3. a　4. c　5. b　6. d　7. c　8. b　9. c　10. d　11. c　12. a

“专业制图”模块

第九章　道路工程图

第一节　概　　述

一、道路的分类与组成

（一）道路分类

道路是供各种车辆和行人通行的工程设施。按其使用特点可分为公路、城市道路、厂矿道路、林区道路及乡村道路。根据服务对象的不同，各类道路的平纵横线形也有较大差别。

公路：连接城市、乡村和工矿基地等主要供汽车行驶，具有一定技术标准和设施的道路。

城市道路：在城市范围内供车辆和行人通行，具有一定技术标准和设施的道路。

厂矿道路：为工厂、矿山运输车通行服务的道路。

林区道路：修建在林区，供各种林业运输工具通行的道路。

乡村道路：修建在农村、农场，供行人和农业运输工具通行的道路。

（二）道路组成

道路是布置在地表供各种车辆行驶的一种线形带状结构物。它在自然因素的长期影响下，承受汽车荷载和人群荷载的重复作用。道路组成包括几何线形组成和工程结构组成，如图 9－1 所示。

1．线形组成

道路由于受自然条件的限制，在平面上有转折，纵断面上有起伏。在转折点和起伏变化点处为满足车辆行驶的顺适、安全和一定速度的要求，必须用一定半径的曲线连接，故路线在平面和纵面上都是由直线和曲线两大部分组成。平面上的曲线称为平曲线（主要在转弯处设置），而纵断面上的曲线称为竖曲线（主要在上坡、下坡等变坡点处设置）。

2．结构组成

道路是交通工程的一种主要构筑物。道路的基本结构组成包括：路基、路面、桥梁、涵洞、隧道、排水工程、防护工程、交通安全工程及沿线附属设施等组成。

路基：路基是支撑路面结构的基础，与路面共同承受行车荷载的作用，同时承受气候变化和各种自然灾害的侵蚀和影响。路基结构按照与所处地面相对位置的不同可以分为：填方路基、挖方路基和半填半挖路基三种断面形式。

路面：路面是铺筑在道路路基上与车轮直接接触的结构层，承受和传递车轮荷载，承受磨耗，经受自然气候的侵蚀和影响。对路面的基本要求是具有足够的强度、稳定性、平

图 9-1　道路结构组成

整度、抗滑性能等。路面结构一般由面层、基层、底基层与垫层组成。

桥涵：桥涵是道路跨越水域、沟谷和其他障碍物时修建的构造物。其中单孔跨径小于5m或多孔跨径之和小于8m称为涵洞，大于这一规定数值则称为桥梁。

隧道：隧道是指建造在山岭、江河、海峡和城市地面下，供车辆通过的工程构造物。按所处位置可分为山岭隧道、水底隧道和城市隧道。

排水工程：是为了排除地面水和地下水而设置的构造物。常见的排水设施包括边沟、排水沟、截水沟、急流槽、盲沟等，有效的排水系统是减少道路病害、保证道路正常运营的重要部分。

防护工程：是为了加固路基边坡、确保路基稳定而修建的构造物。防护工程包含路基防护、坡面防护、支挡构造物三大类。常见的防护形式有砌石挡土墙、砌石护坡、草皮护坡等，防护工程对保证公路使用耐久性、提高投资效益均具有重要意义。

交通安全工程及沿线设施：是指道路沿线设置的交通安全、养护管理等设施。道路交通工程主要包括交通标线、护栏、监控系统、收费系统、通信系统以及配套的服务设施、房屋建筑等。它们是保证道路功能、保障安全行驶的配套设施。

二、道路工程图分类

道路工程组成复杂，形状受地形影响较大，所以道路桥梁工程图样繁多。根据图示内容的不同，道路工程图可分为表达道路整体形状的路线工程图和表达单个组成部分的结构与构造详图。

1. 道路路线工程图

道路路线通常是指沿长度方向的道路中心线，由于受地形影响较大，是一条空间曲线。道路路线工程图是表示路线空间形状的图样。一般是用路线平面图、纵断面图和横断面图来表达的，如图 9-5、图 9-12、图 9-13 所示。

路线平面图是绘有道路中心线的地形图，相当于三视图中的俯视图。其作用是表达新建路线的地理方位、平面形状、沿线两侧一定范围内的地形地物情况和附属建筑物的平面位置等。

路线纵断面图是顺着道路中心线剖切得到的展开断面图，相当于三视图中的主视图。其作用是表达路线的竖向高程变化、地面起伏、地质及沿线建筑物的概况等。

路线横断面图是垂直于道路中心线剖切而得到的断面图，相当于三视图中的左视图。路线横断面图的主要作用是表达道路与地形、道路各个组成部分之间的横向布置关系，路线横断面图包括路基横断面图、城市道路横断面图和路面结构图。其中路基横断面图是进行道路横断面放样、估算路基填挖方工程量的主要依据；城市道路横断面图反映了机动车道与非机动车道的横断面布置形式；而路面结构图则是表达路面结构组成情况的主要图样。

2. 路基、路面排水防护工程图

路基、路面排水防护工程图属细部构造详图。排水防护工程图的作用是反映路面排水系统和边坡设计情况，排水工程图一般包括全线排水系统布置设计图和单个排水设施构造图。图 9－2 所示为某道路排水边沟设计图，它属于单个排水设施构造图。

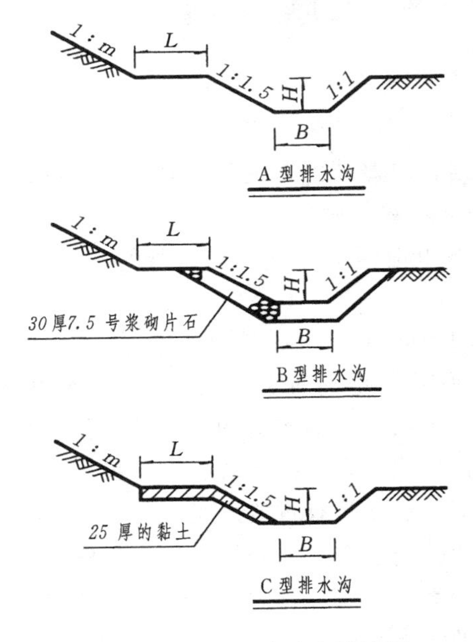

图 9－2　某道路排水边沟设计图

3. 道路沿线设施及环境保护工程图

道路沿线设施及环境保护工程图是道路设计文件的一项内容，是指除了路线、路基、路面等主要工程以外的部分，如防护栏、隔离栅、里程碑、出入口等的图样。一般包括横向布置图和构造大样图。

4. 道路交叉口及交通工程图

道路交叉口是道路系统中的重要组成部分。道路交叉口根据交叉点的高度不同可以分为平面交叉口和立体交叉口两大类型。道路交叉口工程图是反映交叉口的交通状况、构造和排水设计的工程图样。因交叉口情况复杂，所以道路交叉口工程图一般除平、纵、横三个图样以外，还包括竖向设计图、交通组织图和鸟瞰图等。

交通工程是一门研究交通组织及管理的新兴学科。交通工程图主要包括交通标线图和交通标志图。交通标线图是表达道路上为保证安全而制定的特定线型与图集的图样，交通标志图表达道路两侧标志设备的图样。

5. 桥梁、涵洞、隧道工程图

桥梁、涵洞、隧道是道路工程中穿山越岭、跨越河谷的附属建筑物。表达桥梁、涵洞、隧道结构的图样称桥梁、涵洞、隧道工程图。一般主要包括桥位（隧洞）平面布置图、工程地质图、总体布置图、构件结构图及详图，其作用是表示各建筑物与道路的连接位置、各建筑物所处的地形、地质情况及建筑物的形状等。

本章重点介绍路线工程图、道路交叉口图和交通工程图的识读与绘制方法和步骤。桥梁、涵洞、隧道工程图的表达与道路工程图区别较大，将在后面章节分别介绍。

第二节 路线工程图

道路路线的空间曲线表达主要包括道路路线平面图、路线纵断面图和路线横断面图三类图样。各类图样不仅能准确表达道路路线的整体形状，还可以反映沿线两侧的地形、地质及附属构筑物与道路的连接关系。下面分别介绍公路路线工程图和城市道路路线工程图。

一、公路路线工程图

公路是主要承受汽车荷载反复作用的带状工程建筑物，公路路线特点是长度大，沿线构造物多。公路路线工程图包括路线平面图，路线纵断面图，路基、路面横断面图。

(一) 路线平面图

路线平面图是绘有道路中心线的地形图，是表示路线的走向和平面线型状况，以及沿线两侧的地形、地物等内容的图样。

1. 路线平面图的图示特点

(1) 绘图比例小。山岭地区的路线平面图一般采用 1∶2000，丘陵和平原地区一般采用 1∶5000，路线的宽度一般不按实际尺寸画出，只在道路中心线的位置画一条粗实线来表示路线平面线型。

(2) 道路路线的长度尺寸大。因道路长度尺寸远远大于宽度和高度，不可能把整条路线画在一张图纸上，路线平面图中通常是把路线分段画在各张图纸上，使用时拼接起来。分段时取整数桩号处断开，断开的两端应用点划线绘制出垂直于路线的接图线。拼接的图纸上都必须绘制正北方向，每张图纸的右上角要画出角标，注明图纸的序号和总张数，如图 9-3 所示。如有比较线路，可同时画出。设计线用加粗粗实线，比较线用加粗粗虚线。

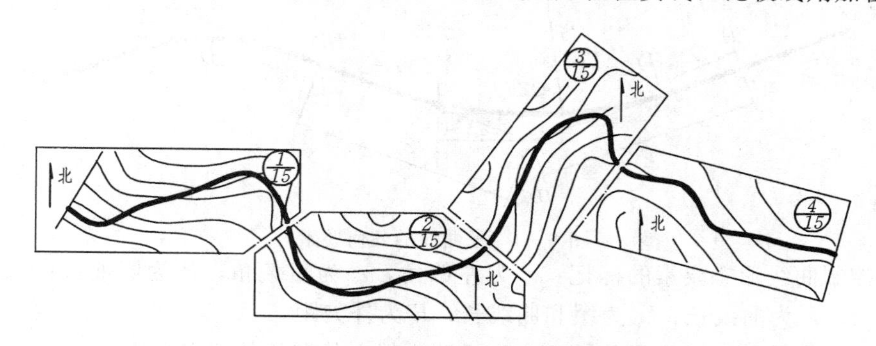

图 9-3 路线图幅拼接示意图

(3) 地物用图例表示。由于绘图比例小，地物只能用图例表示，常用的图例见表9-1。

2. 路线平面图的制图标准

(1) 线型。地形等高线的计曲线用中粗实线，首曲线用细实线；设计路线采用加粗粗实线表示，比较线采用加粗粗虚线表示；导线、边坡线、切线、原有的道路边线等，用细实线表示；原有管线应采用细实线表示，设计管线用粗实线表示，规划管线用虚线表示。

(2) 平曲线。为了行车安全、平顺，所有路线平面的转折处都要求设平曲线，平曲线由圆曲线和缓和曲线组合而成，如图 9-4 所示。

图中控制平曲线位置要素的标记：*JD*1 表示直导线的交点和编号；*ZY* 和 *YZ* 表示圆

曲线与前后直线的切点；QZ 表示曲线的中点；ZH 和 HZ 表示缓和曲线与前后直线的切点；HY 和 YH 表示圆曲线与前后缓和曲线的切点。

表 9-1　　道路工程常用地物图例

名　称	图　例	名　称	图　例	名　称	图　例
房屋		涵洞		水稻田	
大车路		桥梁		草地	
小路		菜地		梨树	
堤坝		旱田		高压电力线	
				低压电力线	
河流砂砾		沙滩		人工开挖	

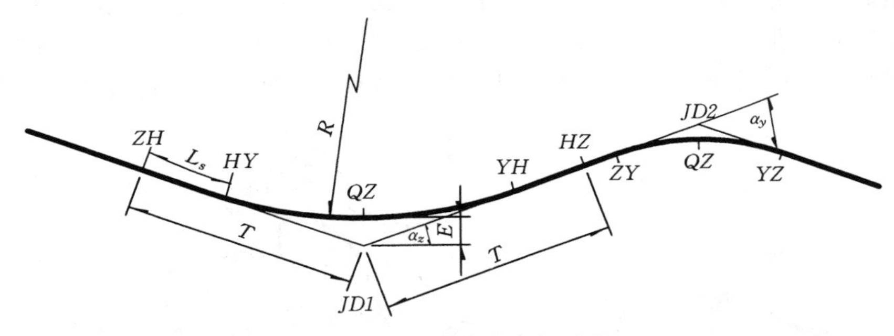

图 9-4　平曲线的几何要素

图中控制曲线形态要素的标记：α_z 为左偏角，α_y 为右偏角；R 为圆曲线的设计半径；T 为切线长；L 为曲线长；L_s 为缓和曲线长；E 为外矢距。

（3）里程桩号。里程桩号的标注应在道路中线上从路线的起点到终点、由小到大、由左到右顺序排列。里程桩号形式为 K×+×××，表示某点距离起点的水平投影距离大小，前面数值为公里数，后面数值表示米数。公里桩标注在路线前进方向的左侧，用符号“◑”表示，百米桩宜标注在路线前进方向的右侧，用垂直于路线的短线表示；也可在路线的同一侧，均采用垂直路线的短线表示公里桩和百米桩，数字一律水平注写。

（4）水流方向。边沟水流方向应采用单边箭头表示。

3. 路线平面图的识读

路线平面图的内容主要包括地形和路线两部分。读图时应分部分读懂图示内容。以图 9-5 所示的一段从 K0+120 到 K1+700 的路线平面图为例分析如下：

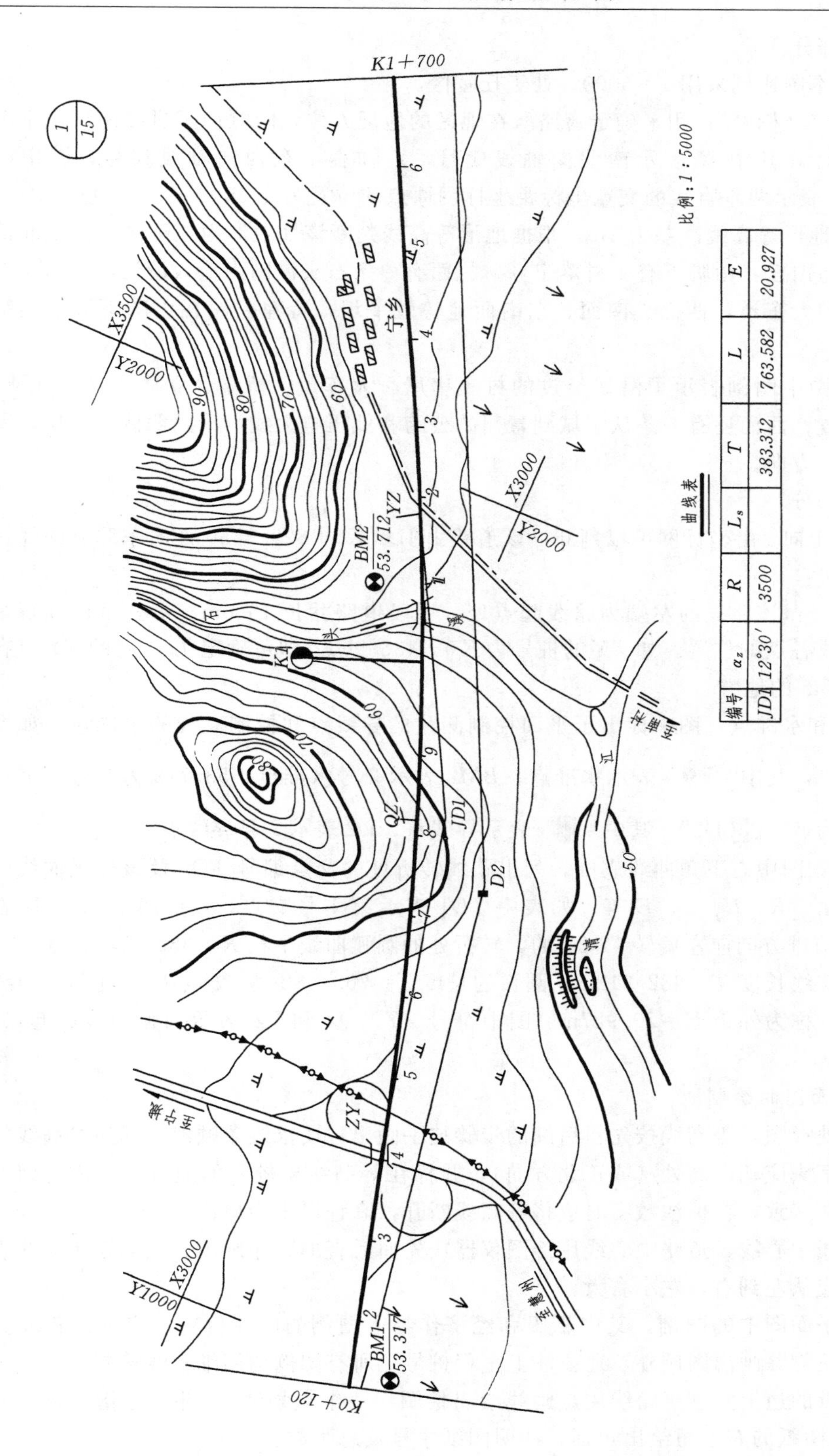

曲线表

编号	α_z	R	L_s	T	L	E
JD1	12°30′	3500		383.312	763.582	20.927

图 9-5　路线平面图

（1）地形部分。

1）比例：本图比例采用1∶5000，处于丘陵区。

2）指北针（坐标网）：用来确定道路所在地区的地理方位，同时用于拼接图纸。本图采用坐标网标注，其中 X 表示南北向轴线代号，Y 轴表示东西向轴线代号，图中的 $X3000$、$Y1000$ 表示两垂直线的交点坐标距坐标网原点的位置为北3000m，东1000m。

3）地形：地形等高线高差为2m，根据地形等高线判断该处地形为丘陵区，沿线北面和东北面是两座山丘，山脚下有一村落宁乡，村西有一条石头溪向南流入清江，河东岸有一宁乡至南村的大车道，西面、南面、东南面地势较平坦，待建公路在山脚下方依山势通过。

4）地物：图中图例表示了沿线经过的村庄房屋、大车道、桥梁、立体交叉、沙滩、堤坝的平面位置；西面还有一条从宁城到慧州的公路和低压电力线。沿路两侧的农田，图例绘制一律朝北方向。

（2）路线部分。

1）路线的走向：由坐标网可以判断，该道路由JD1 K0＋822.2750处向东北方向经过宁乡延伸。

2）里程桩号：该路线的左端为路线起点处，该段道路共长1580m。由公里桩和百米桩可以确定沿线各点的位置。如 ZY 的桩号为 $K0+438.966$，即可确定 $JD1$ 处的 ZY 点在距起点438.966m的地方。

3）三角点和水准点：图中标出了平面控制测量的导线点和控制高程的水准点。如图中“⊗$\dfrac{BM2}{53.712}$”，其中“⊗”表示水准点；$BM2$ 表示2号水准点，53.712为2号水准点的高程，单位为m；“■D2”，其中“■”表示导线点，D2表示2号导线点。

4）曲线表：图中右下角曲线表中，列出路线转折处的交点编号 JDn 及该处平曲线的形态要素 α_Z、α_Y、R、L、T、E 等。如表中 $JD1$ 表示第1号交点，$\alpha_Z=12°30'$，表明在 $JD1$ 处路线沿前进方向向左偏转12°30′的，转折处的圆弧曲线半径 $R=3500$m，交点 $JD1$ 到圆弧曲线的切线长度 $T=382.312$m，圆弧的长度 $L=763.582$m，交点 $JD1$ 到圆弧曲线的中点的距离，称为外距 $E=20.927$m。图中符号 ZY、QZ 和 YZ 表示圆弧曲线的起点、中点和终点。

4. 路线平面图的绘制

（1）先画地形图，等高线按先粗后细的步骤徒手画出，要求线条顺滑。标注等高线的高程数字时，字头应朝向高处（或正北方向），并标在等高线比较平的地方。字体排列方向与等高线大体一致，在标注数字时应将等高线断开，高程以米为单位。

（2）画路线中心线，道路中心线用绘图仪器按先曲后直的顺序画出，用加粗粗实线表示。标注桩号应从左到右，左小右大。

（3）画出平面图中的图例。其中稻田和经济作物等图例的画注位置，应朝向正北方向，涵洞等建筑物除画出图例外，还要注上里程桩号。所有图例均用细实线绘制。

（4）在图纸的边上垂直于路线用点画线绘出接图线（细点划线），并画出指北针（或坐标网）；每张图纸的右上角绘出角标，注明图纸序号及总张数。

(二) 路线纵断面图

路线纵断面图用来表示路线中心线处的地面起伏状况，以及路线的纵向设计坡度和竖曲线。

1. 纵断面图的形成

如图 9-6 所示，路线的纵断面图是假设用铅垂剖切面沿着道路的中心线进行剖切，并把断面展开（拉直）成一平面后投影所获得的图形。纵断面图的长度就是路线水平投影的长度。路线纵断面图的绘制也需分页标注角标。

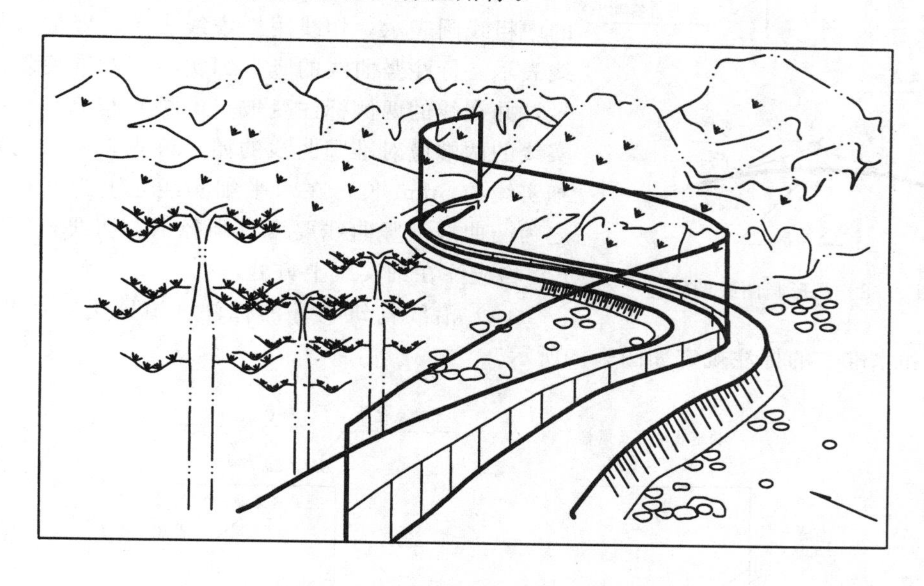

图 9-6 路线纵断面图形成示意图

2. 路线纵断面图的制图标准

(1) 线型。道路设计线用粗实线表示；原地面线用细实线表示；地下水位线用细双点划线及水位符号表示；地下水位测点可仅用水位符号表示，各线型规定如图 9-7 所示。

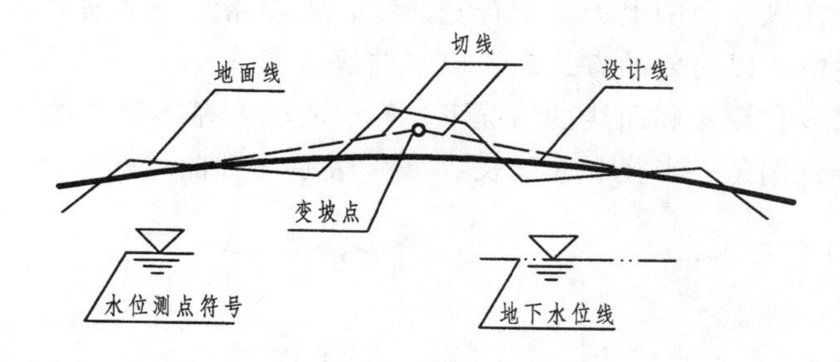

图 9-7 道路设计线、原地面线、地下水位的标注

(2) 比例。纵断面图的横向长度表示路线的长度，纵向高度表示地面线和设计线的高程。由于设计线的纵向坡度较小，纵向高差比路线的长度小得多，所以一般采用纵向比例为横向比例的 10 倍画出。在山岭区采用横向 1∶2000、纵向 1∶200；在地形起伏变化较

小的丘陵区和平原区采用横向 1∶5000、纵向 1∶500。由于路线较长，道路路线的纵断面图，一般有多张图纸，标准规定在第一张图的图标内或左边竖向标尺处注明纵、横向所用的比例，并加注角标。

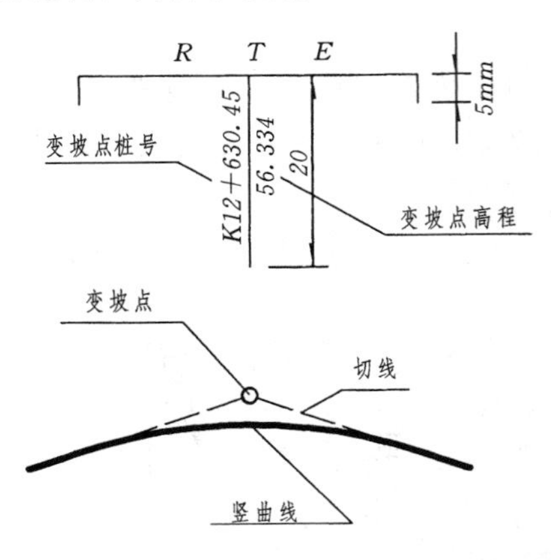

图 9-8　凸形竖曲线的标注

（3）竖曲线。当路线竖直方向坡度发生变化，且两相邻纵坡之差的绝对值超过规定值时，在变坡处需设置抛物线形式的竖曲线来连接两相邻的纵坡。竖曲线的标注规定如图9-8所示：变坡点用直径为 2mm 的中粗线圆表示；切线用细虚线表示；竖曲线用粗实线表示。标注竖曲线的竖直细实线应对准变坡点处桩号，并在线的两侧标注变坡点的桩号与高程。水平细实线的两端应对准竖曲线的始、终点，两端的短竖直细实线约 5mm 长，在水平细实线之上为凹曲线，反之为凸曲线。竖曲线要素（半径 R、切线长 T、外矩 E）均应注在细实线上方处。

（4）沿线构筑物等的标注。道路沿线的构筑物、交叉口和水准点的标注规定如图9-9所示。

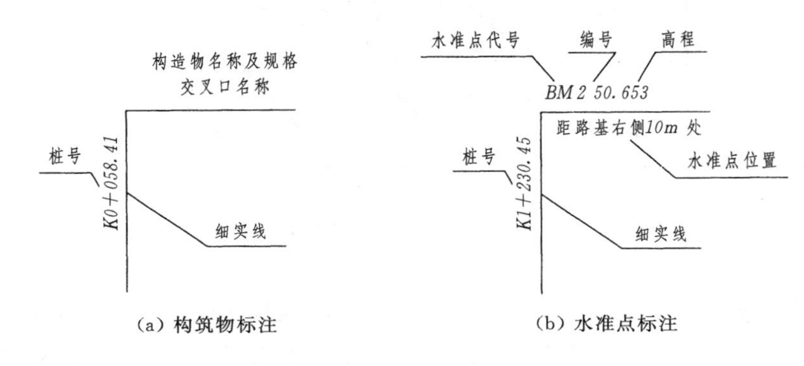

(a) 构筑物标注　　(b) 水准点标注

图 9-9　道路沿线的构筑物、交叉口和水准点的标注

（5）平曲线。在纵断面图上为了配合竖曲线，表示路线在平面上的弯曲情况，在测设数据表的平曲线栏中，以简要的方式表示出平曲线。图 9-10（a）、（b）的凹凸折线分别表示了不设缓和曲线和设缓和曲线的情况下左转、右转弯基本型平曲线，并要求在曲线的一侧标注交点编号、偏角、半径和曲线长。“V”表示无圆曲线的平曲线（称凸形曲线）。

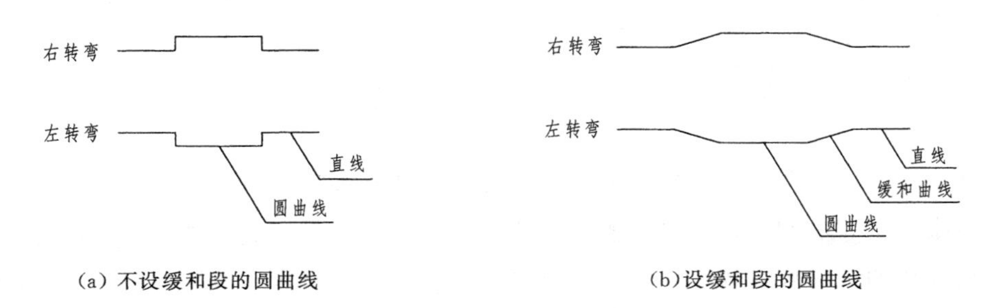

(a) 不设缓和段的圆曲线　　(b)设缓和段的圆曲线

图 9-10　平曲线的标注

（6）管涵和管线。纵断面图中，给排水管涵应标注规格及管内底的高程。地下管线横断面应采用相应图例。无图例时应自拟，并在图纸中说明。

（7）超高。为了减少汽车在弯道上行驶时的横向作用力，道路在平曲线处需设计为外侧高内侧低的单一横坡形式，道路边缘与设计线的高程差，就是超高值，如图 9－11 所示。

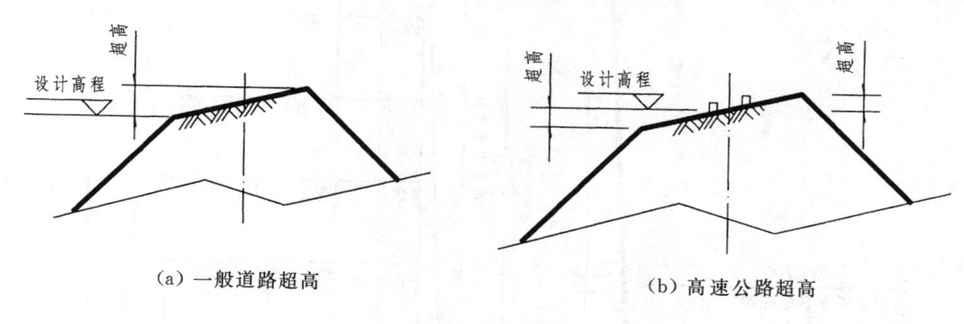

(a) 一般道路超高　　(b) 高速公路超高

图 9－11　道路超高

3. 路线纵断面图的识读

路线纵断面图包括图样和测设数据表（简称测设表）两部分，图样画在图纸的上方，测设表放在图纸的下方，相关数据按一定顺序排列在表格中。现以图 9－12 所示的一段从 $K0+000$ 至 $K1+700$ 的路线纵断面图为例分析如下：

（1）图样部分。

1）比例：纵断面图的横向长度表示路线的长度，通过里程桩号标记，纵向高度表示地面线和设计线的高程，通过高程标尺来测量。本图横向比例为 1∶5000、纵向为 1∶500，这样图上所画出的坡度较实际为大，高度变化较为明显。

2）设计线：图上粗实线表示顺路线方向的设计线，设计线表示道路沿线的高程变化。

3）地面线：图中不规则的折线是地面线。它是顺着原地面路线中心各桩号处相应高程的连线。具体画法是将水准测量各桩号点的高程，按纵向 1∶500 的比例画在相应里程桩上，然后顺次把各点用直线连成折线来表示。

4）竖曲线：在纵坡变坡点处，设有竖曲线。如图上“R−30000　T−225　E−0.84 ┌──┬──┐ K0+500　63.000”标记表示在桩号 $K0+500$ 处的变坡点设有凸形竖曲线，半径为 30000m，切点到变坡点处的切线水平投影长为 225m，变坡点的设计高程是同桩号处道路设计高程 62.16＋外距 0.84＝63.00m。

5）桥涵建筑物：这段路线上有五个附属建筑物，分别在图中标注出来，例如图上标注的“$\frac{1-75\times100\ \text{石盖板涵长}\ 10.3\text{m}}{K0+445}$”表示在里程 $K0+445$ 处有一座截面为 0.75m×1m 的石砌盖板涵洞，洞长 10.3m。

6）水准点：图中沿线标注了各水准点的编号、高程和路线的相对位置。如图上“$BM2$ 53.712”和其下方标注的“$\frac{\text{左}\ K1+125\ \text{左约}\ 20\text{m}}{\text{岩石上}}$”表示在里程 $K1+125$ 的道路左侧 20m 处的岩石上设有 2 号水准点，水准点高程为 53.712m。

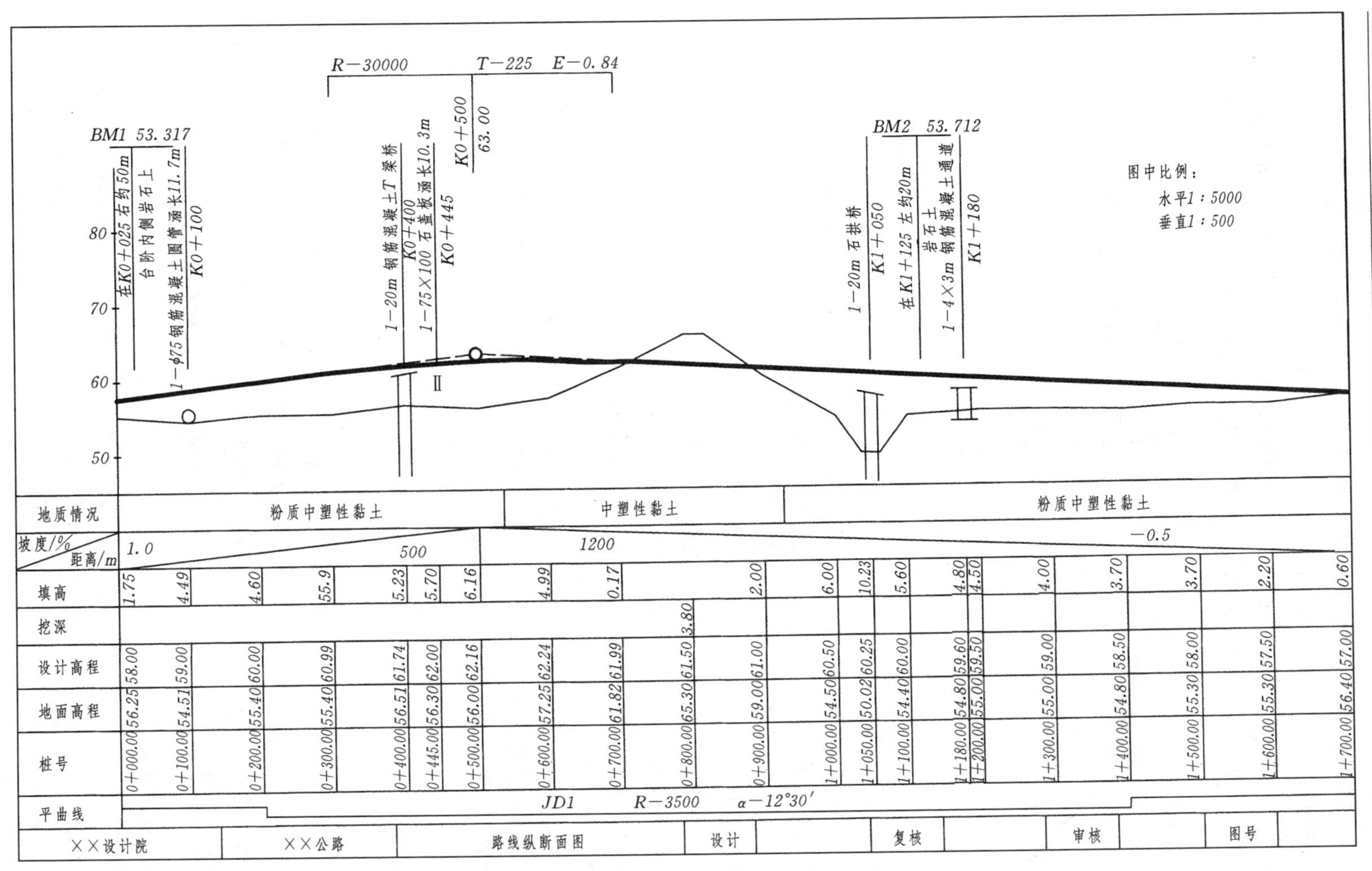

地质情况	粉质中塑性黏土							中塑性黏土					粉质中塑性黏土								
坡度/% 距离/m	1.0 500							1200												-0.5	
填高	1.75	4.49	4.60	55.9	5.23	5.70	6.16	4.99	0.17		2.00	6.00	10.23	5.60	4.80	4.50	4.00	3.70	3.70	2.20	0.60
挖深										3.80											
设计高程	58.00	59.00	60.00	60.99	61.74	62.00	62.16	62.24	61.99	61.50	61.00	60.50	60.25	60.00	59.60	59.50	59.00	58.50	58.00	57.50	57.00
地面高程	56.25	54.51	55.40	55.40	56.51	56.30	56.00	57.25	61.82	65.30	59.00	54.50	50.02	54.40	54.80	55.00	55.00	54.80	55.30	55.30	56.40
桩号	0+000.00	0+100.00	0+200.00	0+300.00	0+400.00	0+445.00	0+500.00	0+600.00	0+700.00	0+800.00	0+900.00	1+000.00	1+050.00	1+100.00	1+180.00	1+200.00	1+300.00	1+400.00	1+500.00	1+600.00	1+700.00
平曲线	JD1 R-3500 α-12°30′																				

××设计院	××公路	路线纵断面图	设计		复核		审核		图号	

图 9-12 路线纵断面图

（2）测设数据表。

1）地质说明：表中注出了沿着路线方向的地质情况。如第一栏第一分格中内注有“粉质中塑性黏土”表示从 $K0+000$ 至 $K0+530$ 这一段道路下的土质为粉质中塑性黏土。

2）坡度/距离：坡度表示顺路线的各段距离对应的设计坡度。表的第 2 栏中每一分格表示一坡度，对角线表示坡度的方向，先低后高表示上坡，先高后低表示下坡。对角线上方数字表示坡度，下方数字表示距离，以米为单位。如第一分格中注有“1%/500m”表示顺路线前进方向是上坡，坡度为 1%，坡长为 500m，从桩号中看出它是在 $K0+000$ 至 $K0+500$ 这一段路线上。第二分格的“1200m＼0.5%”过 $K0+500$ 后路线改为下坡，坡度为 0.5%，坡长为 1200m。$K0+500$ 处是变坡点，需设竖曲线来连接两段纵坡。

3）填高：路线的设计线高于地面线时需要填土。这一项的各个数据是各桩号的设计标高与地面标高的差。如 $K0+100$ 处填高＝59.000－54.510＝4.49m。

4）挖高：路线的设计线低于地面线时需要挖土。这一项的各个数据是各桩号的地面标高与设计标高的差。如 $K0+800$ 处挖高 65.30－ 61.50 ＝3.80m。

5）设计标高：道路沿程各点（桩号）的设计高程。

6）地面标高：沿道路中心线各点（桩号）的地面高程。

7）桩号：本栏是将道路沿线各主点等特征点的里程桩号按 1∶5000 比例填入表内，单位为米。表中各项数据均需与相应的桩号对齐。

8）平曲线：平曲线一栏是路线平面图的简化示意图。直线段用水平线表示，曲线用上凸（表示右转）或下凹（表示左转）表示，如图中“$JD1$ $R-3500$ $\alpha-12°30'$”表示第 1 号交角点沿路线前进方向向左转弯，转角为 12°30′的不设缓和曲线的圆曲线，圆曲线半径为 3500m。

4. 路线纵断面图的绘制

（1）绘制表格，填写有关的测量资料。首先按横向比例从左到右依次填写各里程桩号及对应的地面高程、直线和曲线资料。

（2）画地面线。将表格中各桩号对应的地面高程点按纵向比例画在图纸上，然后用直尺连接各点即得地面线，连线用细实线。

（3）画设计线。将表格中各桩号对应的道路设计高程点按纵向比例画在图纸上，然后按先曲后直的顺序依次光滑连接各点即得设计线，连线用粗实线。

（4）在图上标注水准点、桥涵等的位置及相应要素。

（5）在图的右上角标出角标，注明图纸序号及总张数。

（三）路基、路面横断面图

路基横断面图是垂直于道路中线剖切得到的断面图，主要表达地面与路基设计断面的相对位置，是路基横断面放样和计算土石方量的依据。路面横断面图主要表达路面的横向组成和路面结构层组成，为路面施工提供依据。

1. 路基横断面图

（1）路基横断面有三种典型断面形式：路堤、路堑、半填半挖。

图 9－13(a) 所示为设计线高于地面线时是填方路基，称为路堤，填土边坡一般为1∶1.5。

图 9－13（b）所示为设计线低于地面线时是挖方路基，称为路堑，挖土边坡一般为

1∶1。若土质坚硬，则边坡可以更陡些。

图 9－13（c）所示为半填半挖路基。

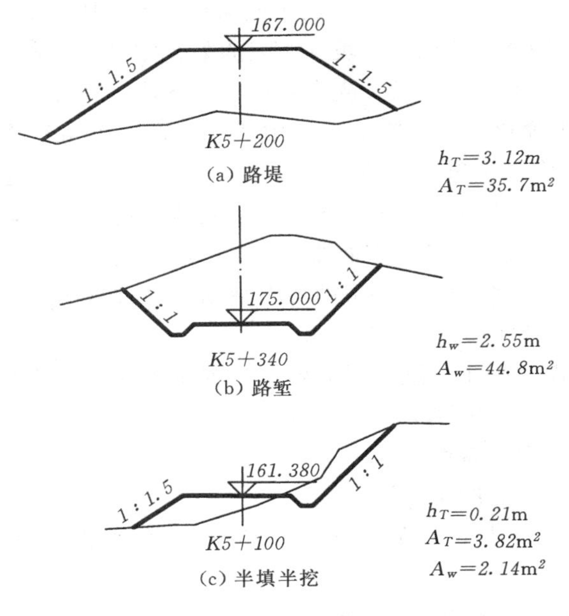

图 9－13　路基横断面的形式

为了便于计算断面的填挖面积和进一步计算土石方量，路基横断面图应画在米格纸上，路基横断面图的图示要点如下：

1）纵横向采用同一比例，一般用 1∶200，也可用 1∶100 或 1∶50。

2）图形下面应注明桩号、断面面积 A 和地面中心到路基中心的填挖高度 h，h_T、h_W 分别表示中桩处的填方高度、挖方高度。

3）横断面的地面线为细实线，设计线为粗实线。

4）在每张路基横断面图的右上角应画角标，填写图纸序号（第×页）及总张数（共×页），在最后一张图的右下角绘制图标。

5）一般沿道路路线每隔 20m 画一路基横断面图。同一张图纸上的路基横断面图，应按桩号的顺序从图纸的左下方开始，由下向上，由左向右排列，如图9－14所示。

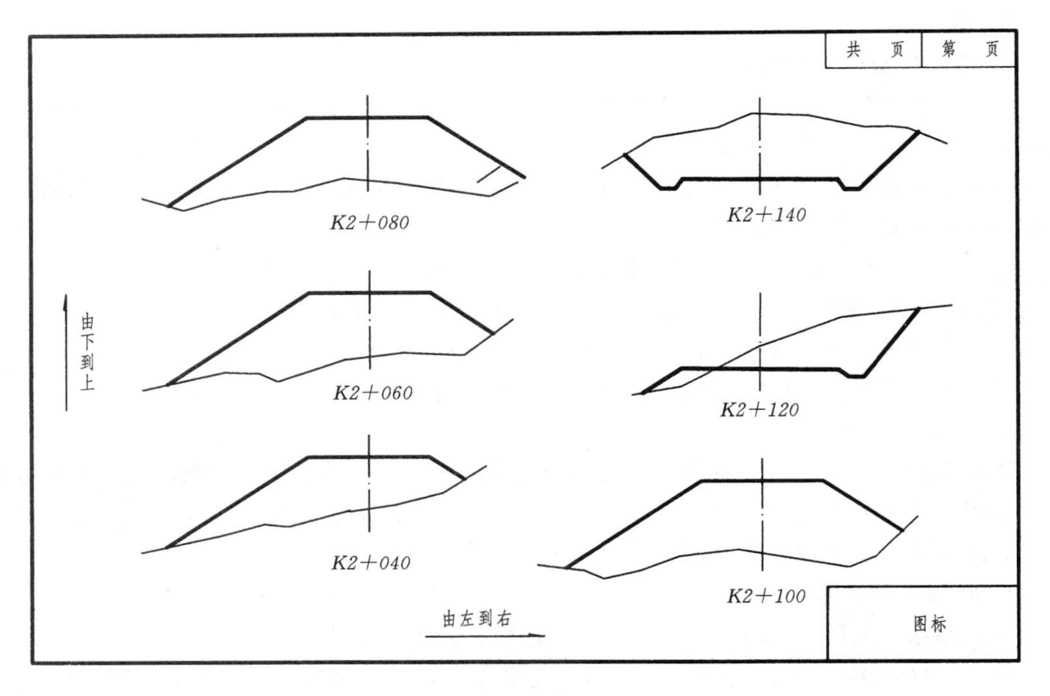

图 9－14　路基横断面图的排列

（2）路基土石方数量计算。

路基工程是道路的主体工程之一，土石方数量庞大，沿线的不规则地形面复杂多变，精确计算土石方体积相当困难，工程中多采用近似计算。即沿线每隔一定距离（如 $L=$ 20m 或 10m）作出路基横断面图，假定两相邻断面间为一棱柱体，如图 9-15 所示，土方量通常采用平均断面法计算求得

$$V=\frac{1}{2}(A_1+A_2)L$$

式中　A_1、A_2——两相邻断面的面积；

L——两相邻断面的间距。

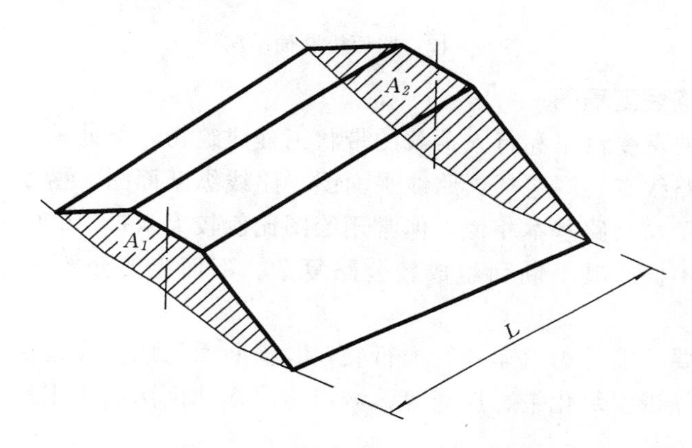

图 9-15　平均断面法求土石方数量

2. 路面横断面图

公路的横断面组成主要包括行车道、路肩等，高速公路还有中央分隔带和特殊车道，如图 9-16 所示。路面结构图主要表示路面的结构组成，当路面结构单一时，可直接在横断面图上，引出标注材料层次与厚度，如图 9-17（a）所示。当路面结构复杂时，应按各路段不同的结构类型分别绘制路面结构图，并标注材料图例（名称）和厚度，如图 9-17（b）所示。

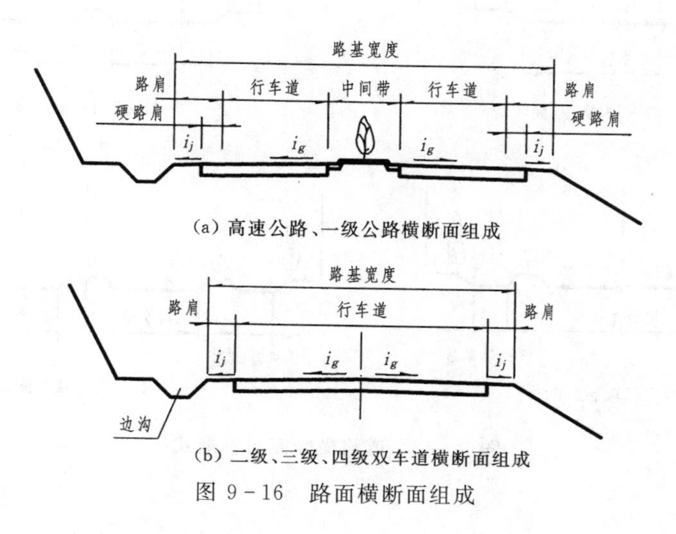

（a）高速公路、一级公路横断面组成

（b）二级、三级、四级双车道横断面组成

图 9-16　路面横断面组成

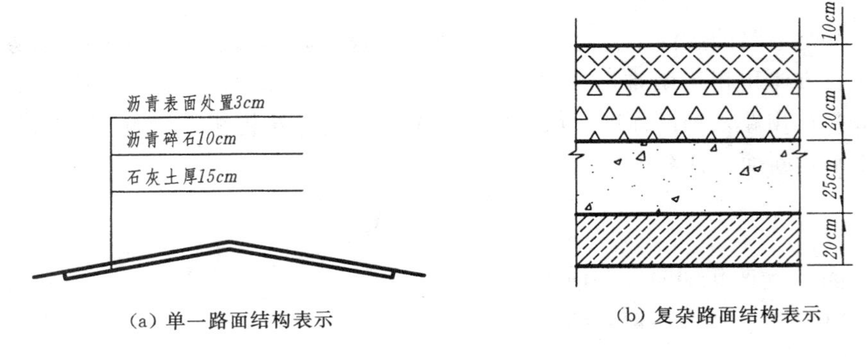

(a) 单一路面结构表示

(b) 复杂路面结构表示

图 9-17 路面横断面结构图

二、城市道路路线工程图

城市道路是主要承受汽车和行人荷载的带状工程建筑物，所处地形较为平坦，沿线构造物多。城市道路路线工程图包括：路线平面图、路线纵断面图、横断面图。其中路线平面图、路线纵断面图与公路基本相似，但常用绘图比例较大（1∶1000～1∶500），图例较多。由于交通性质不同，其横断面组成较公路复杂。下面主要介绍城市道路横断面图的识读。

城市道路的主要功能是为汽车和行人行驶，其横断面组成主要包括机动车道、非机动车道、人行道、分隔带、绿化带、广场等，城市道路横断面图的作用是表达道路的各个组成部分的横向布置关系。

根据机动车道和非机动车道不同的布置形式，道路横断面布置形式有四种：

（1）“一块板”断面。如图 9-18（a）所示，把所有车辆都组织在同一车行道上行驶，但规定机动车在中间，非机动车在两侧。

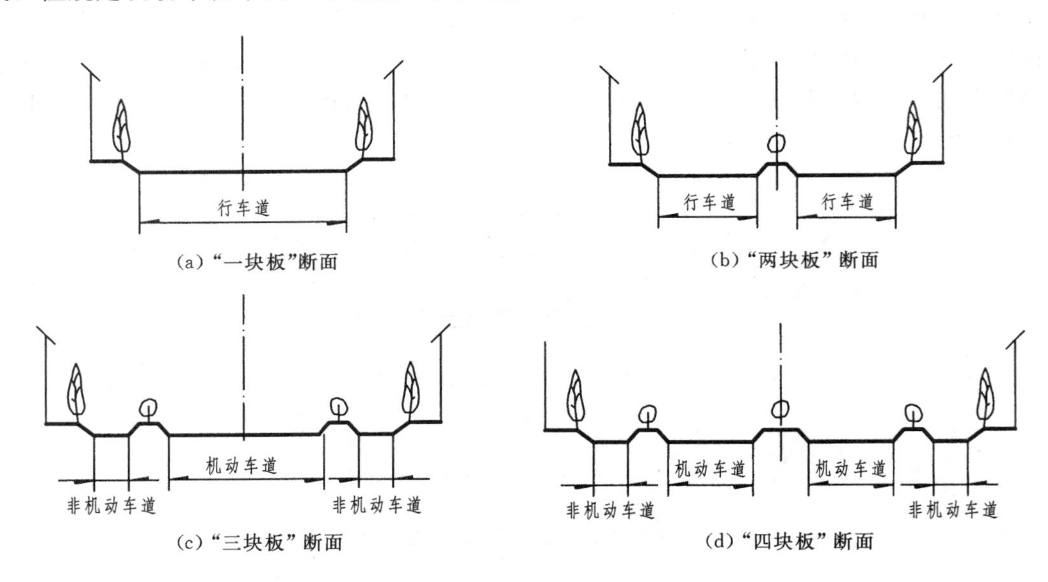

(a)“一块板”断面

(b)“两块板”断面

(c)“三块板”断面

(d)“四块板”断面

图 9-18 道路横断面布置形式

（2）“两块板”断面。如图 9－18（b）所示，用一条分隔带或分隔墩从道路中间分开，使往返交通分离，但同向交通仍在一起混合行驶。

（3）“三块板”断面。如图 9－18（c）所示，用两条分隔带或分隔墩把机动车和非机动车交通分离，把车行道分为三块，中间为双向行驶的机动车道，两侧为方向彼此相反，单向行驶的非机动车道。

（4）“四块板”断面。如图 9－18（d）所示，在三块板断面的基础上增设一条中央分隔带，使机动车分向行驶。

第三节 道路交叉口

道路与道路相交时形成道路交叉口。根据相交道路所处空间位置的不同，道路交叉口分为平面交叉口和立体交叉口。高速公路的交叉口多采用立体交叉口，城市道路的交叉口多采用平面交叉口。道路交叉口工程图是反映交叉口的交通状况、构造和排水设计的图样。因交叉口情况复杂，所以道路交叉口工程图一般除平、纵、横三个图样以外，还包括竖向设计图、交通组织图和鸟瞰图等。

一、平面交叉口

1. 平面交叉口的形式

平面交叉口按相交道路的联结形状可分：“十”字形交叉口、“X”形交叉口、“T”字形交叉口、“Y”字形交叉口、交错“T”字形交叉口、“X”形多路交叉口等，如图 9－19 所示。

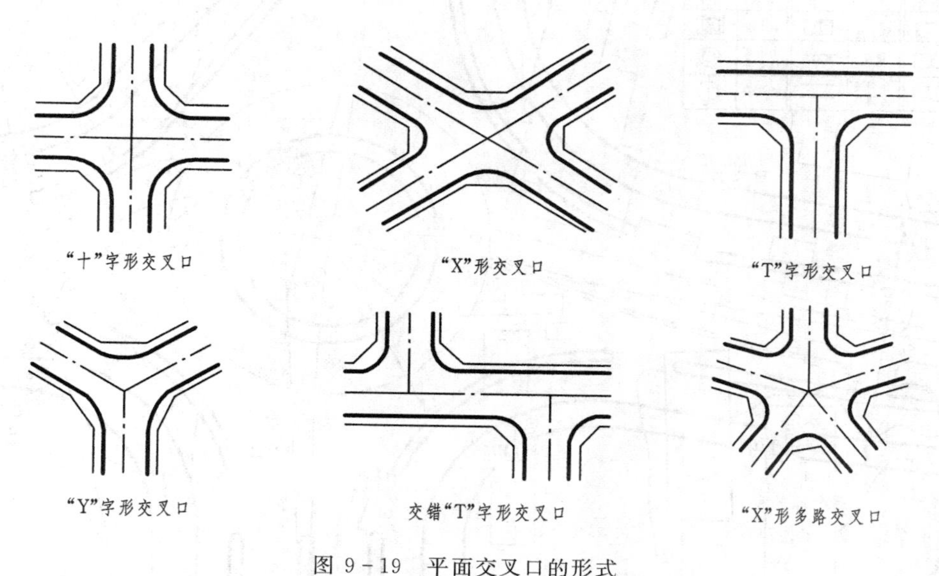

图 9－19 平面交叉口的形式

2. 交通组织形式

交通组织就是对各类行车和行人在时间和空间上的合理安排，从而尽可能地消除人车行驶中的“冲突点”，使得道路的通行能力和安全运行达到最佳状态。平面交叉口的交通组织形式有渠化和环形等，如图 9－20 所示。渠化是实现人车的分道单向行驶，环行驶

"变左转为右转"减少冲突。

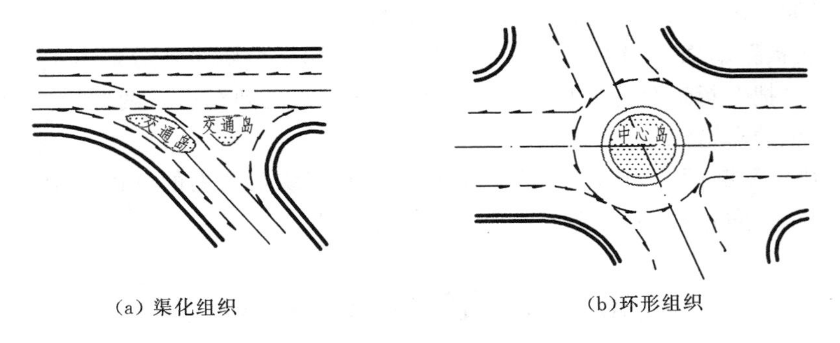

(a) 渠化组织 (b)环形组织

图 9-20 交通组织形式示例

3. 平面交叉口的图示方法

平面交叉口的图示方法主要包括：平面图、纵断面图、交通组织图和竖向设计图。

图 9-21 所示为某平面交叉口的平面图，比例为 1∶500（比公路路线图比例大）。图中内容包括道路、地形地物两大部分。从图中可知：交叉口形式属于"X"形；道路中心线用点划线表示，中心线上的里程桩号，用来表示各交叉道路的长度；各路走向用坐标网表示；各组成车道的宽度如图中尺寸所示，中间的两条绿化带将断面划分为"三块板"布置形式；图中的地形等高线和大量的地形点表示该处地势平缓；地物用图例表示，如沿线的房屋、围墙等。

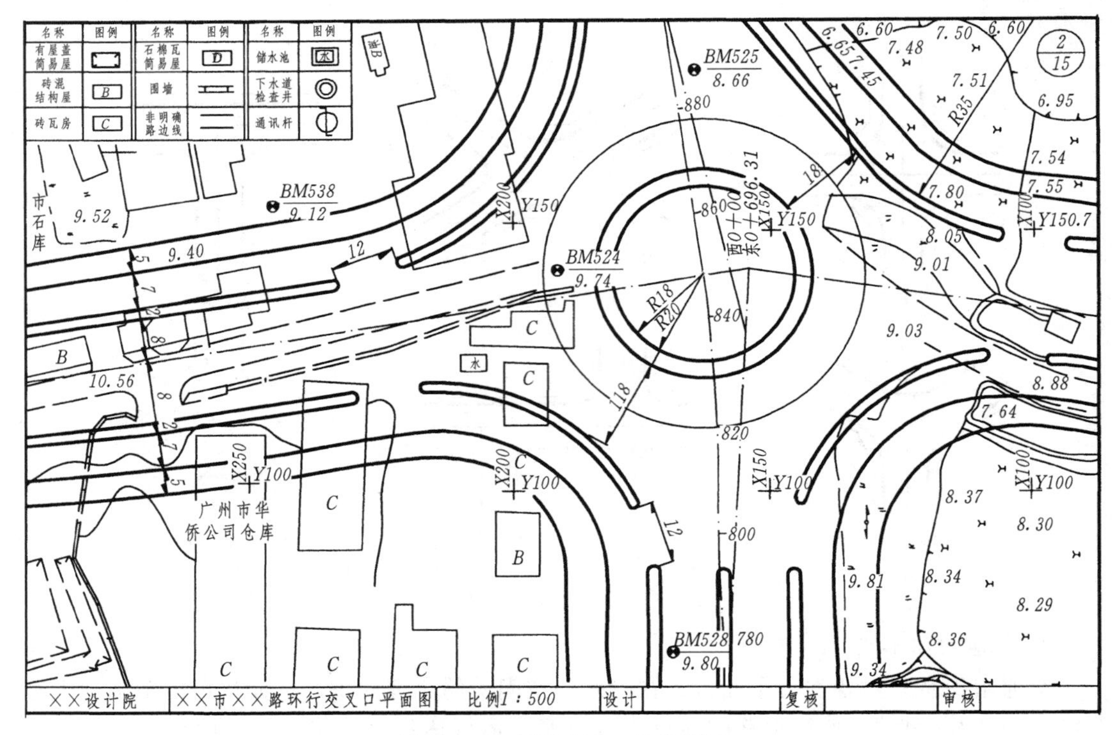

图 9-21 平面交叉口的设计图

图 9－22 所示为某交叉口南北向道路纵断面图，交叉口纵断面图是沿相交各道路中心线剖切而得到的断面图，其作用和内容与道路路线纵断面图基本相同，由图样和测设表两部分组成，由测设表中排水沟的纵断面坡度可知排水边沟为典型的锯齿形边沟。

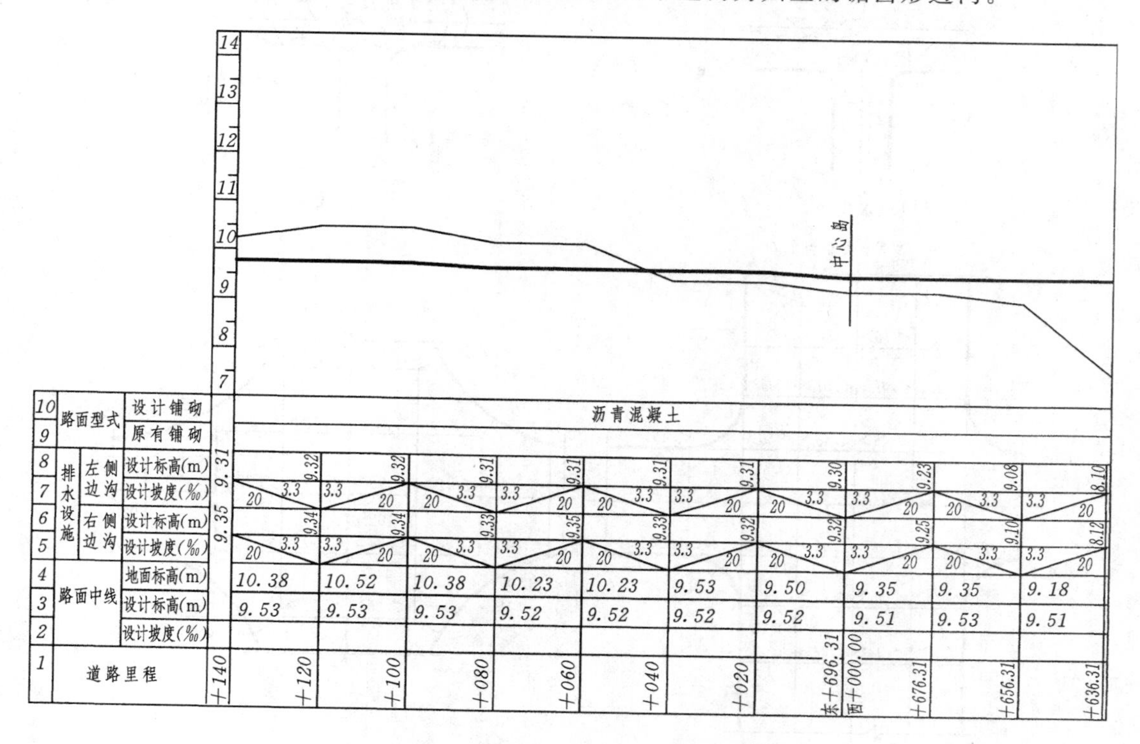

图 9－22　平面交叉口纵断面图（南北向）

图 9－23 所示为竖向设计图的常用图示方法，竖向设计图是在平面图上通过等高线等形式来表示交叉口路面处的高程变化情况，以保证行车平顺和排水通畅。

二、立体交叉口

立体交叉口是从根本上消除交叉口冲突点的一种有效手段，但结构组成复杂，纵坡较大，造价较高。立体交叉口主要由出入口、主线、跨线桥、匝道、加减速辅助车道、立交三角区等组成，如图 9－24 所示。

1. 立体交叉口的形式

立体交叉口的形式根据主线与相交道路的上下关系分为主线上跨式和主线下穿式两类；根据相交道路是否有匝道连接，立体交叉口又可分为分离式和互通式两类，如图 9－25所示。

2. 立体交叉口的图示方法

立体交叉口的图示方法主要包括：

（1）平面设计与交通组织图。平面设计与交通组织图表示立体交叉口的平面设计形式、道路各组成部分的位置、地形地物、相关的附属构筑物及道路的交通组织形式。

（2）纵断面图。纵断面图包括主线、被交道路、匝道纵断面图。表达方法同道路纵断面图，图示内容包括图样部分和测设数据表。

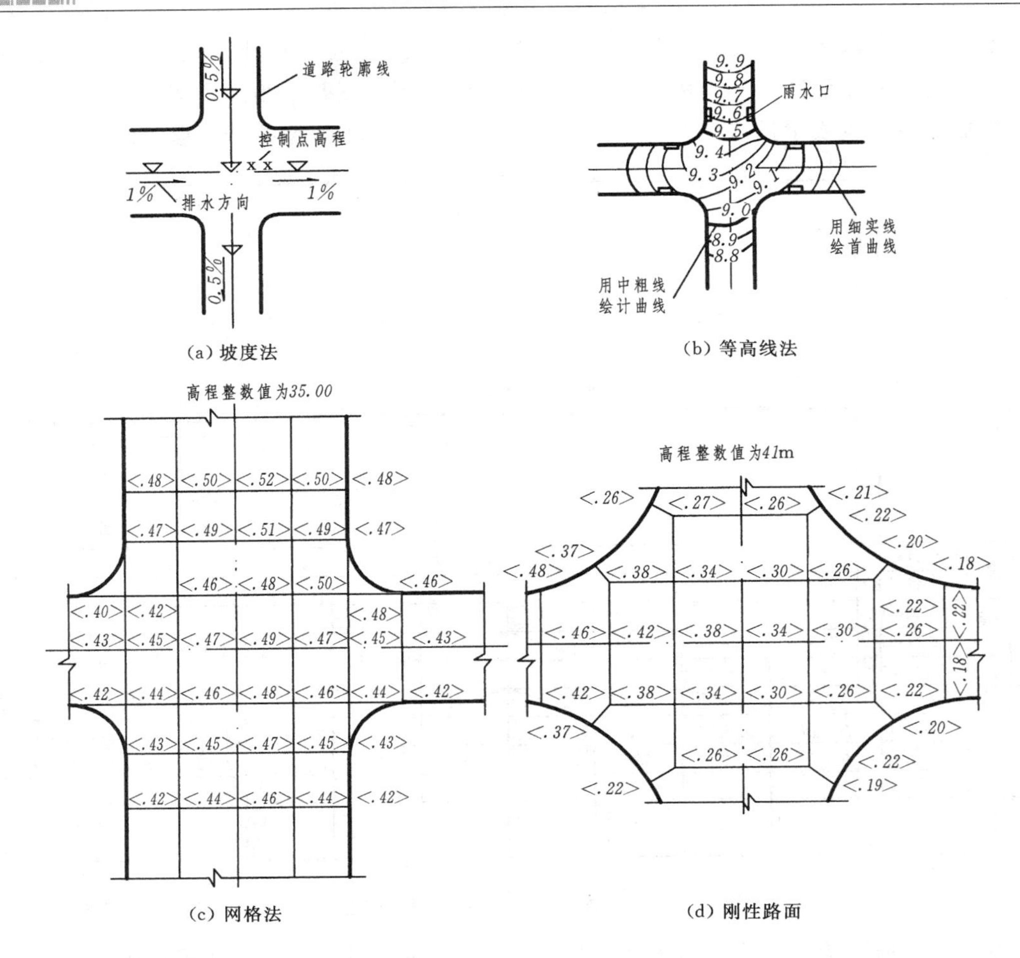

图 9-23　竖向设计图的图示方法

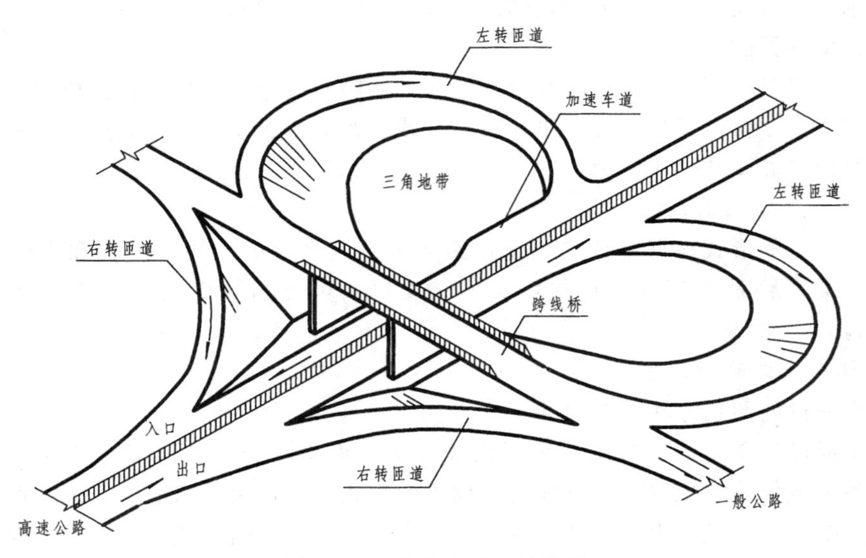

图 9-24　立体交叉口的组成

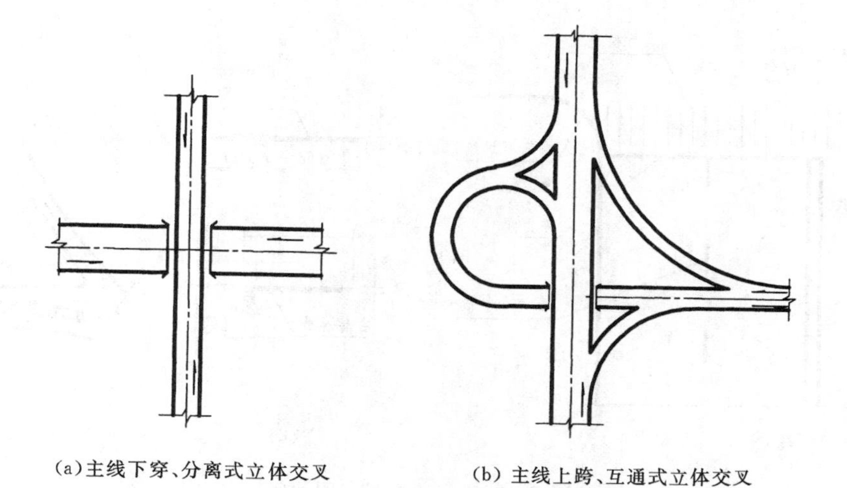

(a)主线下穿、分离式立体交叉　　(b)主线上跨、互通式立体交叉

图 9-25 立体交叉口的形式

(3) 横断面图。横断面图主要表达桥孔宽度、桥面横坡等内容。

(4) 鸟瞰图。鸟瞰图就是立体交叉的透视图，图中可直观表达交叉口概貌，供设计审查和方案比较用。

(5) 竖向设计图。它是在平面图上绘出设计等高线，以表示整个立体交叉的高度变化情况，从而决定排水方向及雨水口的设置。

(6) 附属设计图。附属设计图包括跨线桥桥型布置图、路面结构图、管线及附属设施设计图等。

第四节 交 通 工 程 图

交通工程图包括交通标线和交通标志，为了便于工程技术人员辨认和绘制，道路工程制图标准进行了明确规定。

一、交通标线

(1) 交通标线应采用1～2mm的虚线或实线表示，常见线型如图 9-26 (a) 所示。

(2) 行车道线型：车行道中心线用双实线表示；车行道分界线采用粗虚线表示；边缘线采用粗实线表示。

(3) 车辆停止线应起于车行道中心线，止于路缘石边线，用粗实线表示。

(4) 人行横道线应用数条间隔 1～2mm 的平行细实线表示。

(5) 车流向标线应采用黑粗双边箭头表示，尺寸如图 9-26 (b) 所示。

(6) 导流线应采用斑马线绘制，线宽及间距宜为 2～4mm，图案可采用平行式或折线式，如图 9-26 (c) 所示。

二、交通标志

(1) 在路线或交叉口平面图应示出交通标志的位置，标志采用细实线绘制现行的国家标准，见表 9-2。

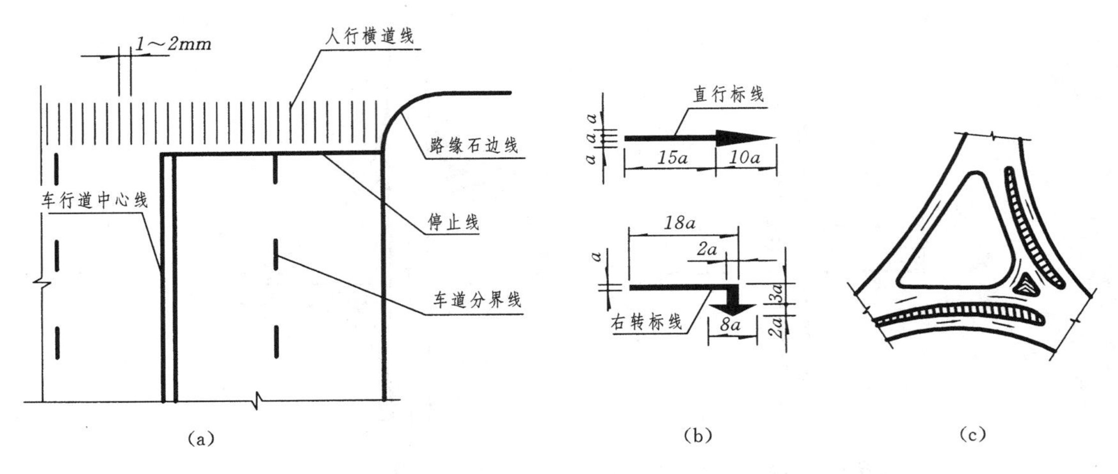

图 9－26　交通标线应用示例

表 9－2　　**常见交通标志示例**

规格种类	形式与尺寸	规格种类	形式与尺寸
警告标志	（图号）（图号） 15～20	指路标志	（图名） （图名） 9 9 25～50
禁令标志	（图名） 45° （图名） 15～20	高速公路指路标志	1 （图名） （图名） （图名） a/3 a/3 a/3 a a
指示标志	（图名）（图名） 15～20	辅助标志	（图名） （图名） 9 9 30～50

注　交通标志的绘制除禁令标志的斜线和高速公路的指路标志用粗实线外，大多用细实线。

（2）标志的支撑图应采用粗实线绘制，常见支撑形式表示见表 9－3。

表 9－3　　**常见交通标志支撑示例**

名　称	单柱式	双柱式	悬臂式	门　式	备　注
图式					交通标志支撑图用粗实线绘制

复 习 思 考 题

1. 路线平面图图示内容不包括（　）。
   (a) 竖曲线　(b) 平曲线　(c) 地形地物　(d) 附属建筑物图例
2. 路线纵断面图中，当横向比例为 1∶5000 时，纵向比例通常选用（　　）。
   (a) 1∶50　(b) 1∶200　(c) 1∶500　(d) 1∶5000
3. 路线纵断面图属于（　　）。
   (a) 单一全剖　(b) 阶梯剖　(c) 旋转剖　(d) 展开复合剖
4. 路线纵断面图中的符号“└┬┘”表示（　　）。
   (a) 竖曲线，道路向上凸　(b) 平曲线，道路向左转
   (c) 竖曲线，道路向下凹　(d) 平曲线，道路向右转
5. 测设表中“平曲线”栏中符号“V”表示（　　）。
   (a) 不设圆曲线的平曲线　(b) 不设缓和曲线的平曲线
   (c) 转弯处不设平曲线　(d) 变坡处不设竖曲线
6. 测设表中符号“＿┌─┐＿”表示（　　）。
   (a) 竖曲线，道路向上凸　(b) 平曲线，道路向左转
   (c) 竖曲线，道路向下凹　(d) 平曲线，道路向右转
7. 路基横断面图通常按桩号排列，排列顺序是（　　）。
   (a) 从下到上，从左到右　(b) 从下到上，从右到左
   (c) 从上到下，从右到左　(d) 从上到下，从左到右
8. 路基横断面图中的标注内容不包括（　　）。
   (a) 桩号　(b) 填高/挖深　(c) 填方面积/挖方面积　(d) 土石方量
9. 道路防护栏设计图属于道路工程图中的（　　）。
   (a) 沿线设施及排水设施工程图　(b) 环境保护工程图
   (c) 交叉口工程图　(d) 路基路面工程图
10. 交叉口的工程图不包括（　　）。
   (a) 平面图　(b) 交通组织图　(c) 竖向设计图　(d) 交通岛标志图

答案

1. a　2. c　3. d　4. c　5. a　6. d　7. a　8. d　9. a　10. d

第十章　桥梁、隧道工程图

第一节　概　　述

桥梁、隧道是道路工程中跨河越谷、穿山越岭的重要构筑物，是道路的重要组成部分。适当修筑桥梁隧道不仅可以减少土石方工程量，缩短道路里程，而且可以改善道路线形，保证行车安全性。

一、桥梁的分类与组成

1. 桥梁的分类

桥梁按照所用的建筑材料可以分为：木桥、石桥、混凝土桥、钢桥、预应力混凝土桥等，伴随着材料各项性能的提高，桥梁的跨度和规模也逐步增大。

桥梁按照结构受力形式可以分为：梁式桥、拱桥、刚架桥、悬索桥、斜拉桥、组合体系桥等。

梁式桥：其上部结构在铅垂荷载作用下，支点只产生竖向反力，主要承重构件为梁（或板），主要承受弯矩，属于受弯构件。包括简支梁桥、悬臂梁桥、连续梁桥等。梁式桥为桥梁的基本体系之一。制造和架设均比较方便，使用广泛，在桥梁建筑中占有很大比例。

拱桥：其上部结构在铅垂荷载作用下，通过拱圈将力传给地基，主要承重构件为拱圈，主要承受压力和弯矩，属于受压构件。支座处既承受竖向力，又承受水平力。支点的受力复杂。拱桥为桥梁的基本体系之一，建筑历史悠久，外形优美，在桥梁建筑中占有重要地位。它适用于跨越峡谷的大、中、小跨公路或铁路桥。因其造型美观，也常用于城市、风景区的桥梁建筑。但拱桥对支点处的地质条件要求较高，否则有较大安全隐患。

刚架桥：其梁（或板）与立柱（或竖墙）联接为整体的桁架结构，在竖向力作用下，梁部受弯柱脚产生水平推力，其受力状态介于梁桥与拱桥之间。

悬索桥：其承重结构是桥塔和悬挂于桥塔上的缆索、吊索、锚碇块等。主要承重构件是主缆，是受拉构件。

2. 桥梁的组成

桥梁的结构形式多样，但基本都是由三大部分组成：

（1）上部结构（又称桥跨结构）：包括主梁（梁桥）、主拱圈（拱桥）、主塔和索（斜拉桥）、桥面系等，如图 10－1 所示。

（2）下部结构：包括桥台、桥墩、立柱、基础等，如图 10－1 所示。常见桥台类型包括八字翼墙式、U 形式、埋置式、耳墙式等，如图 10－2（a）所示；常见桥墩类型有实体式、柱式等，基础类型有刚性扩大基础、桩基础、沉井基础、沉箱基础等，如图 10－2（b）所示。

（3）附属结构：包括栏杆、灯柱、锥坡、泄水管等，如图 10－3 所示。

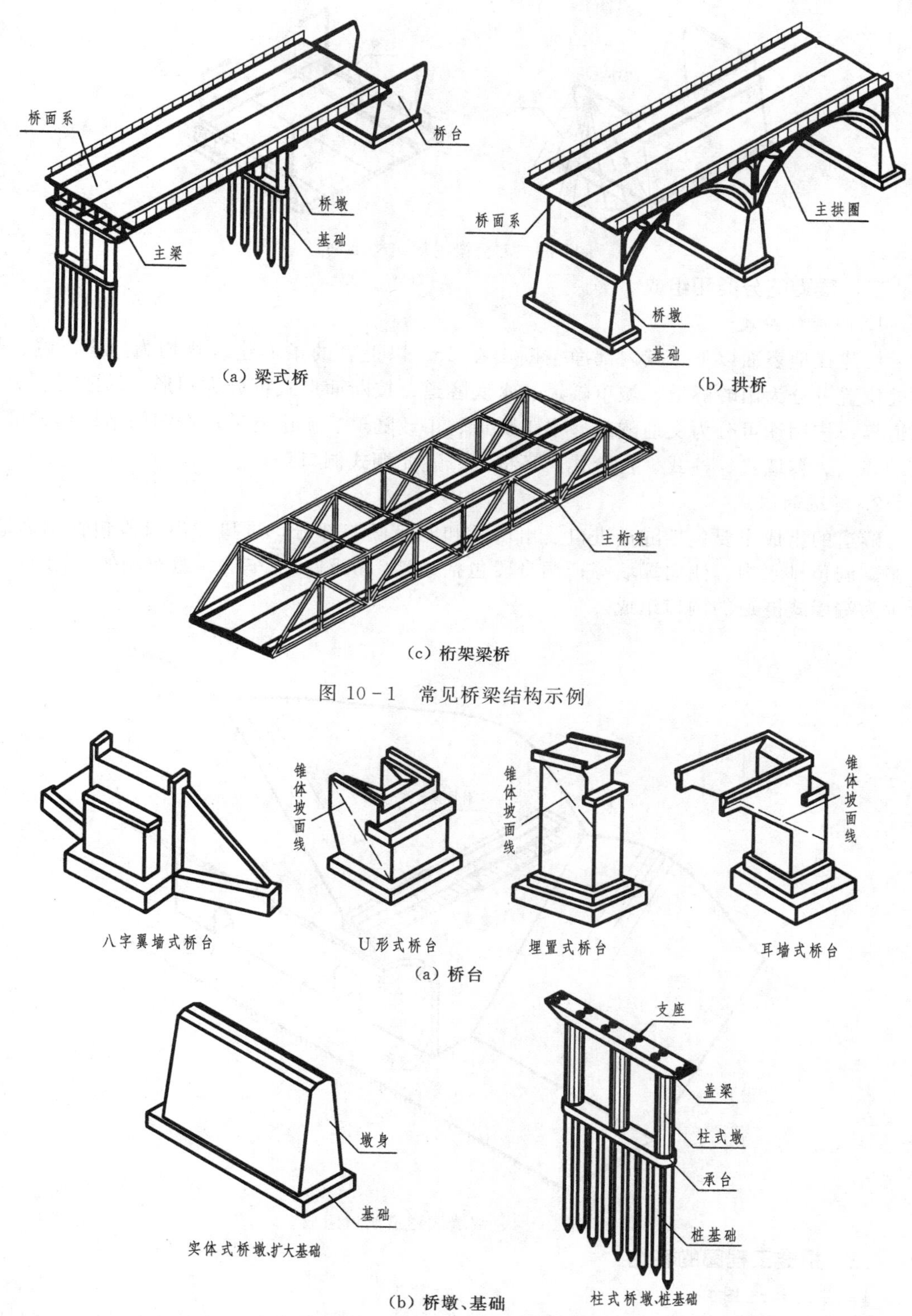

图 10－1 常见桥梁结构示例

图 10－2 常见桥台、桥墩、基础类型示例

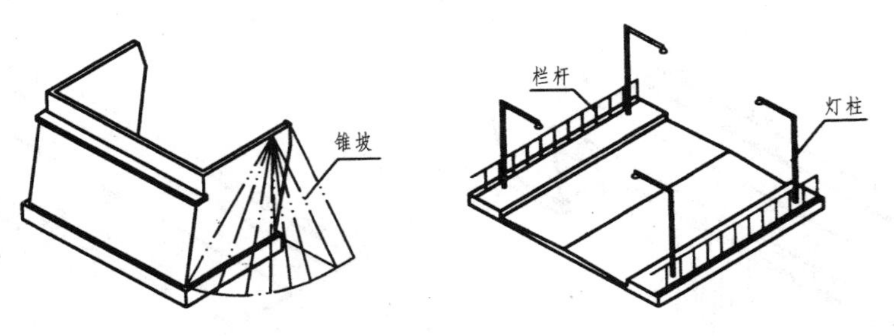

图 10-3　桥梁附属结构示例

二、隧道的分类和组成

1. 隧道的分类

修建在地表面以下，其内部净空断面在 $2m^2$ 以上者的条形建筑物均为隧道。隧道按所处位置可分为山岭隧道、城市隧道、水底隧道；按断面形式可分为圆形、马蹄形、矩形隧道等；按用途可分为交通隧道、水工隧道、市政隧道、矿山隧道；按洞门结构形式可分为端墙式、翼墙式、柱式、台阶式、环框式、遮光棚式洞口等。

2. 隧道的组成

隧道的组成主要包括隧道进口、出口段和洞身段三部分，进口、出口段包括洞面墙、顶帽、洞顶排水沟、侧向翼墙等；洞身段包括边墙、拱圈、行车道、避车洞等。图 10-4 所示为端墙式隧道的洞口组成。

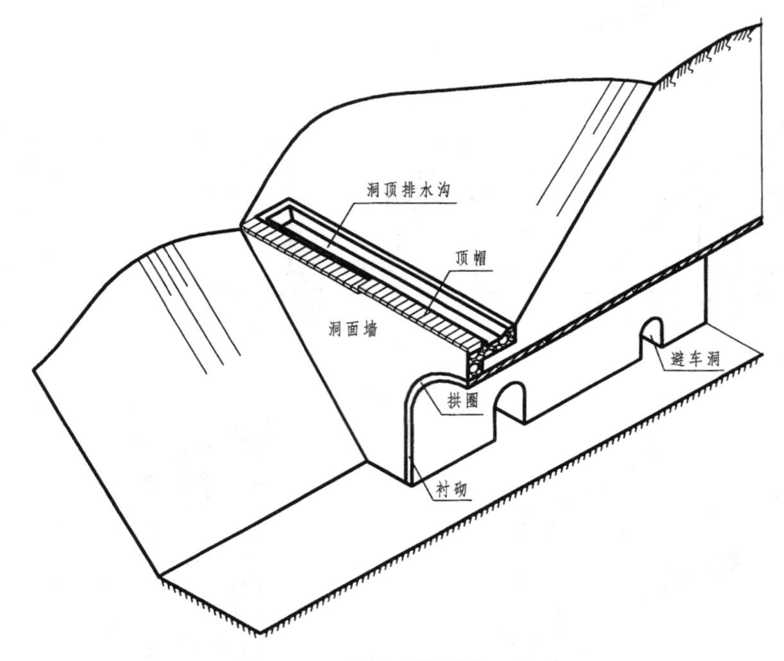

图 10-4　端墙式隧道洞口组成

三、桥隧工程图的表达

1. 常见表达图样

桥梁和隧道的表达图样一般包括桥位（隧道）平面布置图、桥位（隧道）工程地质

图、总体布置图、构件结构详图。

（1）桥位（隧道）平面布置图：即俯视图，主要表明桥梁（隧道）与路线连接的平面位置、河床及两岸附近的地形和地物。常用比例为1∶500～1∶2000。

（2）桥位（隧道）工程地质图：主要表明桥梁（或隧道）所在河床处的水文、地质状况，如地质分层、水位高低等。工程地质图是桥梁设计、施工、计算土石方数量的依据，包括地质平面图和地质断面图。常用比例为1∶500～1∶2000。

（3）总体布置图：主要表明桥梁（或隧道）的型式、跨径、总体尺寸、各个组成部分的相对位置、材料、技术说明等。主要包括平面图、立面图、剖面图和断面图、数据表等。常用比例为1∶100～1∶500。

平面图：指建筑物的俯视图，主要表达建筑形体的平面形状。

立面图：是反映建筑物高度的视图。桥涵、隧道属长形建筑物，一般将其长度方向水平放置，由前向后投影即得立面图，其主要表达桥涵、隧道各组成部分的上下位置和立面形状。

剖面图与断面图：当剖切面平行于桥涵、隧洞轴线时得到的剖面图称为纵剖面图；剖切面垂直于桥涵、隧洞轴线得到的剖面图称为横剖面图。剖面图主要用来反映桥涵、隧道的内部结构、高程、水位和地形地质等。断面图主要反映某一组成部分的断面形状、尺寸、构造、材料等。当比例过小时，断面上可不画出剖面材料符号，而直接涂黑表示。

数据表：为满足施工放样和工程控制需要而标明的控制点数据、坡度、坡长等信息。

（4）构件结构详图：桥梁、隧道的细部构件，在总体布置图中无法详细表达清楚，必须采用较大比例画出，为施工需要，根据总体布置图采用较大比例绘制的单个构件的结构图称为详图，详图常用比例为1∶10～1∶50。如桥梁的主梁结构图、桥墩基桩钢筋构造图、隧道洞门工程图、避车道构造详图等。

2. 特殊表达图样

为了表达需要，在图样中常常采用特殊表达图样来简化作图，表达清晰。

（1）合成视图。对称图形可将两个视向相反的视图或剖面图各画一半，并以对称线为界合成一个视图，称为合成视图。

（2）拆卸画法。当视图、剖面图中的主要结构被次要结构或填土遮挡时，可假想将其拆卸后再投影。

（3）分层画法。当结构有层次时，可采用分段揭层画法，来表达多层结构各部分的形状和尺寸。

另外，还有前面讲到的简化画法和剖面图的不剖画法。

第二节　钢筋混凝土结构图

桥隧工程中的梁、板、柱、基础等承重构件都是由钢筋混凝土材料制成的。为了准确表达钢筋混凝土构件结构和钢筋在内部的分布情况，工程中应绘制相应的钢筋混凝土结构图，当钢筋混凝土结构图主要表达钢筋时，简称钢筋图。本节主要介绍钢筋图的制图规定与识读方法。

一、钢筋混凝土结构的基本知识

（一）混凝土和钢筋混凝土

混凝土是由水泥、沙子、石子和水按一定的比例拌和而成的人工石材，受压能力好，但抗拉能力差，容易因受拉而发生破裂。为充分发挥混凝土的受压能力，常在混凝土受拉区域内加入一定数量的钢筋，使两种材料粘结成一个整体，共同承受外力。这种配有钢筋的混凝土，称为钢筋混凝土。

（二）钢筋

1. 符号

钢筋混凝土结构设计规范中，对国产建筑常用钢筋，按其产品种类不同分别给予不同的符号，供标注及识别之用，见表 10－1。

表 10－1　　钢筋的种类和符号

种类		符号	备注
热轧钢筋	HPB235（Q235）	Φ	HRB 为热轧带肋钢筋，H、R、B 分别为热轧（Hot rolled）、带肋（Ribbed）、钢筋(Bars）三个词的英文首位字母。HPB 为热轧光圆钢筋，RRB 为余热处理钢筋。 235、335、400 为强度值
	HRB335（20MnSi）	Φ	
	HRB400（20MnSiV、20MnSiNb、20MnSiTi）	Φ	
	RRB400（K20MnSi）	$Φ_R$	

2. 分类

根据钢筋在构件中所起作用的不同，常见钢筋分为五种类型，如图 10－5 所示。

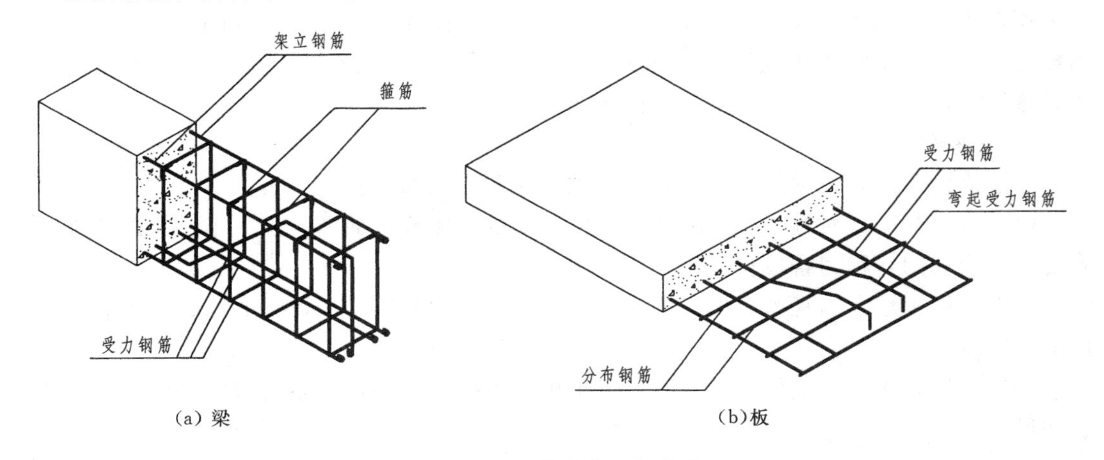

图 10－5　钢筋的作用与分类

受力钢筋：主要用来承受拉力，有时也承担压力或剪力。

架立钢筋：主要用来固定受力钢筋和箍筋的位置，一般用于钢筋混凝土梁中。

分布钢筋：这种钢筋多用在钢筋混凝土板中，与受力钢筋垂直布置，将外力均匀地传给受力钢筋，并固定受力钢筋的位置，使受力钢筋与分布钢筋组成钢筋网。

箍筋：这种钢筋多用在梁、柱中，主要用来固定受力钢筋的位置、承受部分拉力和剪力，使钢筋形成坚固的骨架。

其他钢筋：如吊钩、锚筋以及施工中常用的支撑等。

3. 钢筋的弯钩

为了增强钢筋与混凝土之间的锚固能力，将光圆钢筋（HPB）的端部做成弯钩。弯钩的形式和尺寸，可查有关规定和规范。带肋钢筋，一般不需要弯钩。

4. 钢筋的保护层

为防止钢筋锈蚀，保证钢筋与混凝土紧密粘结在一起，钢筋边缘到混凝土表面应留有一定厚度的混凝土，称其为钢筋的保护层。保护层的最小厚度视不同的结构而异，可查阅有关设计规范，一般为10～50mm。

二、钢筋图的制图标准

1. 线型规定

制图标准规定：钢筋图中的构件外轮廓线应以细实线表示，普通钢筋应以粗实线（立面图）的或实心黑圆点（断面图）表示；预应力钢筋应用粗实线或直径大于2mm的黑圆点表示；当两种钢筋同时出现时，普通钢筋应以中粗线表示。

2. 钢筋编号

为了区分各种类型和不同直径的钢筋，钢筋必须编号，每类钢筋（即型式、规格、长度相同的钢筋）无论根数多少只编一个号。编号宜先主筋后构造筋的顺序。编号字体应采用阿拉伯数字，书写位置宜注写在引出线侧面的小圆圈内，小圆圈的直径为6mm，编号小圆圈和引出线均为细实线；或直接写在钢筋侧面，并在编号前贯以N符号；或是按照钢筋顺序位置依次写在方框内，如图10-6（a）～（c）所示。

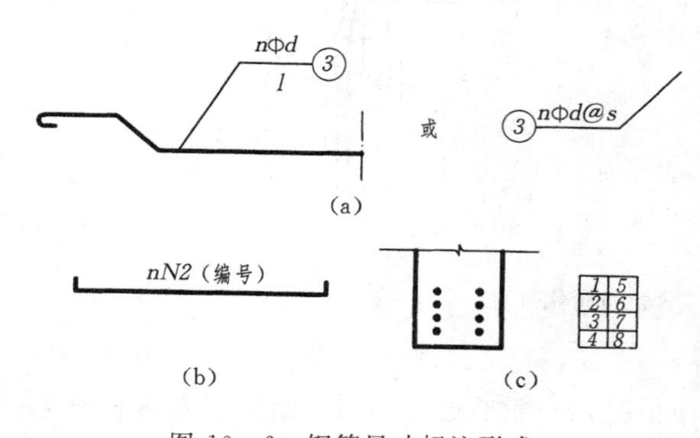

图10-6 钢筋尺寸标注形式

3. 钢筋标注

钢筋的标注应包括钢筋的编号、数量、长度、直径、间距，通常应沿钢筋的长度标注或标注在有关钢筋的引出线上。如图10-6所示，n为钢筋的根数，Φ为钢筋直径及种类的符号（各种钢筋符号见表10-1），d为钢筋直径数值，@为钢筋间距的代号，s为钢筋间距的数值，d、s的数字单位通常为mm。

在纵断面图中，预应力钢筋除了标注钢筋的编号、数量、长度、直径、间距外，还用表格形式每隔0.5～1m的间距，标出纵、横、竖三维坐标值，如图10-7所示。

4. 钢筋简化标注

对于规格、型式、长度、间距都相同的钢筋，可以仅画出两根钢筋，但要将钢筋的布置范围及钢筋的数量、直径和间距表示出来，如图10-8（a）所示。

当若干构件的钢筋编号、钢筋布置方法均相同，仅断面形状大小不同时，可采用图10-8（b）的画法，并通过加括号的尺寸注明不同长度。

三、钢筋图的传统表达

（一）钢筋图表达

钢筋图包括钢筋布置图、钢筋成型图、钢筋表等内容。

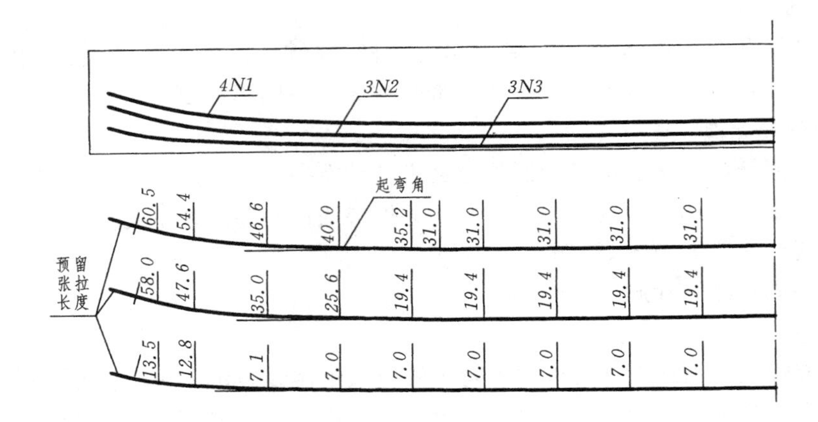

图 10－7　预应力钢筋尺寸标注形式

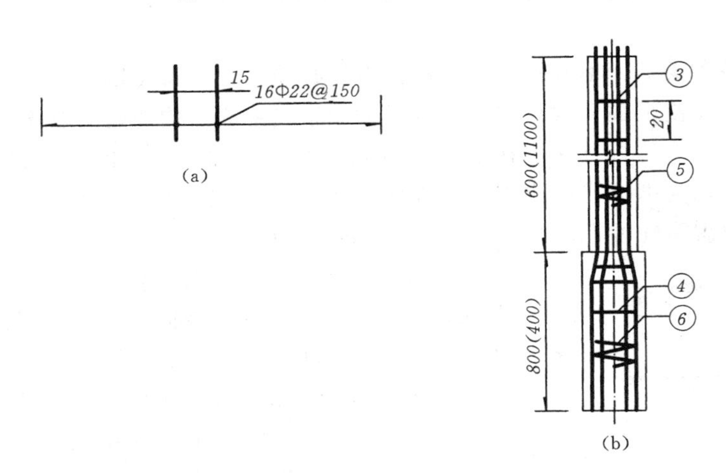

图 10－8　钢筋的简化标注

1. 钢筋布置图

钢筋布置图是表明构件内部钢筋的分布情况，一般通过立面图、断面图表达。图 10－9 所示的钢筋混凝土梁是用立面图和 1—1 断面、2—2 断面图来表示钢筋的布置。

2. 钢筋成型图

钢筋成型图用来表达构件中每种钢筋加工成型后的形状和尺寸。在成型图上直接标注钢筋各部分的实际尺寸，并注明钢筋的编号、根数、直径以及单根钢筋的断料长度，它是钢筋断料和加工的依据。为了简化作图，也可将钢筋成型图缩小，画在钢筋表“型式”一栏中，如图 10－9 中的钢筋表所示。

3. 钢筋明细表

钢筋明细表就是将构件中每一种钢筋的编号、型式、规格、根数、单根数、总长度、重量和备注等内容列成表格，是备料、加工以及做材料预算的依据。

(二) 钢筋图识读

识读钢筋图的目的是为了弄清结构内部钢筋的布置情况，以便进行钢筋下料、加工和

绑扎成型。看图时须注意图上的标题栏、有关说明，先弄清楚结构的外形，然后按钢筋的编号次序，逐根看懂钢筋的位置、形状、种类、直径、数量和长度。读图时要把立面图、断面图、钢筋编号和钢筋表配合起来看。

【例 10－1】　识读图 10－9 所示矩形梁的钢筋图。

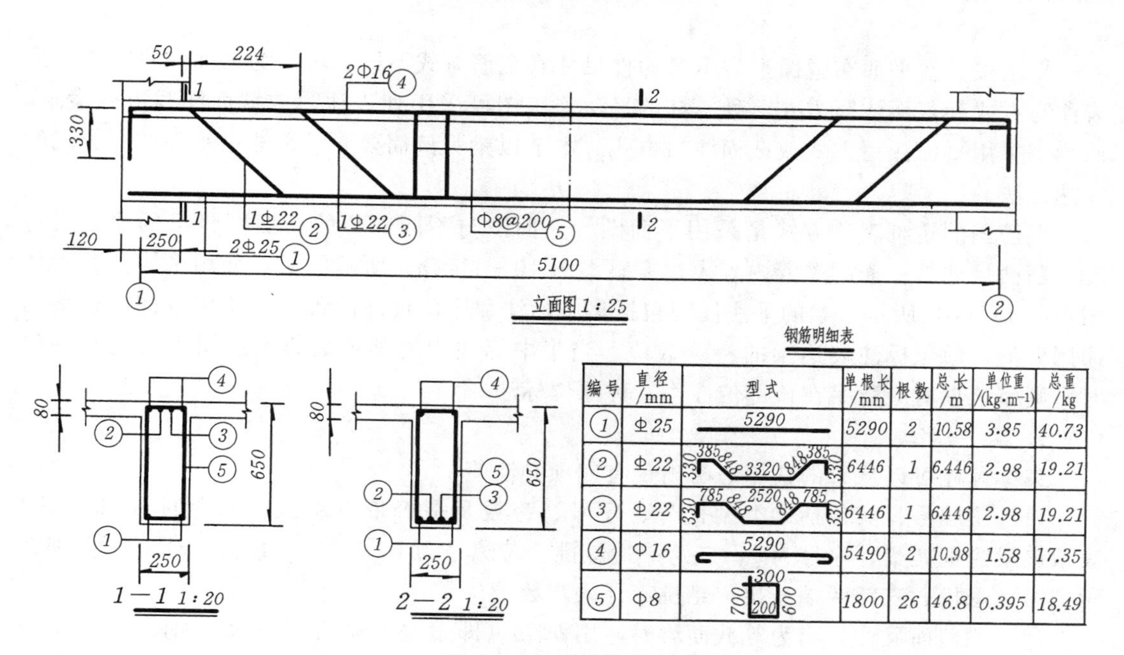

编号	直径/mm	型式	单根长/mm	根数	总长/m	单位重/(kg·m⁻¹)	总重/kg
①	Φ25	5290	5290	2	10.58	3.85	40.73
②	Φ22	330 385 848 3320 848 385 330	6446	1	6.446	2.98	19.21
③	Φ22	330 785 848 2520 848 785 330	6446	1	6.446	2.98	19.21
④	Φ16	5290	5490	2	10.98	1.58	17.35
⑤	Φ8	300 700 200 600	1800	26	46.8	0.395	18.49

图 10－9　梁的钢筋图

读图步骤如下：

(1) 分析视图，识读构件外形。梁的外形由立面图和 1—1 断面、2—2 断面图的细实线来表达，从图中可知是一T形梁，构件外形的尺寸为：长 5340mm、宽 250mm、高 650mm。

(2) 结合视图，分析钢筋布置。应按照钢筋编号依次识读，如从立面图可知：①号钢筋在梁的底部，结合 1—1（跨中）、2—2（支座）断面图看出，①号钢筋布置在梁底部的两侧，为两根直径为 25mm 贯通的 HRB 直钢筋。依次识读其他编号的钢筋。如立面图上画的⑤号钢筋表示箍筋，HPB 直钢筋直径为 8mm，共 26 根，箍筋间距为 200mm。从符号可知④、⑤钢筋均为 HPB 钢筋。

(3) 检查核对。由读图所得的各种钢筋的形状、直径、根数、单根长与钢筋成型图、钢筋表逐个逐项地进行核对是否相符。

梁内部的钢筋布置立体效果如图 10－10所示。

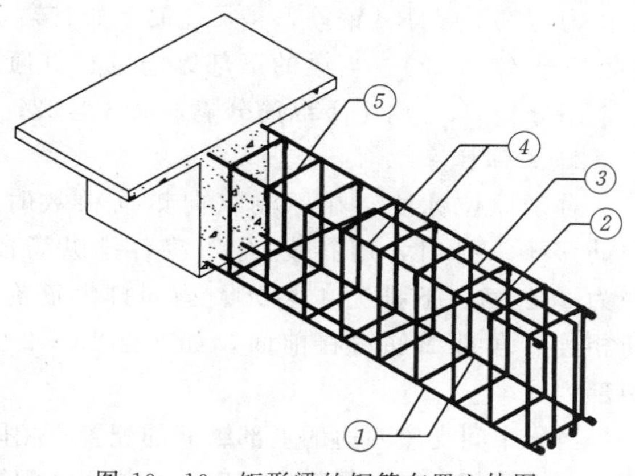

图 10－10　矩形梁的钢筋布置立体图

四、钢筋图的平面整体表示（平法标注）

1996 年 11 月，经建设部批准由山东建筑设计院和中国建筑标准设计研究院编制的《混凝土结构施工图平面整体表示方法制图规则和构造详图》作为国家建筑标准设计图集，在全国推广应用，其平面整体表示方法简称平法。这种表达方式，是把结构构件的尺寸和配筋等，直接整体表达在该构件（钢筋混凝土柱、梁和剪力墙）的结构平面布置图上，再配合标准构件详图，构成完整的结构施工图。

平法按其在平面布置图上表示各构件尺寸和配筋方式不同，可分为平面注写方式、列表注写方式和截面注写方式三种。柱的平法施工图可采用列表注写或截面注写方式表达，而梁则采用平面注写方式或截面注写方式。本节以梁为例简要介绍平法中平面注写方式的表达方法。

钢筋图的传统表达方式是采用平面图、立面图与不同部位的断面图将梁的位置、跨度、断面尺寸、钢筋配置等内容表达完整。图 10－11（a）所示的梁，如用平法注写则如图 10－11（b）所示。梁的平法注写包括集中标注和原位标注两部分。集中标注表达梁的通用数值，原位标注表达梁的特殊数值。当集中标注中的某项数值不适用于梁的某部位时，则将该项对应数字在该部位注写，称原位标注。

1. 集中标注

集中标注可以从梁的任一跨引出，有四项必注值：

（1）梁编号。其包括梁类型代号、序号、跨数及是否带有悬挑。图中的 KL1（2A）表示该梁为框架梁，序号为 1，二跨一端悬挑。若编号为 KL1（3）、KL1（3B）则分别表示三跨无悬挑、三跨两端悬挑，悬挑不计入跨数。

（2）梁截面尺寸。当为等截面梁时，用 $b\times h$（即梁宽×梁高）表示，如图 10－11 中 300×650。当有悬挑梁且其根部与端部的高度不同时，用斜线分隔根部与端部的高度值，即为 $b\times h1/h2$，本图梁的截面尺寸均相等。

（3）梁箍筋。其包括钢筋种类、直径、加密区与非加密区间距及肢数。箍筋加密区与非加密区的不同间距及肢数需用“/”分隔，箍筋肢数写在括号内。图 10－11 中φ 8—100/200（2）表示箍筋是直径φ 8 的 HPB 钢筋，加密区间距为 100，非加密区间距为 200，均为两肢箍筋。

（4）梁上部贯通筋或架立筋直径与根数。图 10－11 中 2 Φ 25 表示梁的上部配有两根直径为Φ 25 的 HRB 钢筋，是贯通筋。如有架立筋需注写在括号内，并用“＋”相连，如 2 Φ 25＋（2 φ 12）。当梁的下部纵筋也有贯通筋时，此项可加注下部纵向贯通筋的配筋值，用分号“；”将上下纵筋分隔，如 3 Φ 22；3 Φ 20。

2. 原位标注

对于原位标注，在标注纵向钢筋根数时，包括该部位已集中标注的贯通筋。若钢筋多于一排时，用斜线“/”将各排纵筋自上而下分开。如 6 Φ 25 2/4 表示上排纵筋为 2 Φ 25，下排为 4 Φ 25。当同排纵筋有两种直径时，用“＋”将两种直径的纵筋相连，角部纵筋写在前面，如 2 Φ 25＋2 Φ 22 表示 2 Φ 25 放在角部，2 Φ 22 放在中部。

当梁中间支座两边的上部纵筋的配置不相同时，应在支座两边分别原位标注；支座两侧上部纵筋相同时，可仅在支座的一侧标注配筋值，另一边省略不注。

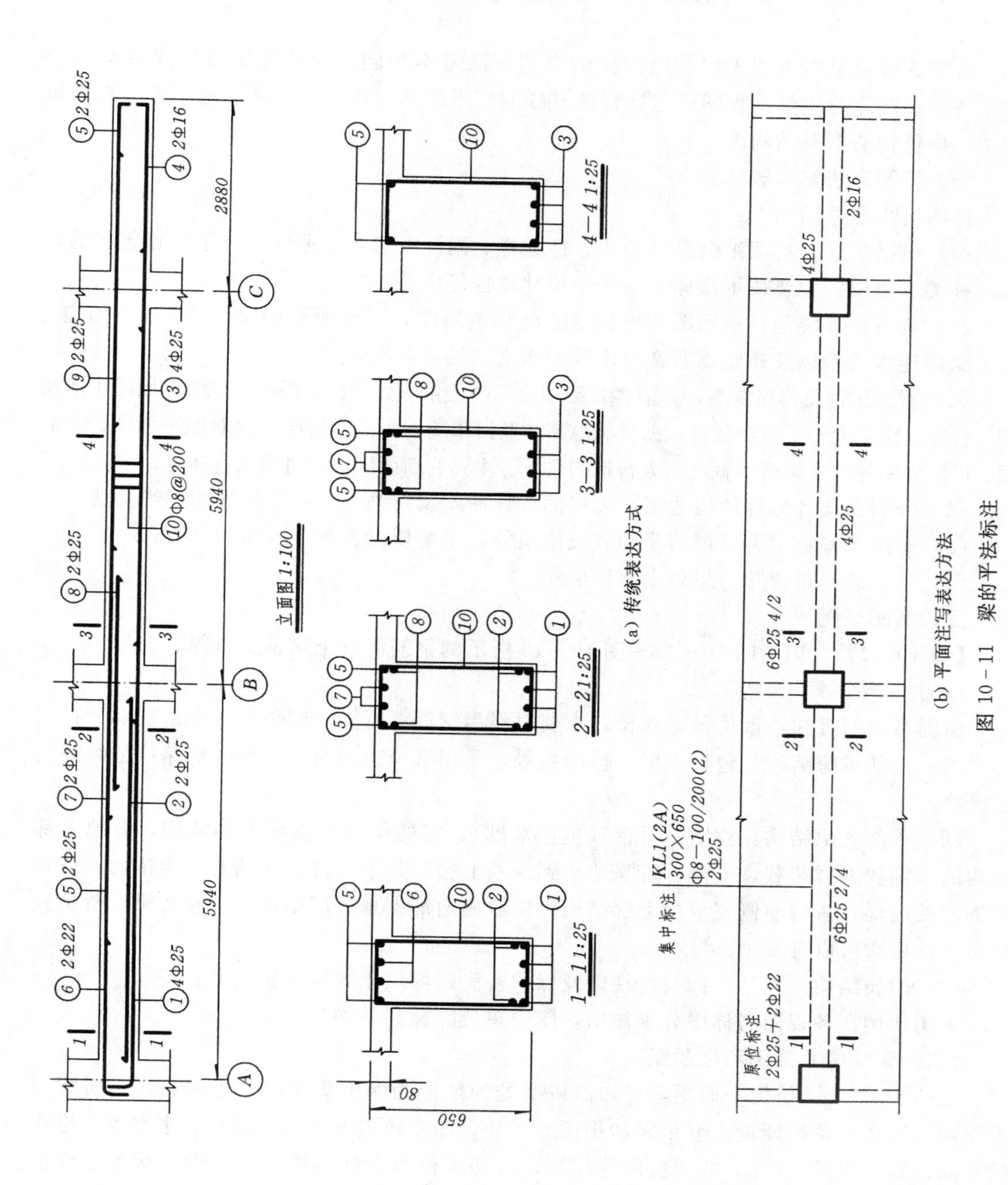

(a) 传统表达方式

(b) 平面注写表达方法

图 10-11　梁的平法标注

第三节　桥梁、隧道工程图的识读

桥梁、隧道虽然类型多样，但图样的表达方法基本相同，识读方法与步骤也基本一致。桥梁、隧道的主要工程图样包括桥位（隧洞）平面图、桥位（隧洞）地质图、总体布置图、构件构造图及结构图。

一、读图方法与步骤

读图的步骤总结如下：

(1) 概括了解。看图纸的设计说明、标题栏、附注并参考专业知识，了解建筑物的名称、种类、组成、主要技术指标、比例、尺寸单位等内容。

(2) 读桥位（隧洞）平面图和桥位（隧洞）地质图，了解所建桥梁（隧洞）的位置、与道路的连接关系以及建筑物所在河床处的水文、地质状况。

(3) 看建筑物总体布置图，弄清各投影图之间的关系。如看桥梁图时，先看立面图了解桥型、孔数、跨径大小、墩台数目、总长、总高、及河床断面、地质情况，再对照平面图、立面图、横断面图等，了解桥的宽度、人行道的尺寸、主梁的断面形状，对梁的整体有一个认识。

(4) 分别识读各构件的构造图、大样图（详图）及钢筋图，弄清构件的详细构造。

(5) 阅读工程数量表，钢筋明细表及说明等，了解桥梁各部分所用的材料。

(6) 结合总体布置图，想象出整体形状。

二、读图举例

【例 10－2】 识读图 10－12～图 10－18 所示的钢筋混凝土梁桥工程图。

(一) 概括了解

由图名说明可知，该桥是梁式桥，主要材料为钢筋混凝土。应包括三个组成部分：

(1) 上部桥跨结构：包括主梁、桥面系等，是用来跨越河流、山谷、铁路或公路等的建筑物。

(2) 下部支承结构：桥墩、桥台（包括基础），它的作用是支承上部结构，并把上部结构的车辆和人群荷载，安全、可靠地传到地基上去。其中在桥梁两端的称为桥台，桥台后侧连接路堤，桥台前侧支承梁上部结构；桥墩两边都支承上部结构。一座桥梁，桥台只有两个，桥墩可以有多个。

(3) 附属结构：包括栏杆、灯柱以及保护桥头路堤填土的锥形护坡等。

本图比例在各视图名称中分别注出，图中单位除标高外均为 cm。

(二) 读桥位平面图和地质图

由图 10－12 的桥位平面图，可知该桥所处的地形为两山头间的宽敞河谷区，桥梁与道路顺直连接，两岸滩地上有果园和稻田。另外，图中还表明了三个钻孔、水准点、里程的平面位置。由图 10－13 的地质图的标注，可知桥位所在处的地质与河床的深度变化情况，如 ZK1 $\frac{1.15}{15.0}$表示 1 号钻孔的地面高程为 1.15m，钻孔深度为 15m，沿深度方向土质依次为黄黏土、淤泥质亚黏土、暗绿色黏土等。另外，图中还标出不同情况的水位高程。这些资料均为桥梁设计施工和计算土石方工程量提供了依据。

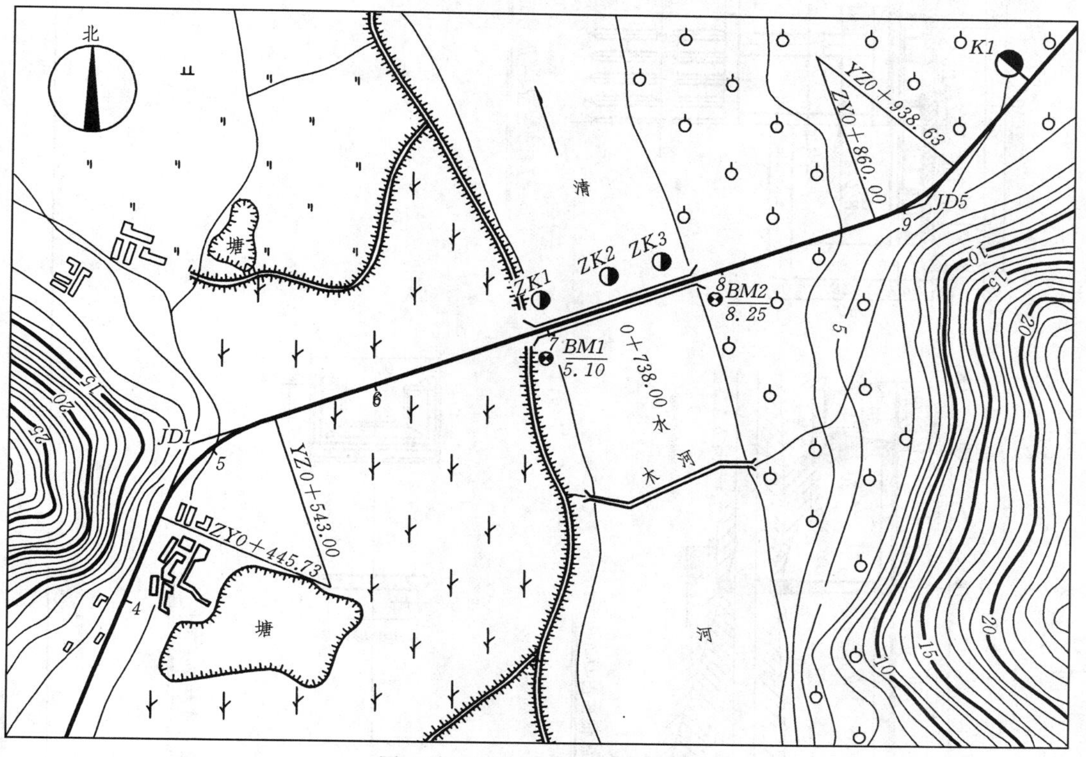

图 10-12　××桥桥位平面图

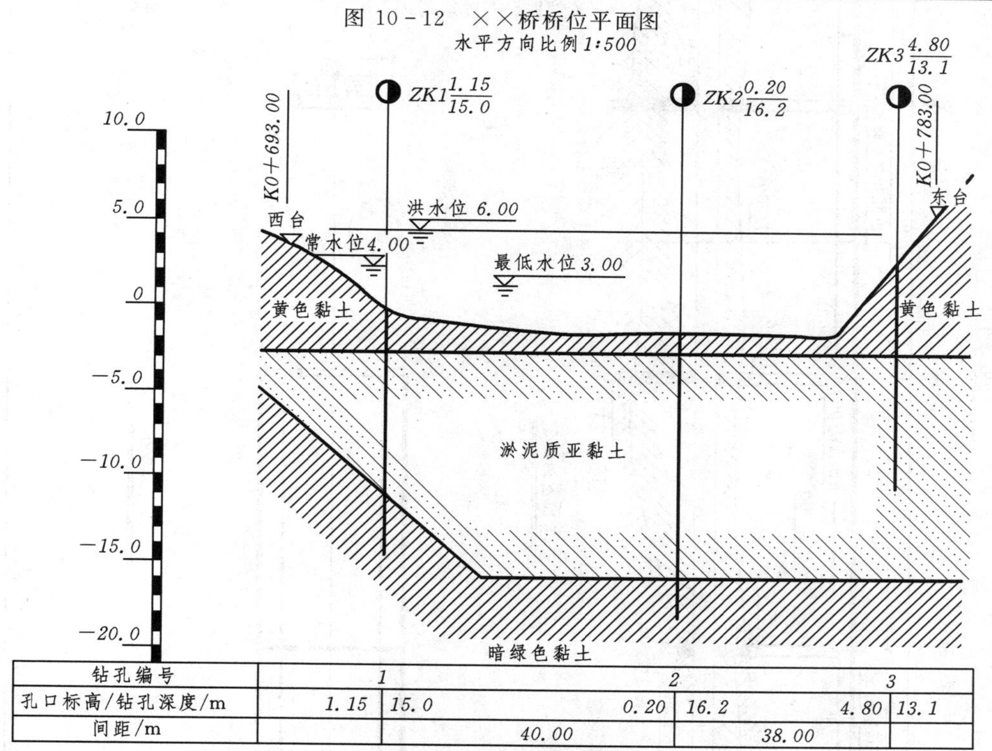

钻孔编号	1		2		3	
孔口标高/钻孔深度/m	1.15	15.0	0.20	16.2	4.80	13.1
间距/m		40.00		38.00		

图 10-13　××桥桥位地质图

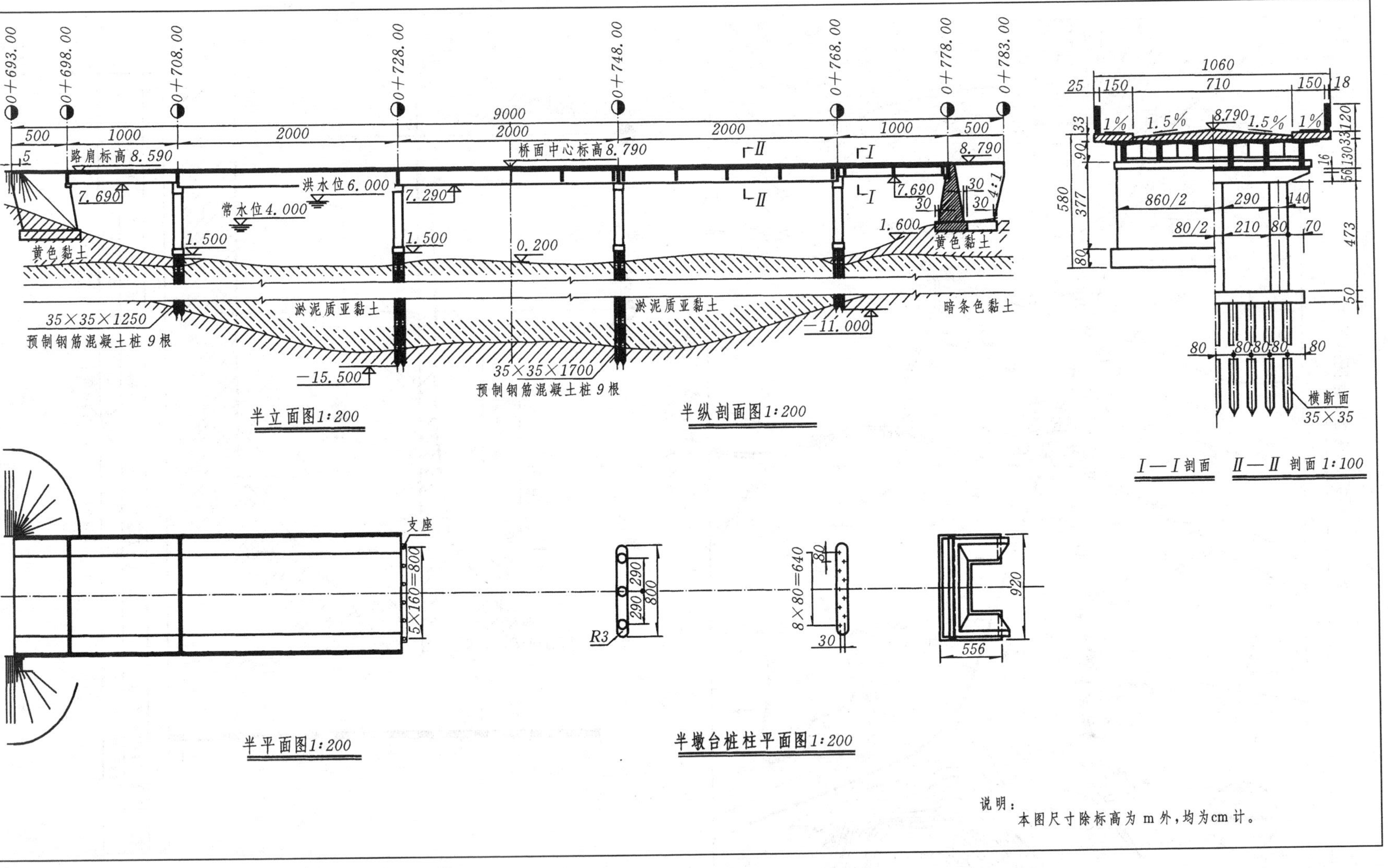

说明：
本图尺寸除标高为 m 外，均为cm 计。

图 10－14　总体布置图

（三）读桥梁总体布置图

图 10－14 为一座总长度为 90m 五孔的 T 形简支桥梁，它由立面图、平面图、剖面图综合表达。立面图和平面图比例均为 1：200，横剖面图则为 1：100。

1. 立面图

立面图是由半立面图和半纵剖面图组成，反映桥梁的特征和桥型，共有五孔，两边孔跨径各为 10m，中间三孔跨径各为 20m，桥梁总长为 90m。因比例小，立面图上的人行道和栏杆省略不画。

桥的下部结构：两边为重力式桥台，河床中间有四个柱式桥墩，它由基桩、承台、立柱和盖梁组成。左边两个桥墩画外形，右边两个桥墩画剖面图，桥墩的上盖梁、下承台系钢筋混凝土结构，因比例较小，断面涂黑表示；立柱和桩按不剖画法，不画剖面材料符号。

桥的上部结构：为简支梁桥，两个边跨的跨径均为 10m，中间跨的跨径为 20m。立面图左半部分梁底至桥面之间，画了三条线，表示梁高和桥中心处的桥面的厚度，右半部分画剖面，把 T 形梁及横隔板断面涂黑画出，而桥面断面画出剖面材料符号。

立面图下面部分还反映了河床地质断面及水文情况，根据标高尺寸可以知道，桩和桥台基础的埋置深度、桥底、桥台和桥中心的标高尺寸。由于混凝土桩埋置深度较大，采用折断画法。图的上方还标注了桥梁两端和桥墩的里程桩号，以便读图和施工放样。

2. 平面图

平面图的左半部分画出了桥梁上部的桥面板与人行道投影轮廓，还有栏杆、立柱的位置与尺寸。右半部分采用分层画法来表示下部的支承结构的平面形状。对照立面图，0＋728.00 桩号的右面部分是把上部结构揭去之后画出半个桥墩的上盖梁及支座的布置。可算出有 12 块支座，布置尺寸纵向为 50cm，横向为 160cm。在 0＋748.00 桩号处，桥墩经过剖切，显示出桥墩中部由 3 根圆柱组成。在 0＋768.00 桩号处，显示出桩位平面布置图，它是由 9 根方桩柱组成。图中还注出了桩柱的定位尺寸。最右边是桥台的平面图，可以看出是 U 形桥台，采用了省略画法，回填土和锥形护坡不画，图中注出桥台基础的平面尺寸。

3. 横剖面图

横剖面图是由 1/2Ⅰ—Ⅰ和 1/2Ⅱ—Ⅱ剖面图组成，从图中可看出上部结构是由 6 片 T 形梁组成，左半部分是跨径为 10m 的 T 形梁断面，高度尺寸较小，支撑在桥台上；右半部分是跨径为 20m 的 T 形梁，高度尺寸大，支撑在两桥墩上，横隔板比梁略小，图中还注出了人行道和栏杆尺寸。

各组成部分的空间形状如图 10－15 所示。

（四）读构件构造和结构图

在总体布置图中，由于比例较小，不可能将桥梁的各种构件都详细地表示清楚，所以需要用较大比例画出细部构件结构图，如桥台结构图、主梁结构图、桥墩图、桩基图和防护栏图等，其常用比例为 1：10～1：50，某些局部详图还可采用 1：2～1：5。

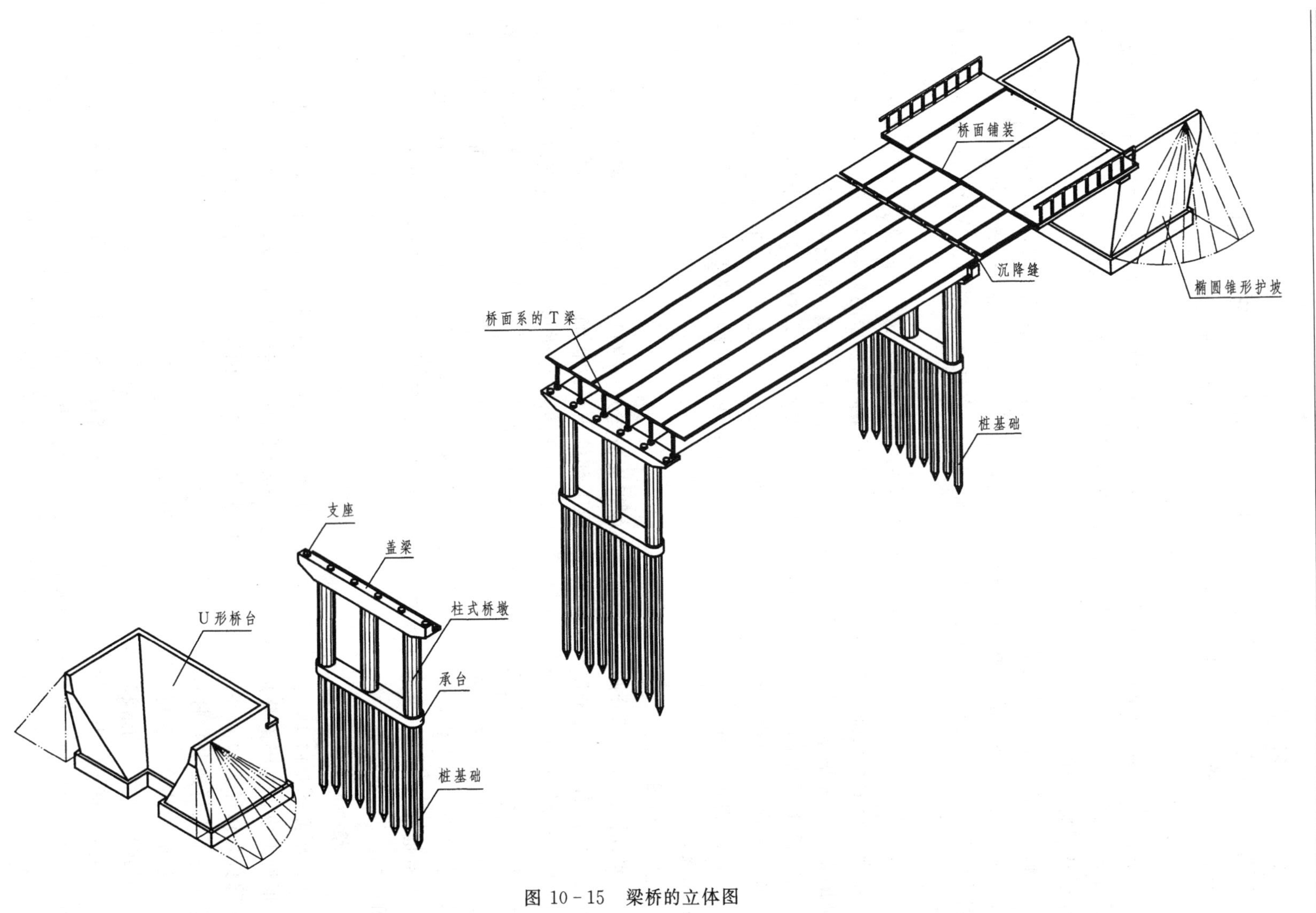

图 10-15　梁桥的立体图

1. 桥台详图

图 10－16 所示是 U 形桥台的构造图，它由纵剖视图、平面图和左视图来综合表达。

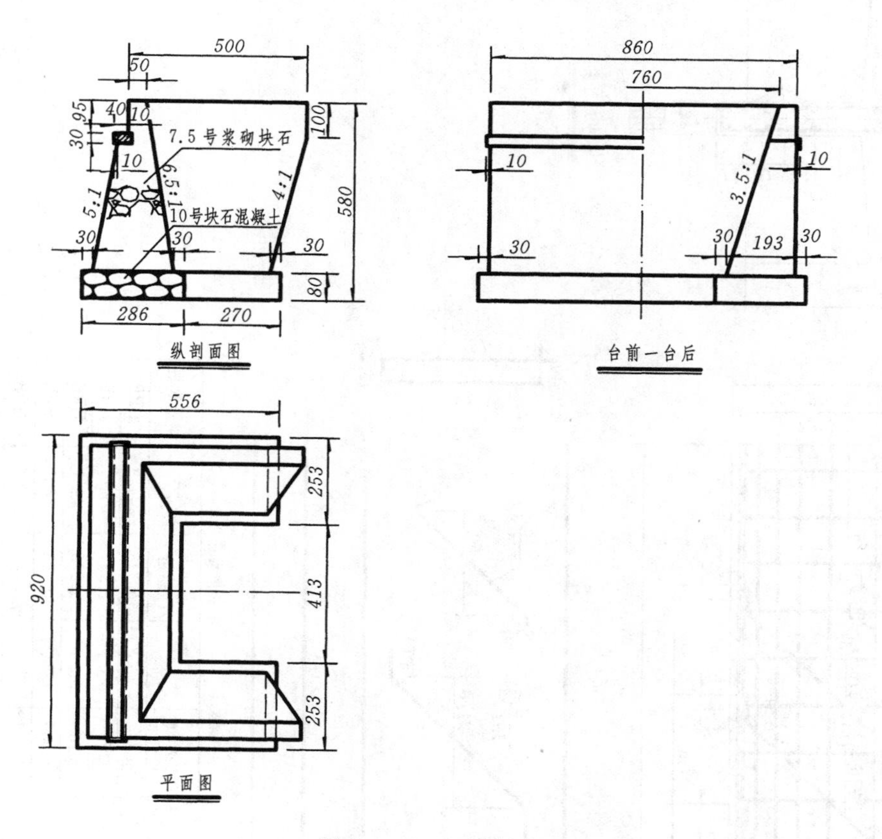

图 10－16　U 形桥台

(1) 纵剖面图。纵剖面图清楚地表示了桥台基础、前墙、台帽的断面形状与材料，其中基础与台帽的断面均为矩形。

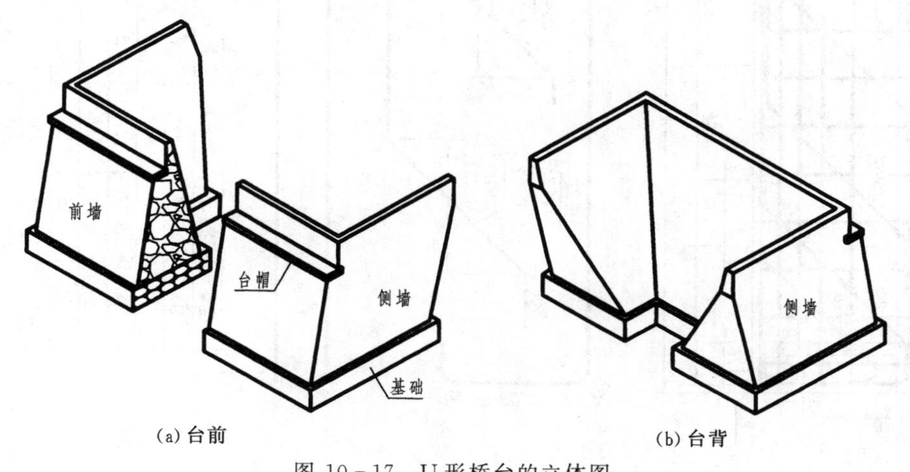

(a) 台前　　(b) 台背

图 10－17　U 形桥台的立体图

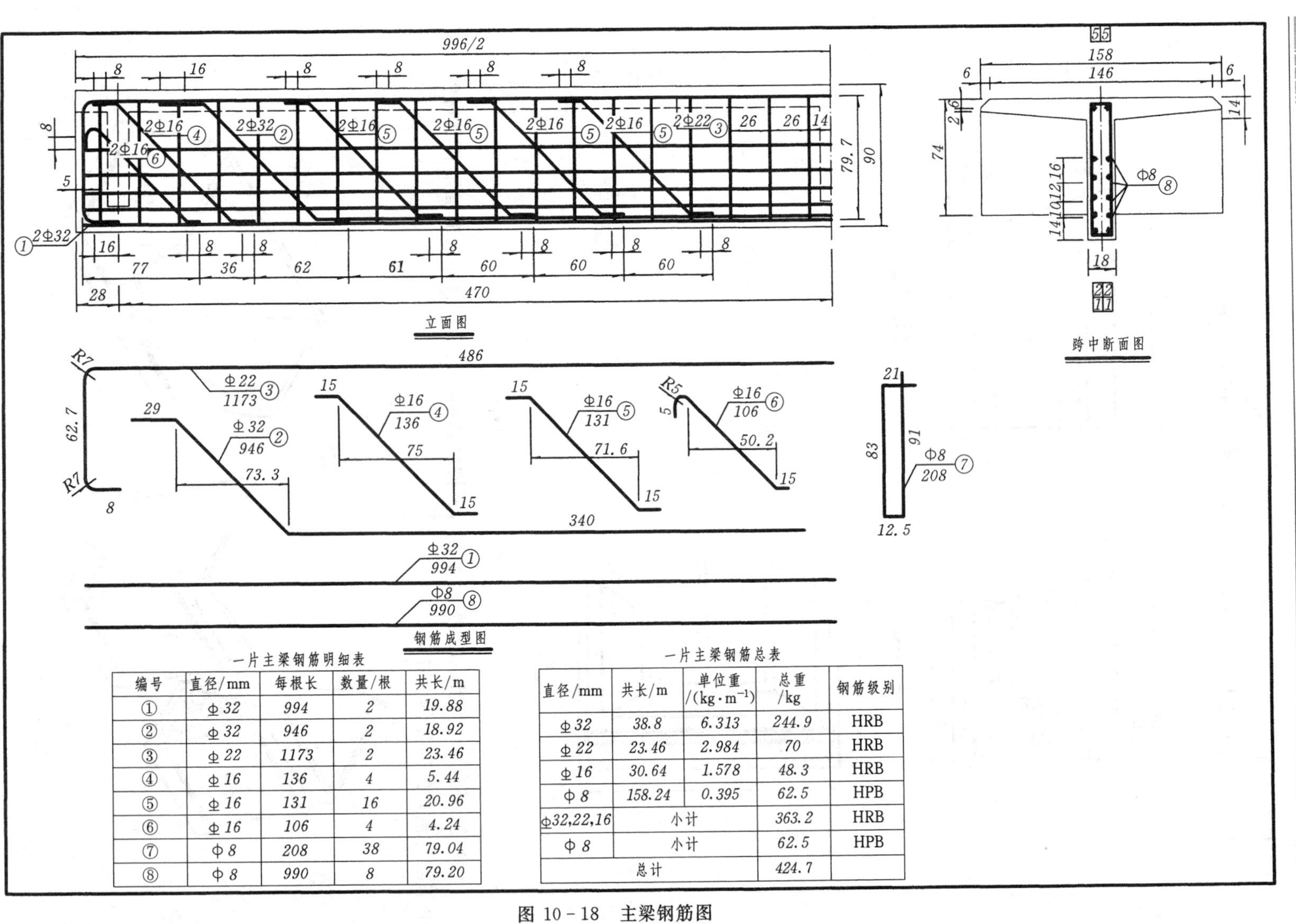

一片主梁钢筋明细表

编号	直径/mm	每根长	数量/根	共长/m
①	Φ32	994	2	19.88
②	Φ32	946	2	18.92
③	Φ22	1173	2	23.46
④	Φ16	136	4	5.44
⑤	Φ16	131	16	20.96
⑥	Φ16	106	4	4.24
⑦	Φ8	208	38	79.04
⑧	Φ8	990	8	79.20

一片主梁钢筋总表

直径/mm	共长/m	单位重/(kg·m^{-1})	总重/kg	钢筋级别
Φ32	38.8	6.313	244.9	HRB
Φ22	23.46	2.984	70	HRB
Φ16	30.64	1.578	48.3	HRB
Φ8	158.24	0.395	62.5	HPB
Φ32,22,16	小计		363.2	HRB
Φ8	小计		62.5	HPB
总计			424.7	

图 10-18　主梁钢筋图

（2）平面图。图中采用拆卸画法，去掉填土，清楚地反映了桥台的基础、前墙、侧墙、台帽各部分的平面位置，显示了桥台的U字形。

（3）左视图。图中采用了半台前和半台后的合成视图。台前是指人站在河流的一边，顺着路线观看桥台前面所得的视图，台后是指人站在堤岸的一边，观看桥台背后所得的视图。左视图一般布置在立面图的右面，也可根据需要灵活布置，但必须标注图名。

U形桥台的立体图如图10－17所示。

2. 主梁结构图

图10－18为跨径为10m的主梁的钢筋骨架结构图。钢筋布置图由立面图、跨中断面图来表达，其中①2Φ32受力钢筋和③2Φ22架立钢筋的纵向钢筋与⑦φ8@260的箍筋绑扎成钢筋骨架，⑧8φ8的钢筋主要是增强梁的刚度和防止梁发生裂缝，②④⑤⑥均为受力钢筋，与钢筋骨架焊接，焊缝的尺寸在图中已表达；钢筋成型图反映了八种类型钢筋的下料尺寸和成型形状；钢筋明细表中详细统计了一片梁的钢筋用量，为钢筋预算提供依据。

三、桥梁、隧道工程图的画图步骤

（1）根据比例在图纸上布置各图形，注意预留标注尺寸的位置，画出各投影图的基线或构件的中心线。

（2）画出各构件的主要轮廓线。按照图中尺寸依次由基准线量取。

（3）画出各构件的细部轮廓线。注意投影间的相互关系。

（4）检查、加深完成作图。

复 习 思 考 题

1. 桥梁工程图不包括（　　）。

（a）桥梁总体布置图　（b）桥台详图　（c）T梁配筋图　（d）桥梁鸟瞰图

2. 桥梁总体布置图中的平面图，为了能看到桥面、支座、墩台，常采用（　　）。

（a）拆卸画法　（b）合成视图　（c）简化画法　（d）分层画法

3. 桥台结构图中，常采用的特殊表达方法是（　　）。

（a）省略画法　（b）合成视图　（c）简化画法　（d）分层画法

4. 传统钢筋混凝土梁结构图的表达图样不包括（　　）。

（a）立面图与断面图　（b）平面图　（c）钢筋明细表　（d）钢筋成型图

5. 桥墩的常见组成中最下部结构是（　　）。

（a）灌注桩　（b）立柱　（c）盖梁

（d）连系梁　（e）墩柱

6. 预应力钢筋的断面图例是（　　）。

（a）圆点　（b）$d=2$mm的实心圆圈　（c）$d=2$mm的空心圆圈　（d）均不对

7. 钢筋混凝土结构的平法标注所绘图样实际就是（　　）。

（a）俯视图　（b）主视图　（c）左视图

（d）轴测图　（e）剖面图

8. 和钢筋编号无关的要素是（ ）。

(a) 钢筋直径 (b) 钢筋长度 (c) 钢筋型式

(d) 钢筋级别 (e) 钢筋根数

9. 钢筋图样中标注的③3 φ 20@200 中 200 表示（ ）。

(a) 200 根钢筋 (b) 钢筋间距为 200mm

(c) 钢筋编号为 200 (d) 钢筋直径为 200mm

10. 钢筋图样中标注的 3N4 中 4 表示（ ）。

(a) 4 根钢筋 (b) 钢筋间距为 4mm

(c) 钢筋编号为 4 (d) 钢筋直径为 4mm

答案

1. d 2. d 3. b 4. b 5. a 6. c 7. a 8. e 9. b 10. c

第十一章　涵洞工程图

第一节　概　述

涵洞是横贯路堤的小型泄水构筑物，涵洞轴线与道路中线垂直或斜交形成正交涵或斜涵。涵洞可用作农田灌溉水渠，有的兼作立交桥，供人畜或车辆的通行。它与桥梁的主要区别在于跨径的大小与填土的高度，《公路工程技术标准》中规定，凡是单孔跨径小于5m，多孔跨径小于8m，不论管径大小，孔数多少均称为涵洞。涵洞顶部一般都有较厚的填土，填土不仅可以保证路面的连续性，而且分散了汽车荷载的集中作用，减少了对涵洞的冲击力。

一、涵洞的分类

涵洞按建筑材料可分为砖涵、石涵、混凝土涵、钢筋混凝土涵等；按其顶上填土情况可分为有填土的暗涵和无填土的明涵；按其受力性能可分为无压力式涵洞（水面低于洞顶）、半压力式涵洞（水面淹没入口）、压力式涵洞（流水充满整个洞身）；按其洞身构造类型可分为拱涵、盖板涵、箱涵、圆管涵等，公路工程常采用这种分类方法。

1．拱涵

洞身由拱圈、边墙和基础组成，一般用砖、石和混凝土建造。填土高度为1～20m，如图11-1（a）所示。通常先用砌石或混凝土修筑基础和边墙，而后砌筑拱圈形成拱涵。拱涵需有较高的路基和坚实的地基。在石料丰富、地质良好和流量较大的地区，应优先选

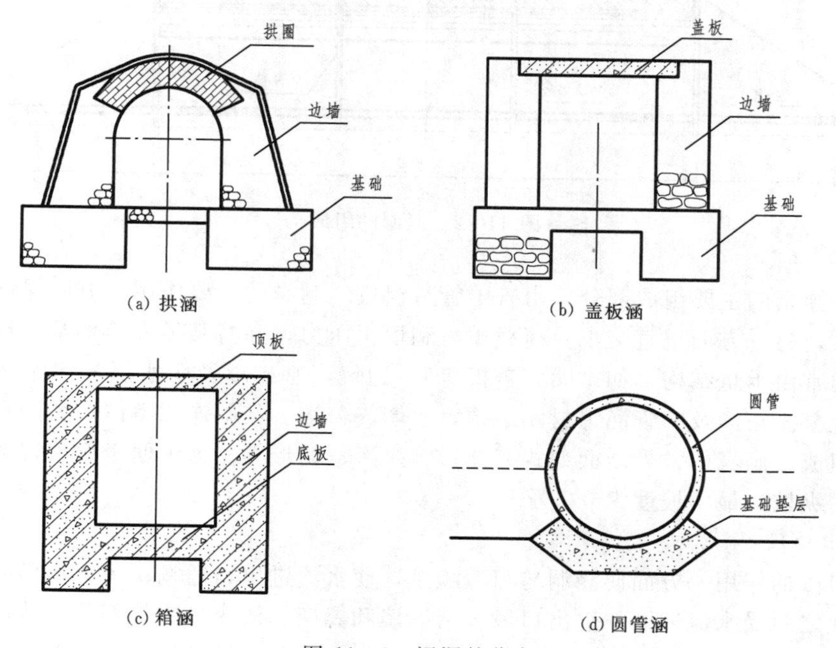

图11-1　涵洞的分类

用拱涵。拱涵在我国采用较广，如宝成铁路有832座铁路涵洞，其中732座为拱涵。

2. 盖板涵

洞身由钢筋混凝土盖板、石料或混凝土边墙、基础组成。填土高度为1～8m，甚至可达12m，如图11-1（b）所示。通常都先用砌石或混凝土修筑基础和边墙，而后在边墙上铺设预制钢筋混凝土盖板称盖板涵。在孔径较大和路堤较高时，盖板涵比拱涵造价高，但施工技术较简单，排洪能力较大，盖板可以集中制造。

3. 箱涵

又称矩形涵或方涵，与盖板涵相似。建造材料一般用混凝土或钢筋混凝土等。矩形涵的顶板、边墙、底板连成整体，如图11-1（c）所示。对特软地基采用箱涵较为有利，但施工困难、造价较高。

4. 圆管涵

又称圆形涵，简称圆涵，填土高度为1～15m，如图11-1（d）所示。圆管涵的管身通常由钢筋混凝土构成，管径一般有0.75m、1m、1.25m、1.5m、2m等5种。圆形涵受力性能好，工程量小，多采用预制安装，施工方便，但它的过水能力差。因此，公路工程中孔径较小（一般为2m以下）的涵洞采用圆管涵居多。

二、涵洞的组成

涵洞是路基下的排水孔道，一般由进口段、洞身段和出口段三部分组成，如图11-2所示。

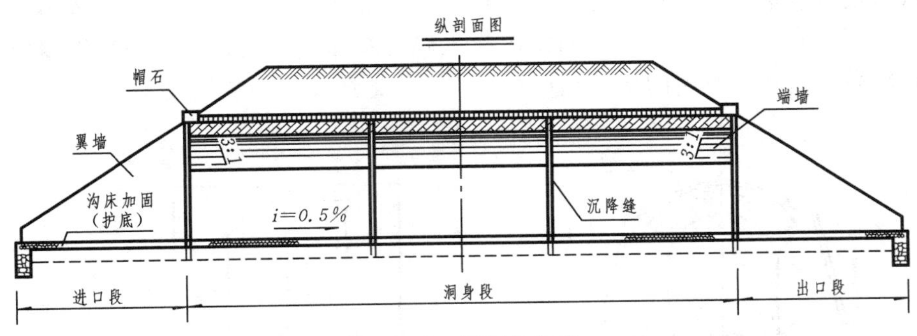

图11-2　涵洞的组成

1. 洞身

洞身是涵洞的主要组成部分，由若干管节组成。洞身的主要作用一方面保证设计流量的水流通过，另一方面也直接承受荷载压力和填土压力，并将其传递给地基。拱涵、盖板涵的洞身通常由承重结构（如拱圈、盖板等）、边墙、基础以及防水层、伸缩缝等部分组成。钢筋混凝土箱涵及圆管涵为封闭结构，边墙、盖板、基础连成整体，其涵身断面由箱节或管节组成。洞身的常见断面型式有圆形、拱形、箱形等。为了便于排水，涵洞洞身还应有适当的纵坡，最小坡度为0.5%。

2. 进出口段

进出口段的作用一方面使涵洞与河道顺接，使水流进出口通畅；另一方面确保路基边坡稳定，使之免受水流冲刷。进出口段包括端墙和翼墙、沟床加固等部分。端墙位于入口或出口的上方，翼墙位于入口或出口的两侧，它们起挡土和导流作用，是保证涵洞处路基或路堤稳定的构筑物。端墙和翼墙的型式，常用八字翼墙式和一字墙式，如图 11－3 所示。八字翼墙式对水流阻力小，工程量也小，采用较普遍。一字墙式，又称端墙式，构造简单，适用于小孔径涵洞，一般在洞口两侧砌筑锥体护坡，以保护路堤伸出端墙外的填土不受冲刷。出入口沟床铺砌既能对涵洞前后沟底进行加固，保护路堤和涵洞基础不受水流冲刷，还能降低出口流速，起到保护下游农田和建筑物的作用。

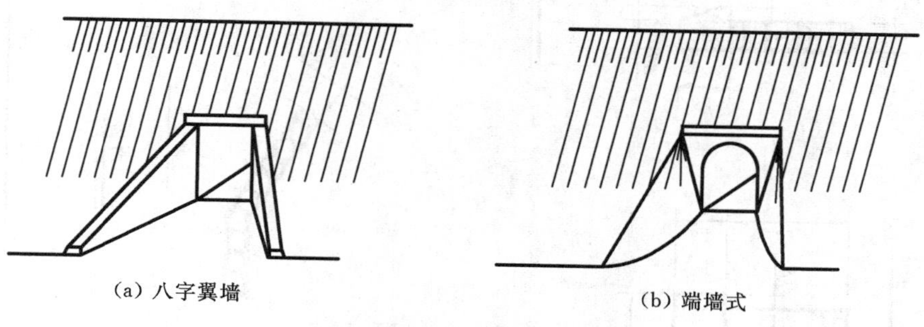

图 11－3　涵洞进出口型式

第二节　涵洞工程图

一、涵洞的图示方法

涵洞是窄而长的构筑物，从路面下边穿过，埋在路基土层中。各类涵洞的外观形状虽不相同，但图示方法基本相同。因涵洞形体简单，用于表达形体的涵洞工程图数量一般较少，主要由纵剖面图、平面图、洞口立面图，并辅助以必要的构造详图等组成。

1. 纵剖面图

在图示表达时，涵洞工程图应沿纵向轴线（垂直于道路中线的方向）进行剖切，移走边墙后投影得到纵剖面图，以此来代替立面图，更能清晰表达涵洞的内部形状。

2. 平面图

涵洞上方有覆土，为了能清楚表达形体，绘平面图时，一般假想掀开覆土（又称掀土画法），直接将形体向水平面进行正投影；或是以半剖面图形式表达，水平剖面图一般沿基础的顶面剖切。

3. 洞口立面图

洞口的立面图布置在左视图的位置，当进出洞口的形状不相同时，则以点划线为界分别绘制进、出口半立面图，称为合成视图；当进出洞口的形状相同时，多以半剖面图的形式表达，剖切面垂直于洞身纵向，点划线一侧画进口半立面图，另一侧画洞身半剖面图。

4. 构造详图

对翼墙结构复杂、洞身沿程变化或钢筋混凝土结构的涵洞，为了清楚反映各部分形状，应增加垂直于涵洞纵向的横断面图或配筋详图。

二、涵洞工程图的识读

本节将以常见的圆管涵、拱涵为例介绍涵洞工程图的识读方法和步骤。

【例 11－1】　识读如图 11－4 所示的涵洞工程图。

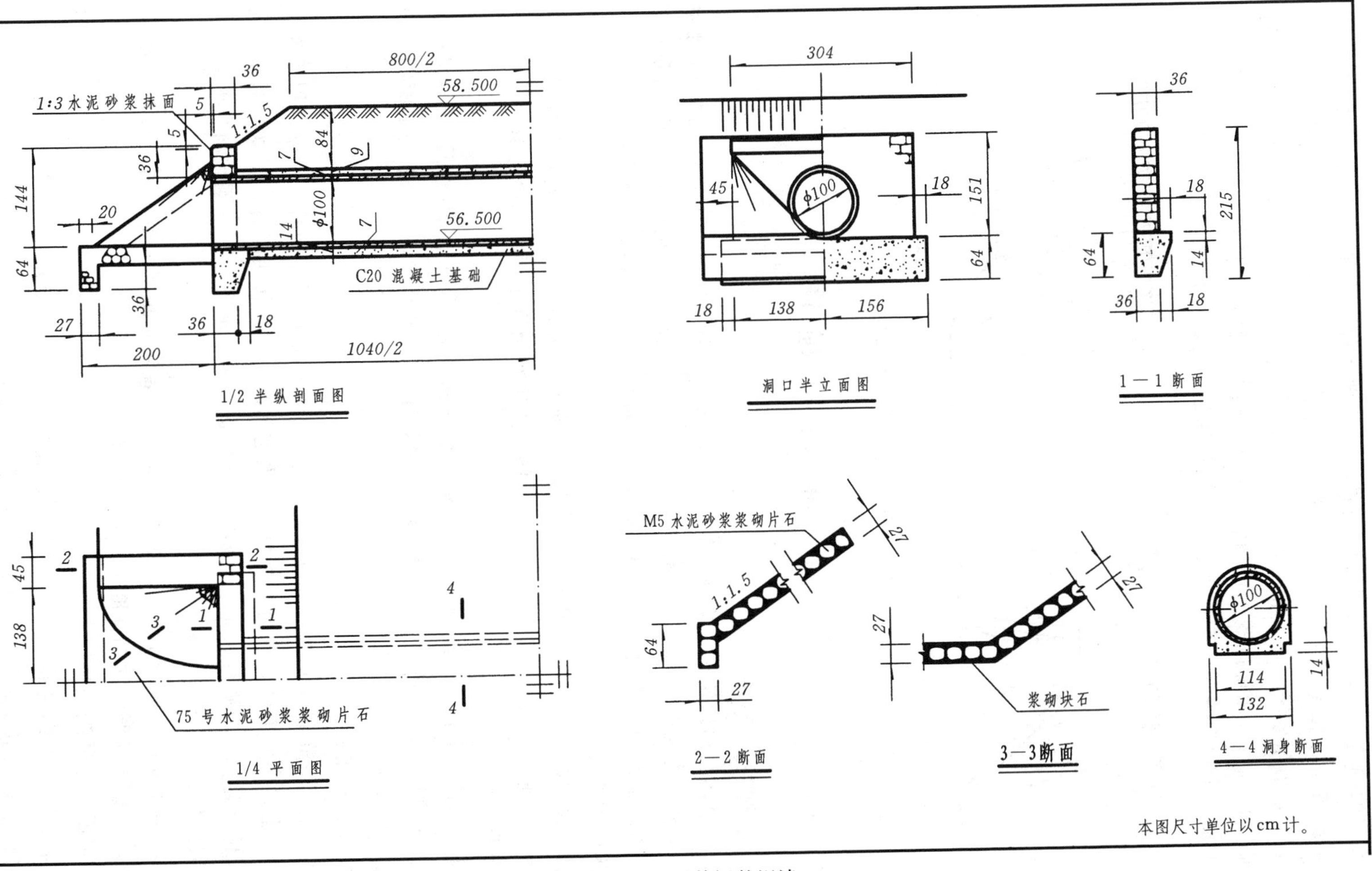
1:3水泥砂浆抹面
C20混凝土基础
1/2半纵剖面图
洞口半立面图
1—1断面
M5水泥砂浆浆砌片石
75号水泥砂浆浆砌片石
浆砌块石
1/4平面图
2—2断面
3—3断面
4—4洞身断面
本图尺寸单位以cm计。

图 11-4　圆管涵的识读

1. 概括了解

由标题栏可知，该形体为端墙式圆管涵，其洞身断面为圆形，翼墙采用一字形端墙。整个涵洞由进口段、洞身段和出口段三部分组成。

2. 视图分析

该涵洞图样由1/2纵剖面图、1/4平面图、洞口半立面图和四个断面详图组成。纵剖面图、平面图、洞口半剖面图中采用省略画法，表明该形体构造前后、左右方位近似对称；对应剖切面位置可知，断面详图主要表达端墙帽石、锥形护坡、边坡衬砌、涵管管壁的细部构造。

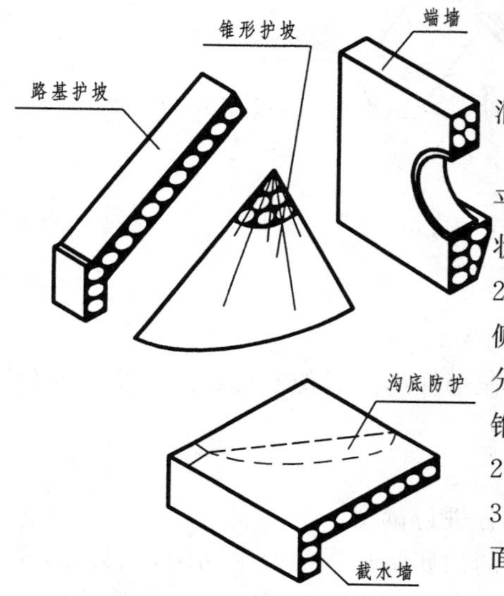

图 11-5　进出口段的空间形状

3. 具体识读

首先将图样运用形体分析法划分进（出）口段、洞身段两大部分进行读图。

（1）进（出）口段：结合图11-4中的纵剖面图、平面图和断面图可以得到进出口各组成部分的空间形状。在纵断面的下部是带截水墙的沟底防护，总长200cm，宽度是366cm；上面是椭圆形护坡，锥坡两侧为1∶1.5的路基边坡防护，对照2—2、3—3断面分别确定了路基护坡、锥形护坡的断面形状和尺寸；锥形护坡右侧为直立式端墙，墙身厚36cm，长度276cm，材料为浆砌片石，基础采用混凝土，基础长312cm，端墙突出护坡的外部采用1∶3的水泥砂浆抹面。各部分形状如图11-5所示。

（2）洞身段：在图11-4的右侧即为洞身段投影，结合4—4断面可以看出洞身段空间形状是壁厚为7cm的钢筋混凝土管道，管道底部的基础和外侧的防水层，管道断面形状沿程不变，如图11-6所示，纵断面图中还画出管道底部的设计流水坡度为1%，以便于排水；在管道的上面是厚度为93cm的覆土，形成宽度为800cm的路基，路基两侧是1∶1.5的边坡。

4. 综合想象

将各组成部分的形状按照空间相对位置组合想象，得到涵洞整体形状如图11-7所示。

注：钢筋混凝土涵管中钢筋的布置还应补充相应的配筋详图，配筋图的识读方法与步骤见桥梁工程图部分，本章节中略。

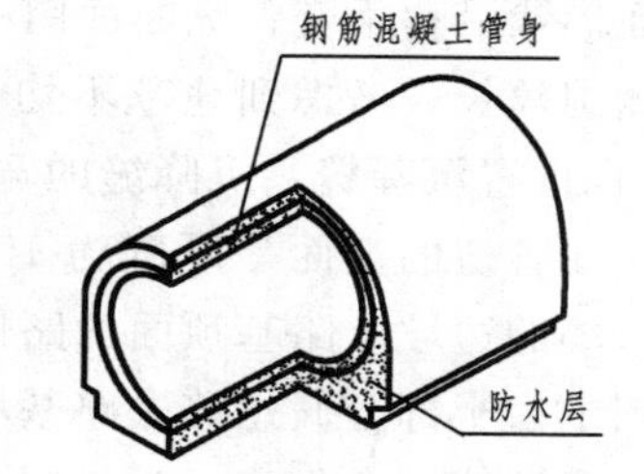

图 11-6　洞身段的空间形状

【例 11-2】　识读图11-8所示的涵洞工程图。

1. 概括了解

由标题栏中的图名石拱涵可知，该涵洞的洞身应为由边墙、拱圈、基础组成的拱形断面，拱涵的主体材料为浆砌片石；由图中右下方的说明还可知尺寸单位为cm。

2. 视图分析

该涵洞图样由1/2纵剖面图、半平面图、洞口半剖面图和一个断面详图组成。纵断面

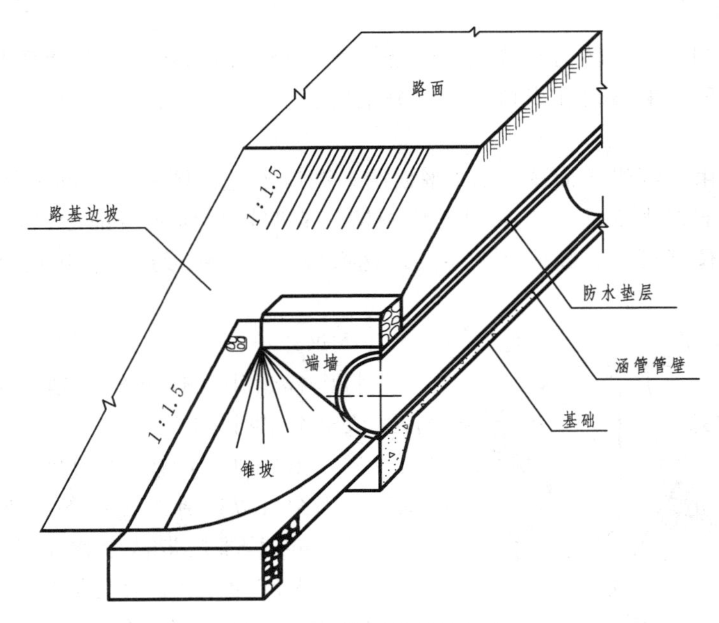

图 11-7　涵洞的整体形状

图、半平面图、洞口半剖面图中采用省略画法，表明该形体构造近似对称；对应剖切面位置可知，断面图主要表达八字翼墙的右端特征面形状。

3. 具体识读

首先将图样划分为进（出）口段、洞身段两大部分进行读图。

(1) 进（出）口段：在纵断面的下部是带截水墙的沟底防护；结合平面图，洞口的翼墙是斜置的八字墙，与涵洞纵向成30°角，对照Ⅰ—Ⅰ八字翼墙断面可以确定翼墙的右端面尺寸，墙顶宽58cm，底宽174cm，且材料为浆砌片石；材料为浆砌片石，端墙上面有端墙帽又称帽石。各部分形状如图11-9所示。

(2) 洞身段：在图11-8左视图位置的横断面图可以看出拱涵洞身段空间形状，包括主拱、护拱、边墙、防水层等组成部分，主拱圈用条石砌成，内表面为圆柱面，护拱涵洞断面形状沿程不变；纵断面图中还画出管道底部的设计流水坡度为1%，以便于排水；整个涵洞较长，考虑到地基不均匀沉降的影响，在翼墙与洞身之间应设沉降缝，洞身每隔5m也设置沉降缝，沉降缝的宽度为2cm。如图11-10所示。

在管道的上面是厚度为150cm的覆土，形成宽度为1050cm的路基，路基两侧的是1∶1.5的边坡，路基顶面的路拱横坡坡度为2%。为了能清楚表达拱涵的内外部形状，平面图中后半部分假想移去路基填土和防水层，绘制的涵洞外形投影图还画出了洞身外表面与梯形端墙的相贯线，为椭圆形曲线。前面一半是沿基础的上表面作水平剖切并省略涵底板而画出的剖面图，可以把涵台位置大小表示得更清楚。

4. 综合想象

将各组成部分的形状按照空间相对位置综合想象，得到涵洞整体形状如图11-11所示。

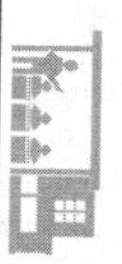

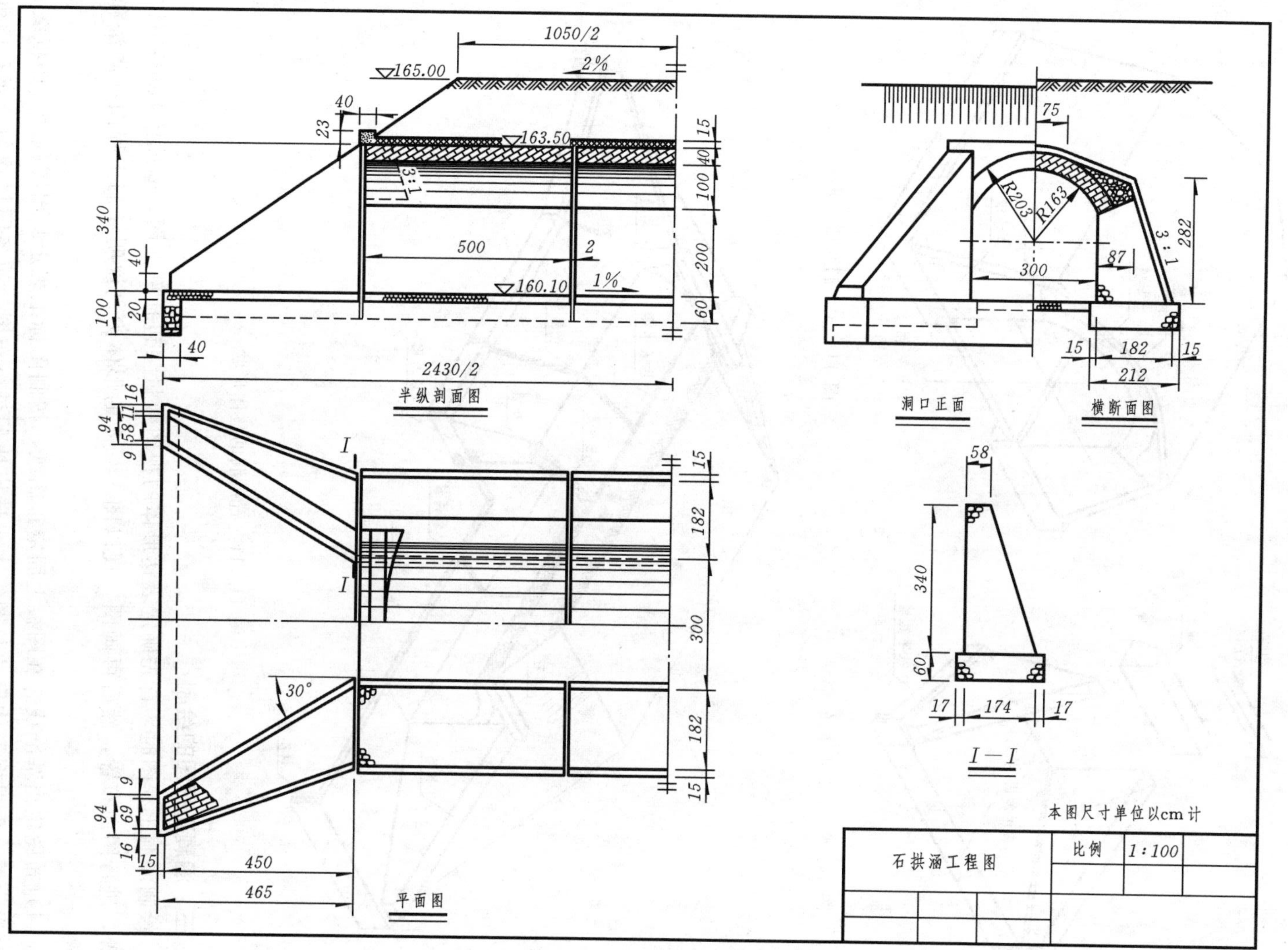
1050/2
▽165.00
2%
40
23
▽163.50
3:1
340
500
2
40
▽160.10
1%
100
20
40
2430/2
15
40
100
200
60
半纵剖面图
75
R203
R163
300
87
3:1
282
15
182
15
212
洞口正面
横断面图
58
340
60
17
174
17
I—I
16
94
58
11
9
I
I
15
182
300
182
15
30°
9
94
69
16
15
450
465
平面图
本图尺寸单位以cm计
石拱涵工程图
比例
1:100

图 11－8 石拱涵的识读

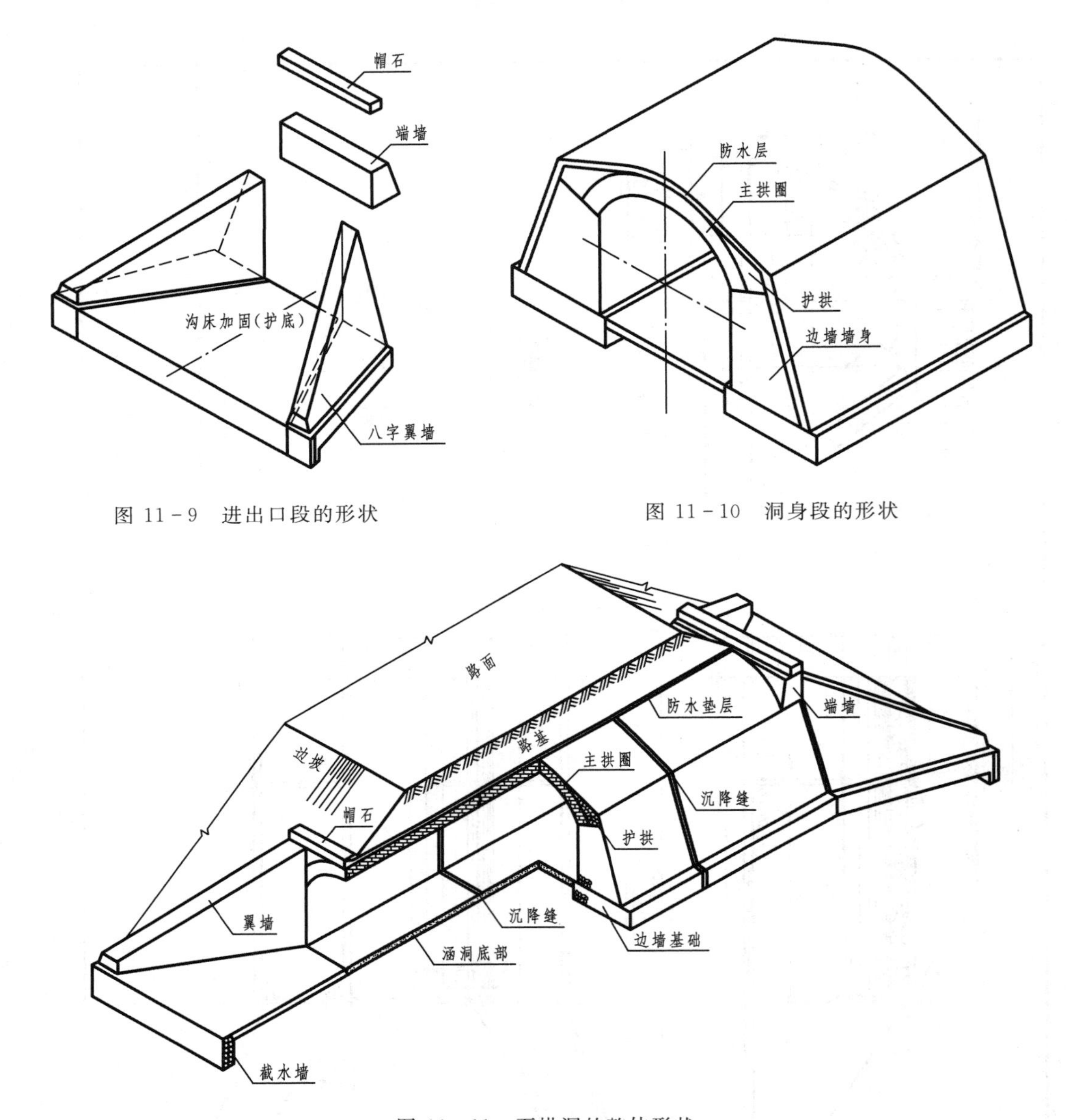

图 11－9　进出口段的形状

图 11－10　洞身段的形状

图 11－11　石拱洞的整体形状

三、涵洞工程图的绘制

绘制涵洞工程图时，首先确定表达形体的视图数量（包括剖面图、断面图）、绘图比例等，进行图面布置，然后再画图。现以图 11－8 的形体为例说明涵洞工程图的画法和步骤。

（1）布图定出基准线。在图板上固定正图纸，按制图标准规定画出图幅线、图框线、标题栏位置。再根据形体尺寸与图纸大小选定比例进行布图，使各图样均匀分布在图框内。各投影位置确定以后，画出各图的基准线。图 11－12（a）中纵断面图是以基础顶面为高度基准线，进口段与洞身的分界部位为长度基准线，其他图样以中心对称线为基准线。

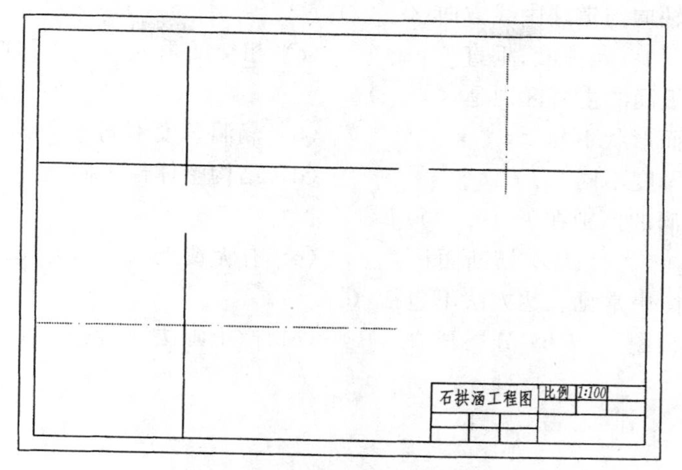

(a)布图、画基准线

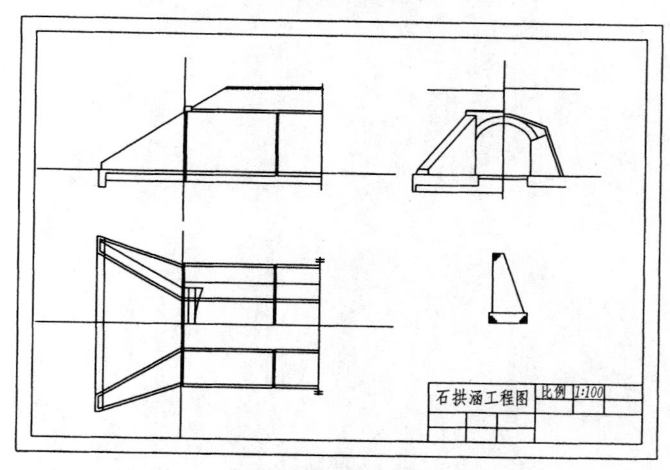

(b)分部分画主要轮廓线

图 11-12　涵洞工程图的绘制

(2) 按形体分析法画各部分构件的主要轮廓线。如图 11-12 (b) 所示，以基准线为度量起点，根据图中尺寸画出各部分的主要轮廓线。

(3) 画出各部分构件的细部轮廓。根据主要轮廓线进一步补充细部轮廓。注意各部分图线应符合投影关系，并加注剖面符号、坡度符号、标注尺寸等。同时画出指定剖切位置对应的断面图。

(4) 检查加深。全部画完后应仔细检查图样之间的投影关系的正确性，擦去多余的作图线，按规定的线型加深图线，完成作图，如图 11-8 所示。

复 习 思 考 题

1. 涵洞工程图不包括（　　）。

(a) 涵洞纵断面图　　　　(b) 涵洞洞身配筋图

（c）涵洞洞口立面图　　　　（d）涵洞轴测图

2. 涵洞纵向轴向与道路中线方向（　　）。

（a）一致　　（b）垂直　　（c）相交或垂直　　（d）无必然联系

3. 箱涵和盖板涵的主要区别是（　　）。

（a）横断面形状不同　　（b）涵洞长度不同

（c）覆土厚度不同　　（d）结构整体性不同

4. 小桥与涵洞的区别在于（　　）。

（a）跨径　　（b）横断面积　　（c）有无覆土　　（d）长度

5. 涵洞工程图中常见表达方法不包括（　　）。

（a）合成视图　　（b）分层画法　　（c）掀土画法　　（d）省略画法

答案

1. d　2. c　3. d　4. a　5. b

第十二章　房屋建筑图

第一节　概　　述

一、房屋的组成及各部分的作用

房屋建筑根据使用功能和使用对象的不同可分为民用建筑和工业建筑两大类，虽然各自结构差异较大，但其组成部分基本相同。现以图 12－1 所示某住宅楼为例，说明房屋的常见组成部分。

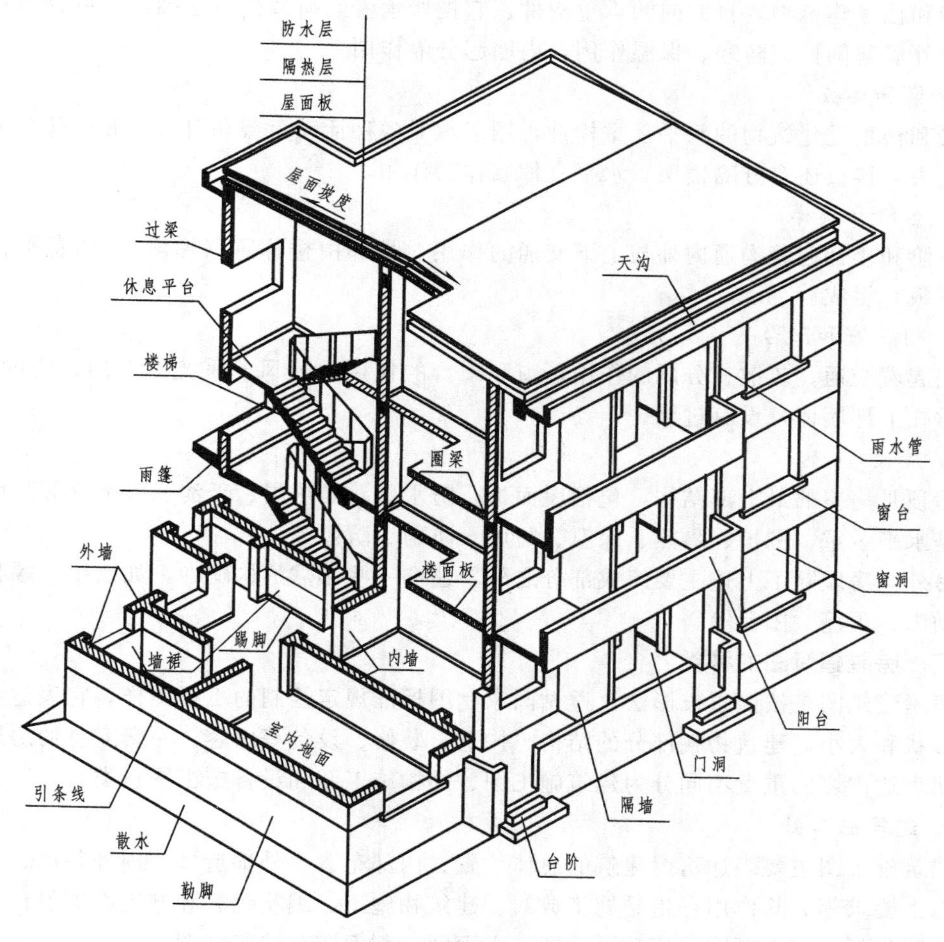

图 12－1　某职工住宅楼立体图

1. 基础

基础指房屋地面以下的部分，其作用是承受房屋的全部荷载，并将承重墙、柱的荷载传给地基。常见的基础形式有：条形基础、独立基础和板式基础等。如图 12－2 所示。

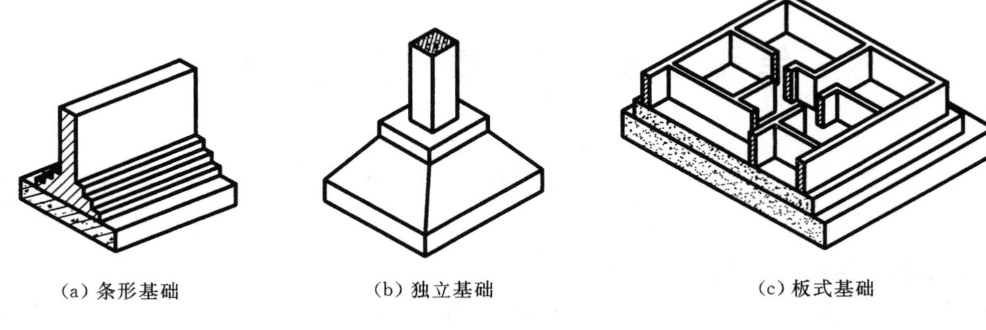

(a) 条形基础　(b) 独立基础　(c) 板式基础

图 12-2 基础形式

2. 墙和柱

墙和柱是建筑物垂直方向的承重构件，它把所承受的荷载传给基础，墙可分为外墙和内墙。外墙起围护、防寒、保温作用，内墙起分隔作用。

3. 梁和楼板

梁和楼板是建筑物的水平承重构件，用以承受各种活动荷载和自重，并把荷载传到墙和柱上去，楼板还有分隔楼层、水平支撑墙体的作用。

4. 台阶和楼梯

台阶和楼梯起着沟通内外与上下交通的作用。楼梯由楼梯跑（梯段）、休息平台和栏杆（栏板）组成。

5. 门、窗和阳台

门起着交通、疏散、分隔的作用，窗和阳台的作用是通风、采光。在门、窗的顶部，为了承托上部墙体，设有过梁。

6. 屋顶

屋顶是房屋的最上部结构，包括屋面板、防水层、隔热层、天沟、雨水管等。屋顶的作用是水平承重、围护、隔热、保温、防风、防雨、防雪等。

另外，房屋除了上述主要组成部分之外，还有一些必需的构配件，如墙裙、踢脚、散水、勒脚、雨篷、阳台等。

二、房屋建筑图的种类

房屋建筑图是按照正投影法，遵循国家制图标准规定绘制的工程图样，它表达房屋的内外形状和大小，建筑物各部分的结构、构造、装修、设备等内容。一套完整的房屋建筑图按照表达内容的重点不同分为建筑施工图、结构施工图和设备施工图三类。

1. 建筑施工图

建筑施工图主要表达房屋建筑的总体位置、内部布置、外部造型、内外装饰、大小尺寸、施工要求等。其作用是指导施工放线、建筑物施工、编制预算和施工组织设计等。建筑施工图包括：总平面图、建筑平面图、立面图、剖面图和建筑详图。

2. 结构施工图

结构施工图是表达承重构件的布置与构造的图样，如基础、墙、柱、梁、板、屋架等的布置、形状、大小尺寸、材料、构造及相互关系。其作用是指导施工放线，基槽开挖、

钢筋混凝土结构的施工、安装、编制预算和施工组织设计等。结构施工图包括：结构设计说明、结构平面布置图和构件详图。

3. 设备施工图

设备施工图是表达房屋建筑中给排水、通风采暖、电器设备等设计内容的图样。其作用是指导设备施工、编制预算等。设备施工图包括：设备平面布置图、系统图、详图、施工说明等。

本章主要学习建筑施工图的识读。

第二节　房屋建筑制图标准简介

一、房屋建筑制图标准

现行的房屋建筑制图标准包括六个部分：

(1)《房屋建筑制图统一标准》(GB/T 50001—2001)。

(2)《总图制图标准》(GB/T 50103—2001)。

(3)《建筑制图标准》(GB/T 50104—2001)。

(4)《建筑结构制图标准》(GB/T 50105—2001)。

(5)《给水排水制图标准》(GB/T 50106—2001)。

(6)《暖通空调制图标准》(GB/T 50112—2001)。

二、制图标准中的有关规定

房屋建筑制图标准的基础部分与技术制图标准基本一致，结合专业形体表达的特点，现主要介绍建筑施工图中常用的专业制图标准规定。

1. 图线

由于房屋的结构复杂，制图标准规定图线的宽度 b，宜从下列线宽系列中选取：2.0mm、1.4mm、1.0mm、0.7mm、0.5mm、0.35mm。每个图样，应根据复杂程度与比例大小，先选定基本线宽 b，再选用表 12-1 中相应的线宽组。

表 12-1　线　宽　组　单位：mm

线宽比	线　宽　组					
b	2.0	1.4	1.0	0.7	0.5	0.35
$0.5b$	1.0	0.7	0.5	0.35	0.25	0.18
$0.25b$	0.5	0.35	0.25	0.18		

2. 尺寸标注

建筑工程图的尺寸标注包括四要素：尺寸界线、尺寸线、尺寸线起止符号、尺寸数字。其中尺寸起止符号一般用中粗斜短线绘制，其倾斜方向应与尺寸界线成顺时针 45°角，长度宜为 2～3mm，圆的半径、角度、弧长等标注的起止符号则必须用箭头，如图12-3所示。尺寸数字的单位除总平面图和标高以 m 外，一般采用 mm，否则应说明。

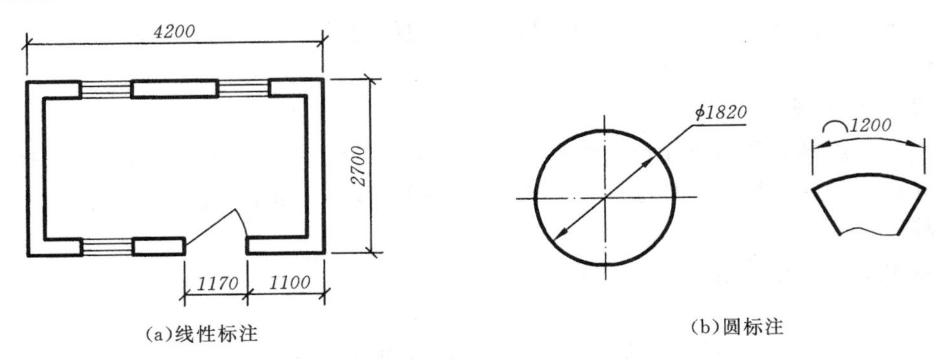

图 12-3　尺寸标注示例

3. 定位轴线

定位轴线是建筑设计与施工中进行承重构件定位、放线的主要依据。房屋的基础、墙、柱、梁等主要承重构件，在施工图中应画出其定位轴线并加以编号；对次要承重结构，应画出附加轴线并加以编号表示其位置。

标准规定，定位轴线一般采用细点划线表示。端部画一直径为 8～10mm 的细实线圆，圆心应在定位轴线延长线上。定位轴线的水平方向编号，应用阿拉伯数字从左至右顺序编写，垂直方向编号应用大写拉丁字母从下至上顺序编写，但拉丁字母的 I、O、Z 不得用作轴线编号，如图 12-4（a）所示为一平房的平面图的主定位轴线的标注示例。

附加轴线的编号，应以分数形式表示，其中分母表示前一主轴线的编号，分子表示附加轴线的编号，编号宜用阿拉伯数字顺序编写，如图 12-4（b）所示。

4. 标高

在总平面图、建筑平面图、立面图、剖面图中，常用标高表示建筑物各组成部位的高度，标高符号应以等腰直角三角形表示，按图 12-5（a）所示的形式以细实线绘制。高程数值以 m 为单位，一般注至小数点后三位，在总平面图中可注写至小数点后两位。总平面图室外地坪标高符号，宜用涂黑的三角形表示，具体画法如图 12-5（b）所示。标高数字应注写在标高符号的左侧或右侧，如图 12-5（c）所示。零点数字应注写成 ±0.000，正数标高不加“+”，负数标高应注“－”，例如 6.900、－0.500。标高分绝对标高与相对标高两种，以青岛黄海平均海平面为零基准面的标高称为绝对标高；以工程需要选取的基准面为零标高的称为相对标高。一般而言，总平面图中的标高是绝对标高，建筑平面图、立面图、剖面图中的标高为相对标高（常用基准面为底层室内地面）。在图样的同一位置需表示不同标高，标注如图 12-5（d）所示。

5. 索引符号与详图符号

图样中的某一局部或构件，往往需要绘制比例较大的详图。为了便于查对详图与相关视图的关系，常在视图和对应详图上分别以索引符号和详图符号来标注。索引符号以直径为 10mm 的细实线圆绘制，表示详图所画的位置；详图符号应以直径为 14mm 的粗实线圆绘制，表示该详图的索引符号所在的图纸号。详图与被索引的图样同在一张图纸内和不在同一张图纸内时，索引符号和详图符号的规定如图 12-6 所示。

6. 图例

由于房屋的结构复杂，构、配件和建筑材料种类繁多，为了简化作图、表达清晰，标

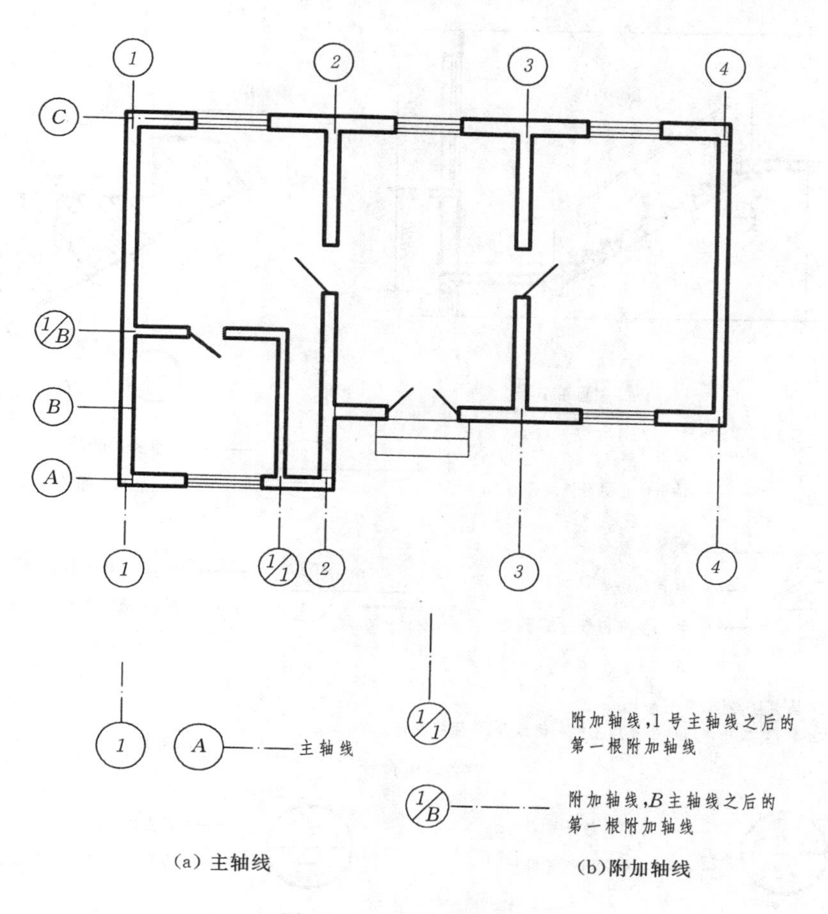

图 12-4　定位轴线的标注

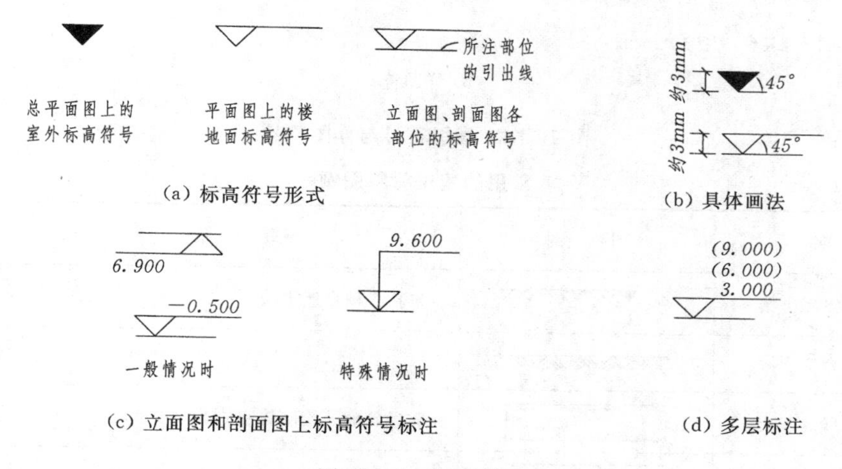

图 12-5　标高符号

准规定了一系列的图例来代表建筑物、配件、卫生设备、建筑材料等。常见的建筑材料图例见表 12-2，总平面图中常用的图例见表 12-3。

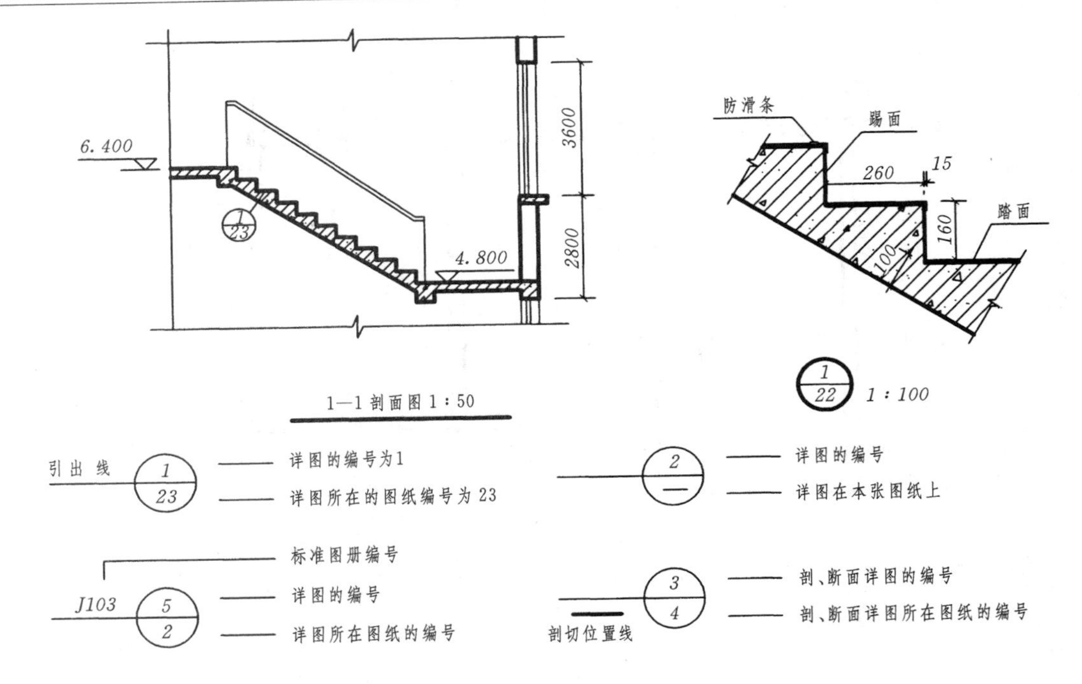

说明：1. 圆为细实线，直径为10mm。
　　2. 剖、断面详图的引出线所在的一侧为剖、断面的投影方向。

(a) 索引符号

详图与被索引图样不在一张图纸上　　详图与索引图样同在一张图纸上

说明：圆为粗实线，直径为14mm。

(b) 详图符号

图 12－6　索引符号与详图符号

表 12－2　常用的建筑材料图例

序号	名　称	图　例	备　注
1	自然土壤		包括各种自然土壤
2	夯实土壤		
3	砂、灰土		靠近轮廓处绘制较密的点
4	普通砖		包括实心砖、多孔砖、砌块等砌体。断面较窄时，可涂红
5	空心砖		指非承重砌体

续表

序号	名　称	图　例	备　注
6	耐火砖		包括耐酸砖等砌体
7	饰面砖		包括铺地砖、马赛克、陶瓷锦砖、人造大理石
8	混凝土		本图例指能承重的混凝土及钢筋混凝土，包括各种等级、骨料、添加剂的混凝土，在剖面图上画出钢筋时，不绘制图例线，断面小，可涂黑
9	钢筋混凝土		
10	多孔材料		包括水泥珍珠岩、沥青珍珠岩、泡沫混凝土、非承重加气混凝土、软木、蛭石板等
11	木材		上图为横断面，上左图为垫木、木砖或木龙骨。下图为纵断面
12	金属		包括各种金属，断面较小时，可涂黑
13	焦渣、矿渣		包括水泥、石灰等混合而成的材料
14	塑料		包括各种软、硬塑料及有机玻璃等
15	防水材料		构造层次多时，采用上面图例
16	粉刷		本图例采用较稀的点

表 12-3　　**总平面图常用图例**

序　号	名　　称	图　　例	备　　注
1	新建建筑		用粗实线绘制新建建筑的轮廓，右上角的点数代表层数
2	原有建筑		细实线绘制原有建筑
3	拆除建筑		
4	围墙和大门		
5	新建道路	R2　15.000	高程符号要涂黑
6	指北针		直径 $D=24$mm，细实线绘制，尾部的宽度宜为 3mm

7. 比例

图样的比例，应为图形与实物相对应的线性尺寸之比。建筑施工图常用比例见表 12－4。

表 12－4　绘图比例

图样类型	常用比例
总平面图	1∶500、1∶1000
建筑物平、立、剖面图	1∶100、1∶150、1∶200
建筑详图	1∶5、1∶10、1∶20、1∶50

第三节　建筑施工图的图示

建筑施工图的表达图样包括总平面图、建筑物的平面图、立面图、剖面图、建筑详图等。

一、总平面图

1. 形成

将拟建工程一定范围内的新建、拟建、原有建筑物连同其周围的地形地物状况，用水平投影以图例形式绘制出的图样，称为总平面图。

2. 图示内容与特点

如图 12－7 所示，总平面图主要反映新建建筑物的平面形状、位置朝向、周围的地形

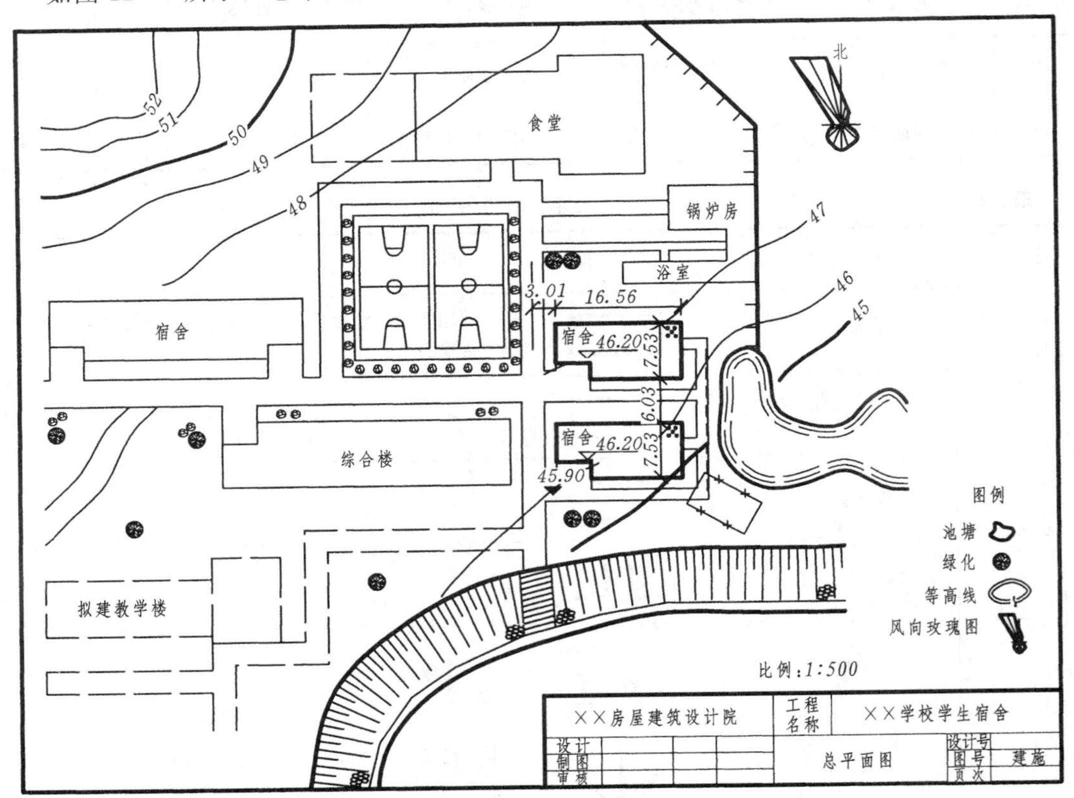

图 12－7　建筑总平面图

地物、交通绿化等情况。图样中尺寸是施工定位和设备管线设计的依据。因绘图范围大，常用比例为 1∶500 或 1∶1000。

图线规定：新建建筑物、道路等的图例轮廓线用粗实线；原有形体的图例轮廓线用细实线；拟建形体的图例轮廓线用虚线；地形等高线中的计曲线用中粗线，首曲线用细实线；其他图例一律用细实线绘制。

尺寸规定：总平面图中仅标注新建建筑物的总体尺寸、定位尺寸和室内外的绝对标高，单位一律用 m，精确到小数点后两位。如图中的 16.56、7.53 为建筑物总长、总宽；3.01、6.03 为定位尺寸；45.9 为室外地面标高，46.2 为室内绝对标高。

二、建筑平面图

1. 形成

假想用水平剖切面沿门窗洞的位置将房屋剖切开，移走剖切面上面的部分，将剖切面以下的部分向水平面投影作出的水平剖面图，即为建筑平面图，简称平面图。在多层房屋中，当各层平面布置不同时，应分别绘制各层平面图，图 12－8 为底层平面图。若中间几层平面布置完全相同时，可用一个平面图表示，称为标准层平面图。

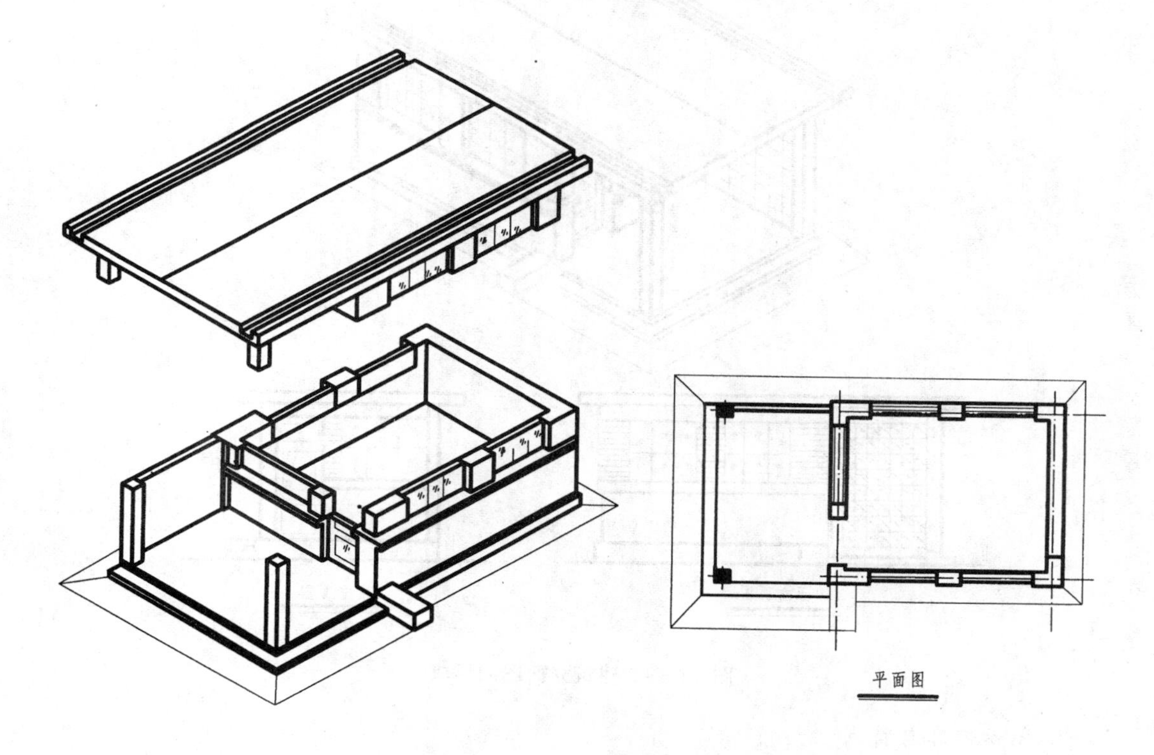

图 12－8　建筑平面图的形成

2. 图示内容与特点

平面图主要表达建筑物平面形状、各部分平面布局与组合关系，以及门、窗、柱的位置大小和其他构配件的配置等情况。常用比例为 1∶100～1∶200。

图线规定：凡是被剖切平面剖到的墙柱等断面轮廓线，应画成粗实线；门的开启线用

中实线表示；其他可见轮廓线、尺寸线、门窗、楼梯等图例线用细实线表示。

尺寸规定：图样的外部通常注写三道尺寸，由外到内依次是总体尺寸、定位轴线尺寸、门窗等细部定形定位尺寸。图样内部通常注写内侧门窗的定型定位尺寸和室内楼地面的主要高程，如图 12－12 所示。

三、建筑立面图

1. 形成

在与房屋立面平行的投影面上所作的正投影图称为建筑立面图，简称立面图，如图 12－9 所示。立面图的命名，可根据房屋的外貌特征命名为：正立面图、背立面图、左侧立面图、右侧立面图等；也可根据房屋的朝向命名为：南立面图、北立面图、西立面图、东立面图等；还可根据轴线编号命名为：①～⑤立面图、Ⓐ～Ⓔ立面图等。

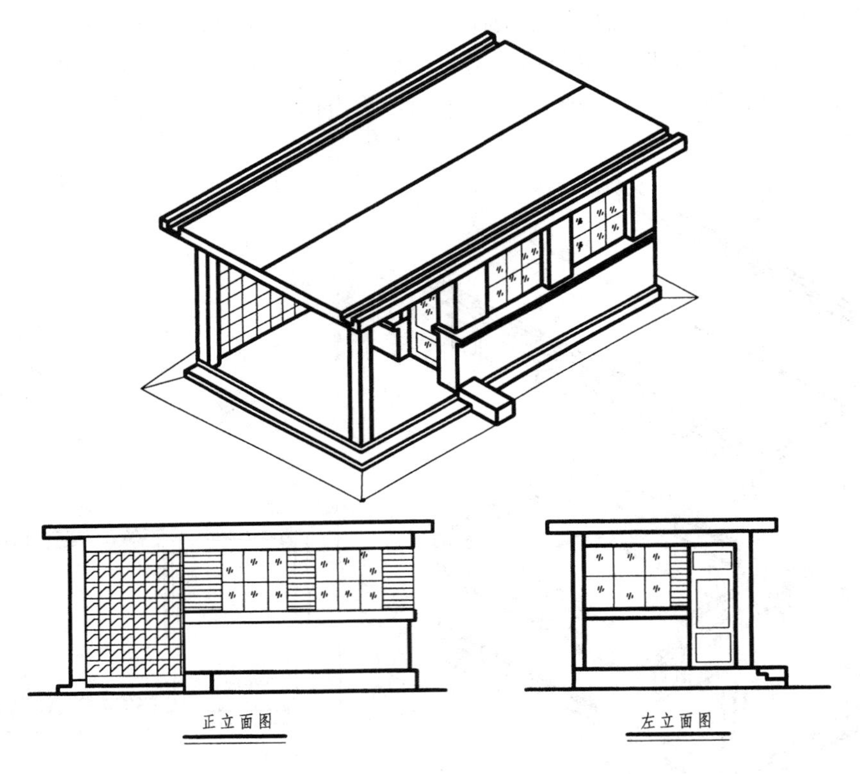

图 12－9　建筑立面图的形成

2. 图示内容与特点

立面图主要表示建筑物外貌和立面装修做法，反映了建筑造型艺术处理效果。常用比例为 1∶100～1∶200。

图线规定：地坪线用加粗的粗实线表示；建筑物外轮廓线用粗实线表示；门窗阳台等凹洞与凸台的外轮廓线用中粗线表示；门窗分格线等用细实线表示。

尺寸规定：图样中的水平长度尺寸与平面图一致，不单独注写，图中仅标注门窗等高

程尺寸和两侧的定位轴线及编号，如图 12－13 所示。

四、建筑剖面图

1. 形成

假想用一个或多个铅垂剖切面将房屋剖开，所得到的剖面图称为建筑剖面图，简称剖面图，如图 12－10 所示。剖面图的数量应根据房屋的复杂程度而定，剖切面一般为横向，必要时也可选纵向，剖切位置应选择在能反映房屋内部结构的部位，如门、窗洞及楼梯间处。剖面图的剖切位置、投射方向、名称等内容应在底层平面图中进行标注。剖面图的名称应与所标注的剖切符号的编号一致，如 $A—A$ 剖面图等。

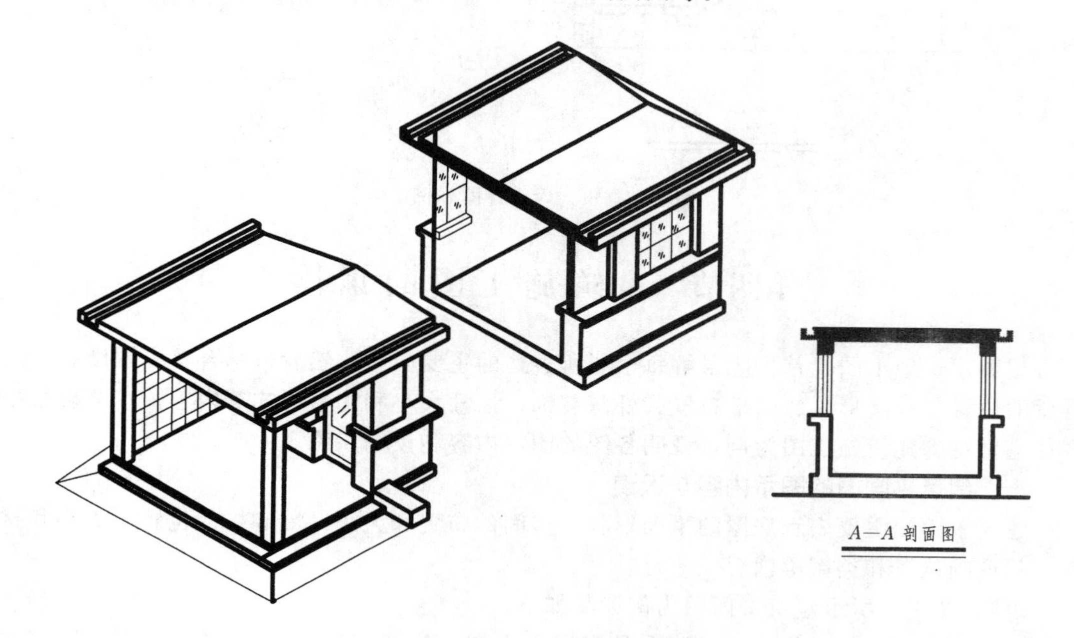

图 12－10 建筑剖面图的形成

2. 图示内容与特点

剖面图表示建筑物各组成部分的竖向位置、结构型式、材料等，相当于三视图中的左视图，是建筑物形体表达的重要图样。常用比例为 1∶100～1∶200。

图线规定：剖面图中，剖断的墙、楼板的轮廓线用粗实线表示；当比例较小时，剖断的钢筋混凝土梁、板、楼梯等断面可涂黑表示；其他图线为细实线，地坪线用加粗粗实线。

尺寸规定：剖面图上主要标注高度方向的细部尺寸和外侧定位轴线及编号，如图 12－14 所示。

五、建筑详图

对建筑平面图、立面图、剖面图中表达不清楚的细部构造或构、配件，采用较大的比例局部详细画出的图样称为建筑详图，简称详图。详图是对建筑平面图、立面图、剖面图的补充，它不能离开建筑平、立、剖面图而独立存在。详图的特点是：绘图比例较大，对局部的形状、构造、材料、做法表达详尽，尺寸标注齐全。常用绘图比例为 1∶5～1∶20。

图 12－11 是楼梯踏步节点详图。

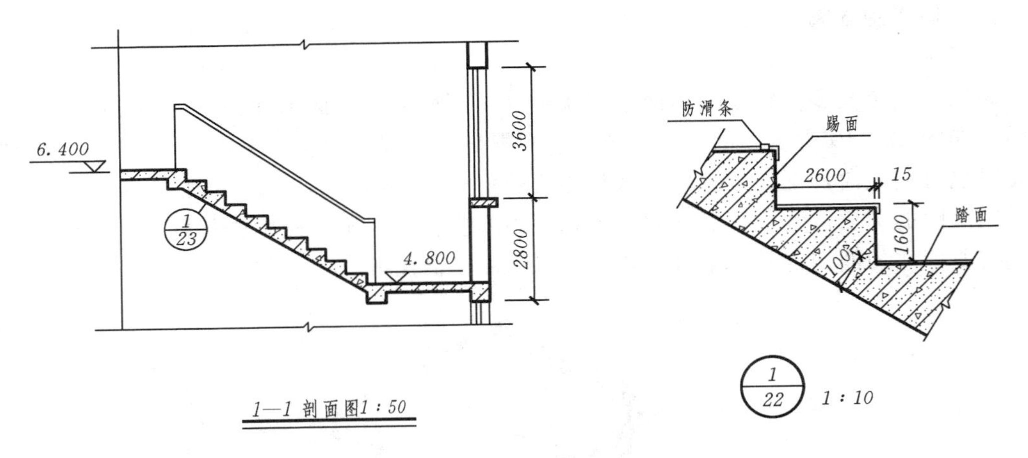

图 12－11　天沟详图示例

第四节　建筑施工图的识读

识读建筑施工图，首先应了解每个图所表达的主要内容，然后再结合整套图纸，弄清房屋的位置、空间形状、内部布置、外部装饰、尺寸大小和构造形式等内容。本节以某小区住宅别墅的建筑施工图为例，说明各图的图示内容和读图步骤。

一、建筑平面图的图示内容与识读

建筑平面图主要表示房屋的平面形状，房间的布置和大小，墙和柱的位置、大小和材料，门窗的位置和类型等内容。

以图 12－12 所示建筑平面图为例读图如下：

（1）图名、比例、指北针。该图是底层平面图，绘图比例为 1：100，居室、阳台面朝南，楼梯进口朝北。

（2）定位轴线的编号，墙、柱、房间的位置，房间的形状、大小、名称等。

（3）楼梯、门、窗、室内厨卫设备等。图中楼梯、门、窗用图例表示，并标注有门、窗的代号和编号。其中 M－1～M－3 表示三种形式的门，C－1～C－5 表示五种形式的窗户。水池、坐便器、浴盆等用图例表示，另有室外台阶、散水的可见轮廓线等。

（4）尺寸和标高。在底层平面图中，应标出详细的长度、宽度尺寸和标高。包括：

1）外部尺寸。为了便于读图和施工，一般在外部标注三道尺寸。

第一道尺寸：房屋外轮廓总尺寸，从一端外墙边到另一端外墙边。图中可看出建筑物总长是 11.94m，总宽是 11.34m。

第二道尺寸：定位轴线间的距离，表示房屋的开间和进深。如客厅的开间是 7.8m，进深是 4.8m；厨房的开间是 3.9m，进深是 2.7m 等。

第三道尺寸：细部尺寸，如外墙上门、窗的大小和位置，墙、柱的大小和位置等。

2）内部尺寸。房间的净空大小，室内门、窗洞的大小和位置，墙厚和室内固定设施的大小和位置等。

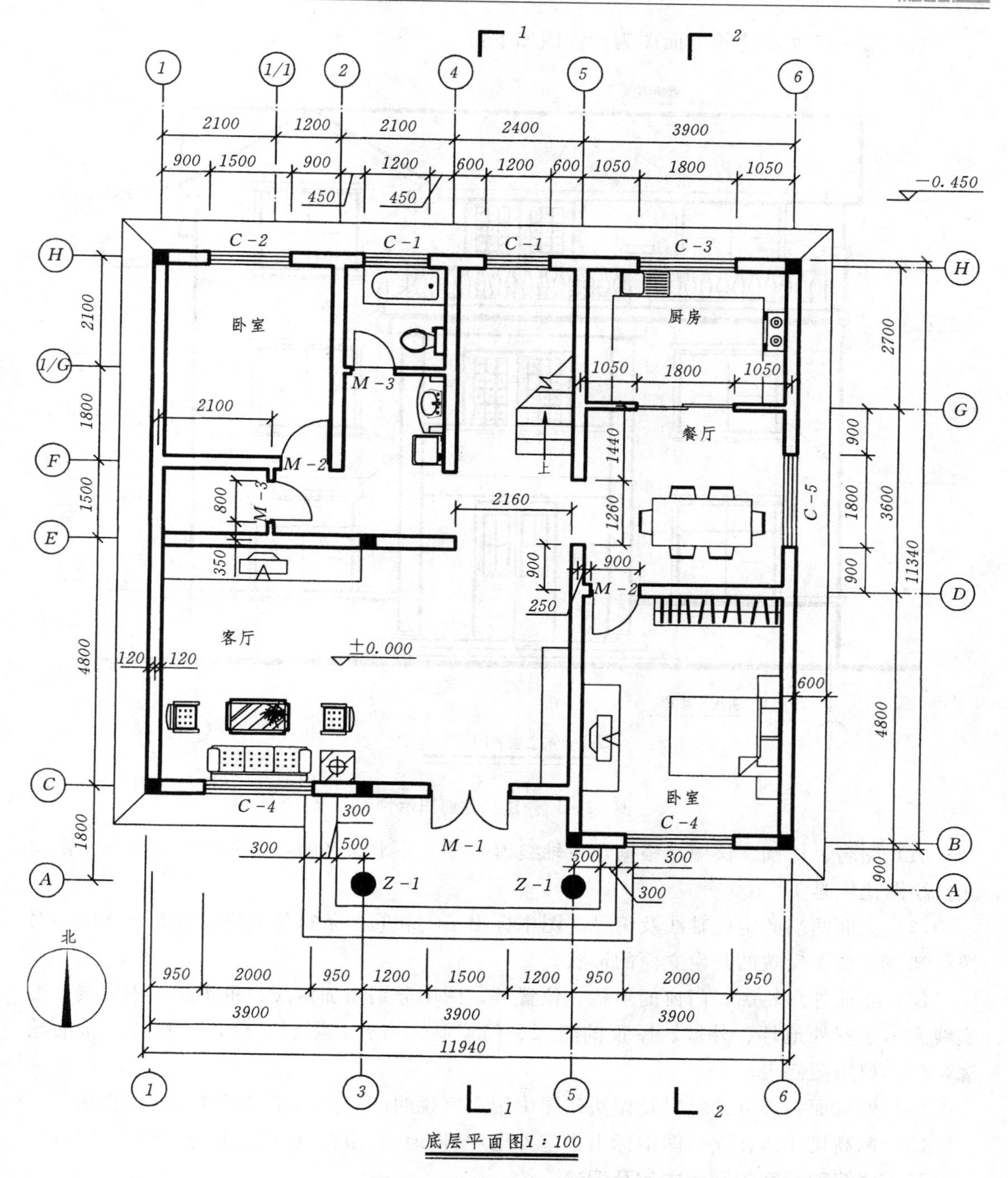

图 12-12　建筑平面图示例

3）标高。地面、楼板的高程，图中居室地面高程为±0.000m，室外地面高程为-0.450m。

（5）剖面图的标注。图中标出了1—1和2—2剖面图的剖切位置、投射方向。

二、建筑立面图的图示内容与识读

建筑立面图主要表达房屋的立面外形和装修做法。

以图 12－13 所示建筑立面图为例读图如下：

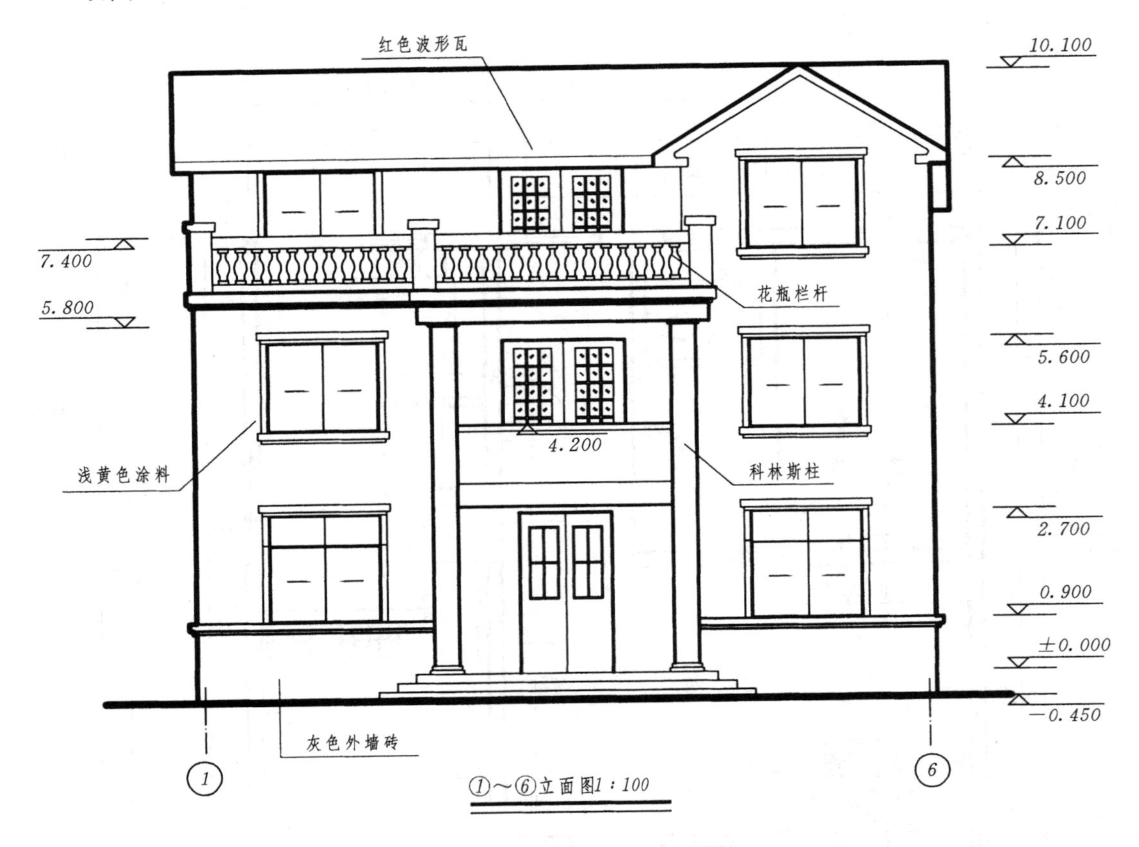

图 12－13　建筑立面图示例

（1）图名、比例。该图是根据定位轴线编号①～⑥来命名的，表明投影方向是由南向北，绘图比例是 1：100。

（2）立面两端的定位轴线及编号。图中标出了①和⑥两条定位轴线，由此与平面图对照可知该立面图反映的是南立面的形状。

（3）立面外形轮廓，门窗的形状、位置等。图中分别用加粗线、粗实线、中实线、细实线表示了室外地坪、外墙、屋顶的轮廓、门窗洞、窗台、阳台、檐口、室外台阶的轮廓，门、窗用图例表示。

（4）外墙面各部分的材料及做法。图中用文字说明的方法标注出了外墙面的做法。

（5）标高尺寸。在立面图中标出了室外地坪、楼地面、阳台、檐口、门、窗等部位的标高。

三、建筑剖面图的图示内容及识读

建筑剖面图主要表示房屋内部结构、分层情况、各层高度、楼地面和屋面的构造等内容。

以图 12－14 所示建筑剖面图为例读图，应逐项读懂图示内容，具体分析如下：

（1）图名、比例。该剖面图的名称为 1—1 剖面图，对照平面图可以看出，它是沿楼梯间、走廊、居室和阳台用单一的剖切面剖开房屋而形成的。绘图比例是 1：100。

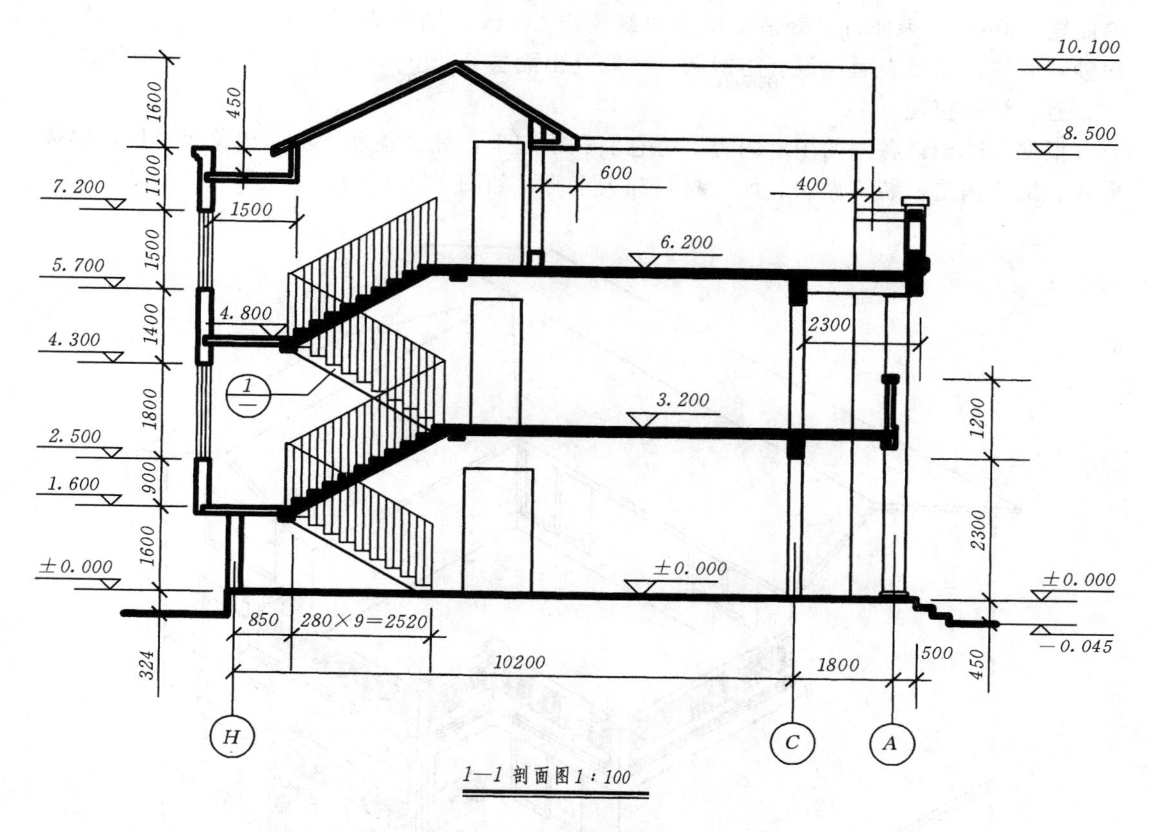

图 12-14　建筑剖面图示例

(2) 定位轴线的编号，墙、梁、楼板、楼层的布置。剖面图中标出了两端的定位轴线Ⓐ和Ⓒ、Ⓗ并看到了剖断的地面，二层和三层楼板、屋顶的轮廓，图中门窗顶上的过梁、屋面板等钢筋混凝土构件涂黑表示。该楼房共三层。

(3) 楼梯形状。由于剖切面通过楼梯间，所以看到了整个楼梯沿垂直方向的形状。每层设有两个梯段，称为双跑式楼梯，中间设有休息平台。由于每层的第二梯段和休息平台被剖断，所以涂黑表示，楼梯栏杆采用了示意画法。

(4) 门、窗、阳台。门、窗用图例表示。

(5) 尺寸和标高。在剖面图中，标出了高度方向的详细尺寸和高程。

四、建筑详图的内容及识读

建筑详图主要用来表示：房屋局部，如卫生间、楼梯间等；局部构造，如外墙构造、天沟等；建筑构、配件，如门、窗详图等。

以图 12-15 所示建筑详图为例读图如下：

该图所示为楼梯踏步节点详图，表达了楼梯梯断的踏步由踢面和踏面组成，踢面高 160mm，

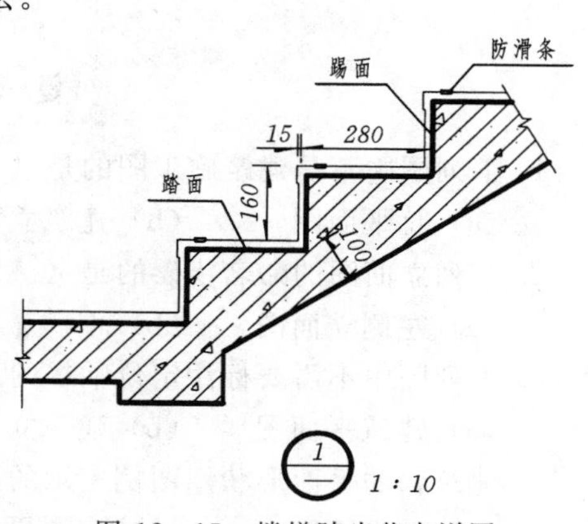

图 12-15　楼梯踏步节点详图

踏面宽 280mm，为使行走舒适，踏步边缘突出 20mm。踏步表面一般有 10～15mm 的水泥砂浆面层，踏步表面还设有防滑条，一般高出面层 2～3mm，防止行人在行走时滑跌。

五、综合整理

根据上述识读各图的图示内容，将它们联系起来，综合整理，从而想象出房屋的整体形状、细部构造、装饰做法、所用材料和大小等，如图 12－16 所示。

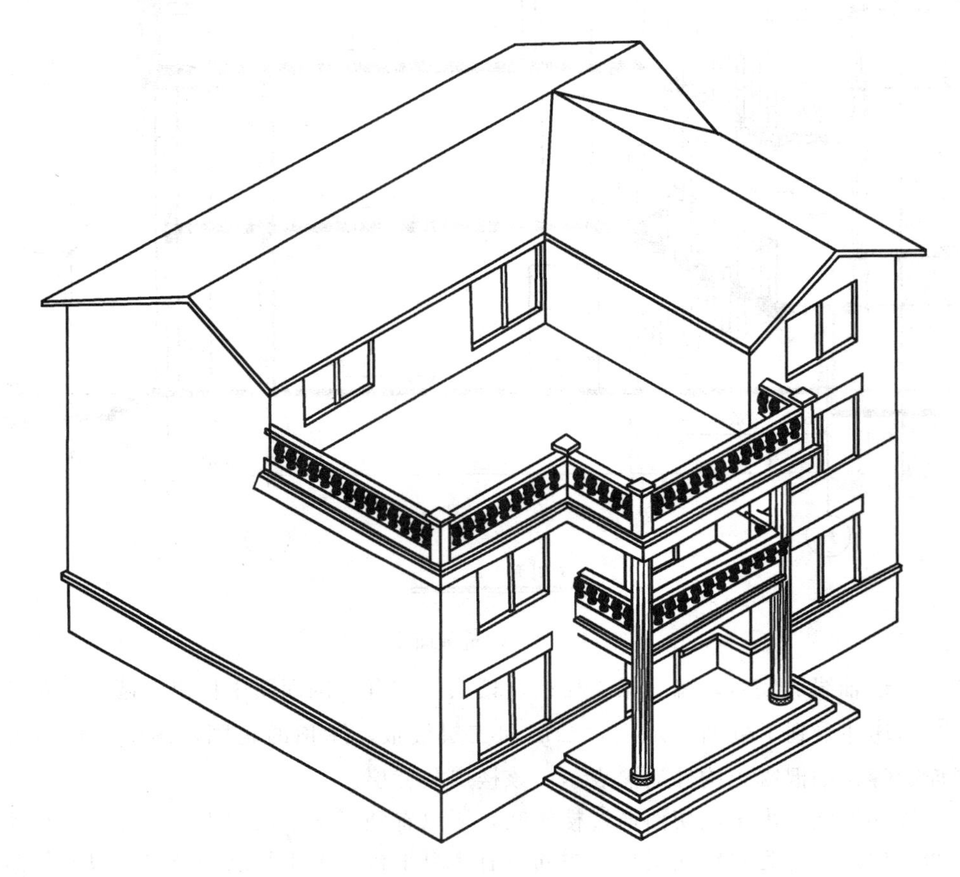

图 12－16　建筑物直观图

复习思考题

1. 下列图中不是建筑施工图的是（　　）。
   （a）总平面图　（b）建筑立面图　（c）配筋图　（d）楼梯详图
2. 下列立面图的命名错误的是（　　）。
   （a）左侧立面图　（b）Ⅰ—Ⅰ立面图　（c）南立面图　（d）①～⑤立面图
3. 下列图中不需要标注定位轴线的是（　　）。
   （a）建筑平面图　（b）建筑立面图　（c）总平面图　（d）建筑详图
4. 建筑物的平面形状用图例表示的图是（　　）。
   （a）总平面图　（b）底层平面图　（c）详图　（d）标准层平面图

5. 在建筑立面图中，为了使立面层次分明，绘图时用（　　）。
(a) 一种实线　(b) 两种实线　(c) 三种实线　(d) 四种实线
6. 剖面图的剖切位置、投射方向、编号等内容应标注在（　　）。
(a) 立面图上　(b) 底层平面图上　(c) 顶层平面图上　(d) 总平面图上
7. 绘制详图不能采用的图示方法是（　　）。
(a) 视图　(b) 剖面图　(c) 断面图　(d) 示意图
8. 总平面图中的室内地面高程指的是（　　）。
(a) 底层窗台的高程　(b) 二层楼板的高程
(c) 屋顶的高程　(d) 底层室内地面的高程
9. 建筑平面图中定位轴线的位置指的是（　　）。
(a) 墙、柱中心位置　(b) 外墙的外轮廓线
(c) 墙的轮廓线　(d) 柱的轮廓线
10. 在建筑平面图中，门、窗应（　　）。
(a) 画出实形　(b) 标注代号和编号
(c) 用图例表示并标注代号和编号　(d) 不表示
11. 为了便于施工，在建筑平面图的外部通常标注（　　）。
(a) 一道尺寸　(b) 两道尺寸　(c) 三道尺寸　(d) 四道尺寸
12. 建筑立面图中，外墙面的装饰做法，应该（　　）。
(a) 画出详图　(b) 用图例表示
(c) 注写文字说明　(d) 画出建筑材料符号
13. 建筑立面图中，外形轮廓线应用（　　）线型绘制。
(a) 粗实线　(b) 特粗线　(c) 中粗线　(d) 细实线

答案

1. c　2. b　3. c　4. a　5. d　6. b　7. d　8. d　9. a　10. c　11. c　12. c　13. a

参　考　文　献

[1]　交通部．GB 50162—92 道路工程制图标准．北京：中国计划出版社，1996.

[2]　汪恺．技术制图国家标准宣贯教材．北京：中国水利水电出版社，2004.

[3]　曾令宜．工程制图．北京：中国水利水电出版社，2004.

[4]　和丕壮，等．交通土建工程制图．北京：人民交通出版社，2001.